Bioseparation and Bioanalysis

屈锋　吕雪飞　编著

生物分离分析教程

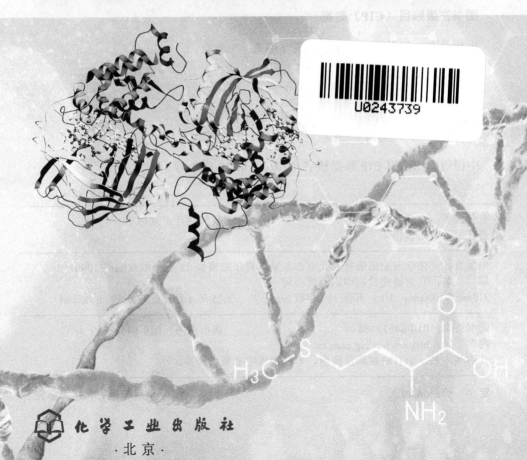

化学工业出版社

·北京·

内容简介

本书涵盖了生物分离分析的核心内容，同时增加了近些年出现的一些新的分离分析技术，内容包括过滤和离心、细胞破碎、沉淀、萃取、膜分离、吸附与离子交换、液相色谱、电泳、磁分离、免疫分析、微芯片分析等。适合生物学、生物技术、生物工程、化学、化学工程与技术以及与生物分离分析技术相关学科的本科生使用，同时也可供相关领域研究生和研究人员参考。

图书在版编目（CIP）数据

生物分离分析教程 / 屈锋，吕雪飞编著. —北京：化学工业出版社，2021.1（2025.4 重印）
ISBN 978-7-122-37861-3

Ⅰ.①生… Ⅱ.①屈…②吕… Ⅲ.①生物工程-分离-教材 Ⅳ.①Q81

中国版本图书馆 CIP 数据核字（2020）第 190341 号

责任编辑：李晓红   装帧设计：刘丽华
责任校对：王佳伟

出版发行：化学工业出版社（北京市东城区青年湖南街 13 号　邮政编码 100011）
印　　装：北京盛通数码印刷有限公司
710mm×1000mm　1/16　印张 16　字数 296 千字　2025 年 4 月北京第 1 版第 6 次印刷

购书咨询：010-64518888   售后服务：010-64518899
网　　址：http://www.cip.com.cn
凡购买本书，如有缺损质量问题，本社销售中心负责调换。

定　　价：68.00 元

前　言

党的十八大以来，中国的科技和教育领域经历了新时代的十年快速发展时期。2022年党的二十大召开，标志着中国进入了全面建设社会主义现代化国家的新征程。实施科教兴国战略、人才强国战略、创新驱动发展战略，强调了中国现代化建设中教育、科技、人才培养的整体发展观。面向世界科技前沿、面向经济主战场、面向国家重大需求、面向人民生命健康，建立新型人才培养体系是全面建设社会主义现代化国家的基础性和战略性支撑，是实现社会主义现代化国家宏伟目标的根本保证。

生命科学是当代发展最快、最受关注的学科之一，其交叉领域非常广泛。进入21世纪以来，生命科学与生物工程和生物技术的发展进入了快车道，为社会经济的可持续发展提供了有力支持和保障，并与人类健康和生物资源及环境保护的关系密不可分。

生物医药行业是国家重点发展的战略性新兴产业，也是未来高精尖发展的重要行业之一。2020年世界范围内爆发的新型冠状病毒肺炎疫情防治需求进一步将生命科学、生物检测、生物制药等领域推向大众瞩目的热点高地。生物分离分析和检测技术是相关科学研究和实际应用必不可少的方法和技术，也是生物医药相关专业的学生应该必备的基础知识和基本技能。

生命科学相关的生物工程和生物技术的研究和应用中涉及大量的生物物质的分离分析方法及检测技术，它们是生物学、生物工程、生物技术、化学、化学工程和制药工程等专业重要的教学内容。现有的"生物分离工程"教材除基础知识外，涉及大量化学工程的应用，更适合具有工科基础的化学工程与技术、生物工程专业的学生使用。而针对非工科基础的学生，适合的教材很少。随着生命科学的快速发展，一些新的分离分析方法和技术正在生物医药研发和生物分析检测应用等企事业单位迅速普及，目前的本科教材也需要不断更新以满足人才培养的需求。

本书中的生物分离分析和检测技术的基本原理，涵盖了生物学、生物工程、生物技术、生物制药、生物检测等领域和行业的基础研究和应用的主要方面。两位作者屈锋担任北京理工大学生命学院本科生的生物技术和生物工程专业"生物分离工程"课程主讲教师十八年、吕雪飞主讲七年。本书各章节是在我们多年的本科教学内容基础上，调整了原有的工科教材内容，并根据非工科专业学生的特点进行编写。书中内容包含了过滤和离心、细胞破碎、沉淀、萃取、膜分离、吸附分离、液相色谱、电泳等生物分离工程课程的核心部分，并在"液相色谱"一章增加了超高效液相色谱、多维液相色谱、制备型液相色谱和其它液相色谱（整体柱色谱、固相萃取、高速逆流色谱）内容。此外，还增加了磁分离、免疫分析、微芯片分析三章的内容。这些新技术的普及应用发展很快，书中也给出了一些应用实例。增加新的分离分析技术相关内容，有助于扩展学生的知识面和科研视野，提高对科研工作的认识，满足其求学深造和进入社会对新知识和新技术的需求。

我们对每个章节认真撰写、反复修改，平均每章都有四版修改。每行文字、每个图表都付出了大量的时间和心血，力求使其完美。即便如此，在编著过程中也难免出现不妥和疏漏之处，在此敬请读者批评指正！

本书于2018年开始准备相关的素材并形成初稿，2019年4月获批北京理工大学"十三五"规划教材立项。2019年，以"生物分离工程"课程内容为蓝本的《生物分离分析》课件被评为北京市高等学校优质本科教材课件。2021年1月本书正式出版，并在后面几次重印时进行了部分结构调整和文字修改。2022年，《生物分离分析教程》获评北京理工大学精品教材，同年以本书和教学课件为基础录制的《生物分离分析教程》视频在中国大学MOOC和智慧树平台同时上线。

本书面向生物学、生物技术、生物工程、化学、化学工程与技术以及与生物分离分析技术相关学科的本科生使用，也适用于部分研究生和从事研发的在职人员和高职人员。

屈锋　吕雪飞

北京理工大学

2023年9月6日

目　录

第7章 吸附与离子交换

第8章　液相色谱

第9章 电泳

第 1 章 　绪论

生物技术（biotechnology）是以现代生命科学的基本原理为基础，采用先进的工程技术手段，按照预先设计进行生物体改造以生产生物产品或加工生物原料。它是应用生物体生产有用物质、改善人类生活的技术。

生物技术的应用历史悠久，最初源自人们在自然界的发现，然后进行了各种应用，如利用微生物的谷物酿酒、食醋酿造、制作发酵面包等。20 世纪 60 年代以前，生物技术应用主要集中在利用微生物生产醇类、有机酸、抗生素产品的阶段，具有相当的局限性。20 世纪 70 年代，以 DNA 重组技术的建立为标志，诞生了基因工程技术，人类进入了现代生物技术时期。人们可以按照意愿在试管内切割 DNA、分离基因、再重组导入其它细胞或生物体生产生物分子和生物药物。现代生物技术的发展已深入到医药、农业、畜牧业、食品、化工、环保等越来越多的领域，利用生物技术手段解决生产和生活问题已经成为现实，人类已经进入生物经济时代。

生物技术的研究应用，一部分集中在产品设计和生产的上游过程，即生物体加工改造过程；另一部分则集中在生产的下游阶段，即产品的提取、分离、纯化以及质量检测。此外，生物技术在生命相关的信息分子的分析检测中也有广泛应用，现代的生物医药、医学诊断、农业、环保等领域都与生物技术应用密切相关。

1.1　生物技术的发展与生物分离

1.1.1　生物分离工程的概念

生物技术的最终目标是实现生物物质的高效生产，而产品的提取、分离、纯化、鉴定是生物产品生产过程中必不可少的环节。生物分离工程和产品分析检测是生物技术的重要组成部分。生物分离工程是指从发酵液、酶反应液或动植物细胞培养液中分离、纯化生物产品的过程。它处于整个生物产品生产过程的后端，所以也称为下游技术，包括目标产物的提取分离（isolation）、浓缩（concentration）、纯化（purification）及产品化（product polishing）等工程化过程。

1.1.2 生物分离技术的发展历程

随着生物技术的发展，产生了各种生物分离技术。

（1）古代酿造业

生物技术产业的历史可追溯到古代酿造业，包括酿酒、酿制酱油和醋、酸奶和干酪等。但是古代的生物技术比较原始粗糙，一般都是家庭作坊式的生产，大多数产品基本不经过后处理而直接使用，几乎不涉及专门的生物分离技术。

（2）第一代生物技术

主要指19世纪60年代到20世纪40年代的生物技术。这一时期，人们发现了发酵的本质是微生物的作用，而且发现了微生物的有关功能，掌握了纯种微生物培养技术，生物技术进入近代酿造产业的发展阶段。20世纪前期，近代酿造产业的生产技术有了很大发展，逐渐开发形成了发酵法生产工艺，进入微生物发酵工业（厌氧发酵）时代。这个时期的产品相对比较简单，主要是生产无活性的有机小分子（乙醇、丙酮、丁醇等有机溶剂）。此时生物技术产品的分离开始引入化学工程中较为成熟的近代分离技术，如过滤、蒸馏、精馏等。

（3）第二代生物技术

指20世纪40年代后出现的以青霉素产品为代表的抗生素生产时期。这一时期，随着无菌空气制备技术、大型好氧发酵装置的成功开发，微生物发酵工业迅速发展，大量通风发酵技术的产品相继投入了工业生产，生产出了抗生素（链霉素）、氨基酸（谷氨酸）、有机酸（核酸、柠檬酸）、酶制剂（淀粉酶）、微生物多糖和单细胞蛋白等新型生物技术产品。产品的多样性决定了分离技术的多样性。生物分离借鉴和引进吸收了大量的近代化学工业的分离技术，如沉淀、离子交换、萃取、结晶等。

（4）第三代生物技术

以20世纪70年代末崛起的DNA重组技术及细胞融合技术为代表，以基因工程为核心，带动了微生物发酵工程、酶工程、细胞工程的迅速发展。一批高附加值的产品开始面世，如乙肝疫苗、干扰素等。20世纪80年代起，又生产了一大批生理功能性物质，如活性糖质、活性肽、高度不饱和脂肪酸等，生物技术在深度和广度上都取得了很大的发展。现代生物技术成为代表性的新兴学科和产业，欧美日等发达国家将生物与医药产业作为新的经济增长点，政府不断加大对生物技术研发经费投入。1988年，日本由40多家公司组建高度分离系统技术研究联合体，瑞典的Pharmacia、Alfa-Laval等组建了Biolink公司，加强在生物工业下游技术领域的研究开发力量，不断推出了新技术、新产品和新装备，如超临界CO_2萃取技术、膜过滤、渗透蒸发技术、各种色谱分离技术等。

随着生物技术的广泛应用和对生物产品的需求日益增加，生物技术研究开发与其工程化联系越来越紧密（图 1-1）。生物分离技术和方法也在不断发展，作为工程化的下游过程，其相关的应用必不可少。

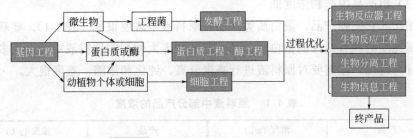

图 1-1 生物技术与生物工程的关系

1.2 生物分离产品的特点

（1）产品种类繁多

生物产品的分子尺寸、性质和生物活性及生物功能有明显差异，它们包括小分子、生物大分子、超大分子、细胞、微生物和生物组织等。这些生物物质不仅来源于自然界存在的天然生物资源，而且主要来源于现代生物技术通过生物反应过程生产出来，如生物药物和疫苗、诊断试剂、生物材料、药物输送载体、精细生物化学品、大宗生物化学品、生物能源产品（生物制氢、生物柴油）、功能食品和添加剂、饲料、化妆品等。常见的生物制品有抗生素、有机酸、氨基酸、生物碱、多肽、蛋白质（包括酶、抗体）、核苷酸、聚核苷酸、核酸、糖苷、糖类、脂类以及病毒等。

现代生物技术产品的主体是蛋白质药物，包括细胞因子（如干扰物、生长因子、红细胞生成素）、激素（如胰岛素、生长激素）、抗体药物（如单克隆抗体、抗体片段、基因工程抗体）、酶类药物、溶血栓药物（如尿激酶、组织纤溶酶原激活剂）等，对它们的活性和功能要求很高。在各种蛋白质药物中，抗体药物的社会需求和市场规模巨大。近年来，基因工程疫苗、反义核酸药物和核酸疫苗研究发展迅速。随着 2004 年第一个基因治疗药物获得生产批文，基因治疗也进入了新的发展时期。基因治疗药物的主体是目的基因的载体。基因治疗载体包括病毒载体（如腺病毒、逆转录病毒）和非病毒载体（如质粒 DNA），其分子量（或颗粒尺寸）均远大于蛋白质（分子量为 $10^6 \sim 10^7$ 数量级，尺寸 30~1000 nm），可称作超大生物分子，其大规模分离纯化为生物分离工程的发展带来了新的机遇和挑战。

（2）粗产品成分复杂

生物分离的原料来源于生物反应过程的终产物，常见的生物反应的产物组成复杂，包括：固体成分有完整生物体、培养基及底物中的不溶物；液体成分有底物可溶物、代谢中产物及目标产物。粗产品组成复杂，目标产物含量低，分离纯化的难度大。

（3）粗产品中产物浓度低

相比其它生物产品，蛋白质类产品在原料液中浓度很低（表 1-1）。要获得一定量高纯度的具有活性的蛋白质产品，需要从庞大体积的原料液中经过很多个步骤的分离纯化，即需要对原料液进行高度分离、纯化和浓缩，难度很大。

表 1-1　原料液中部分产品的浓度

产品	浓度/(g/L)	产品	浓度/(g/L)
抗生素	25	有机酸	100
氨基酸	100	酶	20
乙醇	100	r-DNA 蛋白质	10

（4）终产品质量要求高

生物产品的质量概念与化工产品不同。人用生物产品对杂质和有害物质有非常严格的要求和控制，其生产过程也要求更严格的管理。化工产品的分离要求获得较纯的化学物质，而生物产品的分离不仅需要获得高纯度的生物物质，还必须关注特定杂质的去除，在最终的产品中不允许有极微量的有害杂质存在。因此生物产品的质量需满足纯度（purity）、卫生（sanitation）及生物活性（biological activity）的要求。例如，青霉素产品中对其中一种强过敏原杂质——青霉噻唑蛋白类就必须控制在 RIA 值（放射免疫分析值）小于 100；对于蛋白质类药物，一般规定杂蛋白含量低于 2%；原亲酶素和重组胰岛素中的杂蛋白应低于 0.01%；不少产品还要求其为稳定的无色晶体。

（5）产品分离成本高

蛋白质类产品的分离过程步骤多、要求高、成本高，分离过程的成本占据产品总投资的绝大部分。每千克生物产品售价与原料液中目标产物的质量浓度的关系见图 1-2。对比小分子类产品，酶类、胰岛素、单克隆抗体，以及细胞因子、医疗用酶等售价显著提高。大多数工业酶分离成本占生产过程成本的 70%，而纯度要求更高的医用酶如天冬酰胺酶的分离过程成本高达生产过程成本的 85%；基因重组蛋白质药物的分离成本一般占 85%~90%。而小分子产品的分离成本较低，如青霉素的分离成本占 50%，而乙醇的分离成本仅占 14%。

1.3　生物分离技术的基本原理

物质分离的本质是根据混合物中不同溶质间的物理、化学和生物学性质的差异，利用不同性质的溶质在分离操作中具有不同的传质速率和（或）平衡状态，

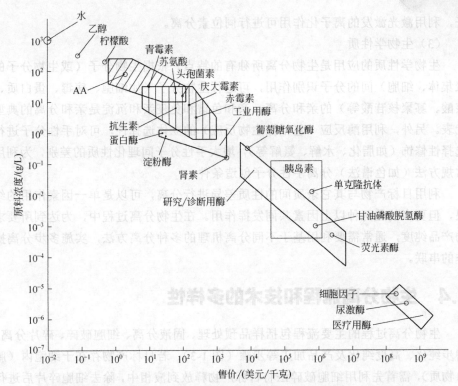

图 1-2 每千克生物产品售价与原料液中目标产物质量浓度的关系图

借助能够识别这些差异的分离介质和/或扩大这些差异的分离设备，实现溶质间的分离或目标组分的纯化。生物分离依据的基本性质包括以下几个方面：

（1）物理性质

① 力学性质 包括溶质密度、尺寸和形状等。利用这些力学性质的差别，可进行颗粒（如细胞）的重力沉降、颗粒或分子的离心分离和膜分离（筛分）等。

② 热力学性质 包括溶质的溶解度（液固相平衡）、挥发度（气液相平衡）、表面活性及相间分配平衡行为等。利用这些性质的分离方法最多，如蒸馏、蒸发、吸收、萃取、结晶（沉淀）、泡沫分离、吸附和离子交换等。

③ 传质性质 包括溶质的黏度、分子扩散系数和热扩散现象等。利用传质速率的差别也可进行分离，但直接应用较少，而传质现象在分离过程中发挥重要作用。

④ 电磁性质 即溶质的荷电特性、电荷分布、等电点和磁性等。电泳、电色谱、电渗析、离子交换、磁分离等方法利用了溶质（或分离介质）的这类性质。

（2）化学性质

化学性质包括化学热力学（化学平衡）、反应动力学（反应速率）和光化学性质（激光激发作用）等。化学吸附和化学吸收是利用化学反应进行分离的典型例证，利用激光激发的离子化作用可进行同位素分离。

（3）生物学性质

生物学性质的应用是生物分离所独有的特点。依据生物分子（或生物分子的聚集体、细胞）间的分子识别作用，可进行生物分子（如细胞、病毒、蛋白质、核酸、寡聚核苷酸等）的亲和分离，亲和色谱和免疫亲和沉淀是亲和分离的典型代表。另外，利用酶反应（包括微生物反应）的立体选择性，可对手性分子进行选择性修饰（如脂化、水解、氨解等），增大手性分子间理化性质的差别，为利用常规方法（如色谱法）分离手性分子创造条件。

利用目标产物与其它杂质间的性质差异进行分离，可以是单一因素作用的结果，但更多的是两种以上因素共同发挥作用。在生物分离过程中，为达到所要求的产品纯度，通常需要利用基于不同分离机理的多种分离方法，实施多步分离操作的串联。

1.4　生物分离流程和技术的多样性

生物分离过程的主要流程包括样品预处理、固液分离、细胞破碎、碎片分离、初步纯化、高度纯化及产品加工等步骤（图 1-3）。若目标产物存在于细胞内（胞内物质），需首先利用细胞破碎法将目标产物释放到液相中，除去细胞碎片后进行一系列粗分离和纯化操作；若目标产物为胞外物质，即在细胞培养过程中已分泌到培养液中，则可在除去细胞后直接对上清液进行分离和纯化处理，得到一定纯度的目标产物溶液。最后经过脱盐、浓缩、结晶和干燥处理，得到最终产品。

基于物理、化学、生物学原理的分离技术具有多样性。用于生物产品的常规分离技术有过滤、离心、沉淀、萃取、膜分离、吸附分离、色谱、电泳、磁分离、结晶等，近年来，各领域又发展了多种细分的新型分离技术。

1.5　生物分离效率评价

生物分离的终极目标是实现产品生产的高纯度、高收率、低成本。所设计的生物分离流程和生产工艺应考虑以下因素：

（1）生物分离全过程的优化

考虑和设计产品的回收和纯化全过程，包括产品价值、产品质量、产物在生产过程中出现的阶段、杂质在生产过程中出现的阶段、主要杂质独特的理化性质、不同分离方法的经济效益和资金投入比较。

（2）分离方法（设备）评价

对于特定的分离方法或分离设备（如离心、膜分离、萃取、色谱等），其评价指标包括分离容量（capacity）、分离速度（speed）和分辨率（resolution）。分离

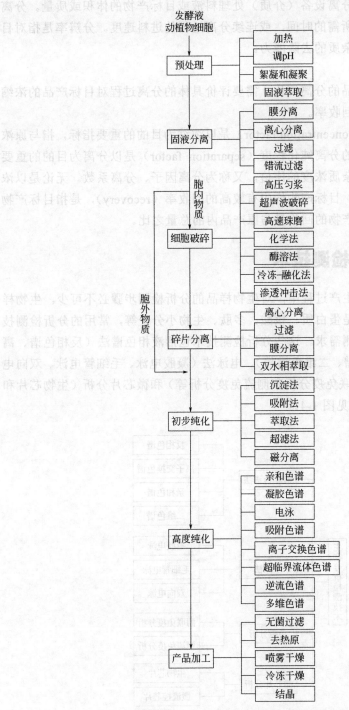

图1-3 生物分离流程和分离分析技术

容量是指单位体积的分离设备（介质）处理料液或目标产物的体积或质量。分离速度是指单批次分离所需的时间，或连续分离过程的进料速度。分辨率是指对目标产品的纯化效果或杂质的去除能力。

（3）产品评价

对于具体目标产品的分离纯化，需要评价具体的分离过程对目标产品的浓缩率、分离纯化程度和回收率。

产品的浓缩率（concentration factor）是以浓缩为目的的重要指标，指与原浓度的比值。目标产物的分离纯化程度（separation factor）是以分离为目的的重要指标，指产物浓度与杂质浓度的比值，又称为分离因子、分离系数。无论是以浓缩还是以分离为目的，目标产物均应有较高的回收率（recovery），是指目标产物的回收比例，即目标产物的回收量与原产品内的总量之比。

1.6　生物分析检测技术

实际生物产品的生产过程中，对生物样品的分析检测步骤必不可少。生物样品需检测的物质主要是蛋白质、核酸、多肽、生物小分子等，常用的分析检测技术基本可满足各种检测需求。这些分析检测技术包括液相色谱法（反相色谱、离子交换色谱、亲和色谱、二维色谱等）、电泳法（凝胶电泳、毛细管电泳、双向电泳等）、免疫分析（酶联免疫分析和侧流免疫分析等）和微芯片分析（生物芯片和微流控芯片等）。具体见图1-4。

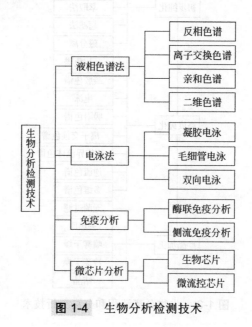

图1-4　生物分析检测技术

1.7 生物分离分析技术的发展趋势

生物技术自 20 世纪 80 年代起在深度、广度上取得了快速发展。世界主要发达国家先后实施生物技术发展计划。许多发达国家纷纷加强研究力量，增设研究机构。一些生产企业和公司也在生物分离分析领域展开竞争，不断推出新方法、新技术、新产品、新设备。21 世纪，随着人类基因组工程取得巨大成就，生物技术步入后基因组时代。蛋白质组学、药物基因组学、代谢组学、生物信息学、系统生物学、合成生物学研究蓬勃兴起，为生物技术的发展注入巨大的生机和活力，也对生物分离工程和生物分析检测技术的发展提出更高的要求。

未来的生物分离技术更加注重于分离过程的设计和优化，减少过程步骤，缩短分离操作时间，提高分离效率；注重提高产品的回收率与活性；降低生产过程成本。生物分析检测技术更加注重复杂体系的高通量、高分辨、高灵敏、特异性分析，以及提高检测准确性、检测速度和降低检测成本。生物分离和生物分析技术也会更加注重发展新方法、新技术、新介质和新设备，以及加强学科的交叉融合。

思考题

1．简述生物产品分离的特殊性。
2．利用物质的哪些性质差异可实现生物分离？
3．简述生物分离的流程和所用的分离分析技术。
4．生物分离过程优化要考虑哪些因素？
5．生物分离效率评价中分离方法和产品评价分别有哪些指标？
6．简述生物分离和生物分析的目的和区别。
7．简述主要的生物分析检测技术。

生物技术自 20 世纪 80 年代起已开展研究，广泛地应用于传统产业，并取得显著的经济效益和社会效益。我国是世界上

第 2 章 过滤和离心

2.1 概述

微生物发酵液和细胞培养液中含有菌体和细胞、分泌的胞外产物以及培养液成分。通过微生物或细胞生产的目标产物来源于胞外产物或胞内产物。从微生物发酵液和细胞培养液中提取所需的目标产物时，首先需要对发酵液和培养液进行预处理，如通过过滤或离心去除与目标产物无关的不溶物杂质，便于目标产物的后续分离。此外，一些大分子目标产物的分离可通过离心技术实现。

微生物发酵液样品需要进行预处理，有几方面的原因：①发酵液多为黏度大的悬浮液、不易过滤，且目标产物也只存在于溶液中。经过预处理后便于进行后续的分离。②微生物菌体自溶会产生大量蛋白质、核酸及其它有机黏性物质，故原液浑浊且黏度大，直接过滤速度很慢。经过预处理后可增大悬浮物的颗粒直径，提高沉降速率，有利于后续过滤。③目标产物在样品中浓度较低，通过预处理可能实现浓缩，提高产物浓度。④发酵液成分复杂，存在大量菌丝体、菌种代谢物和剩余培养基，它们对分离提取造成很大的麻烦。细胞培养液的组成较发酵液简单，可采用简化步骤完成前处理。总之，对发酵液和细胞培养液进行适当的预处理，继而分离菌体、细胞和其它悬浮颗粒（如细胞碎片、核酸及蛋白质的沉淀物等），并除去部分可溶性杂质和提升发酵液的过滤性能，是生物产品分离纯化过程中必不可少的固液分离步骤。

发酵液的预处理过程一般包括以下步骤：①发酵液杂质的去除，包括去除蛋白、色素、热原、毒性物质等有机物质和无机离子；②通过降低发酵液黏度、调节适宜 pH 和温度、絮凝与凝聚等操作，实现样品性能的改善。

固液分离是生物产品分离纯化过程中重要的单元操作。在实际生产中，培养基、发酵液、一些中间产品和半成品均需通过固液分离进行纯化。其中用于发酵液固液分离的主要方法是过滤和离心。具体的过滤和离心方法及设备应根据发酵液的特性来选择。例如，丝状菌（霉菌和放线菌）体型较大，一般采用过滤的方法处理发酵液；单细胞的细菌和酵母菌，菌体大小一般在 1~10 μm，采用高速离

心的效果较好。当固形物粒径较小时，可通过絮凝、凝聚、加入助滤剂等预处理，再使用过滤或离心进行分离操作。

2.2 过滤

过滤是指利用多孔性介质（如滤布、滤膜）截留固液悬浮物中的固体颗粒，实现固液分离的方法。通常可分为传统过滤法和膜过滤法。

2.2.1 传统过滤

传统的过滤方法可分为深层过滤和滤饼过滤。

深层过滤所用的过滤介质可以是硅藻土、砂砾、活性炭颗粒和塑料颗粒等。将过滤介质填充在过滤器内，形成过滤层。过滤时，悬浮液通过过滤层，滤层上的颗粒阻拦或者吸附固体颗粒，使滤液澄清，过滤介质在过滤中起主要作用。深层过滤适合于过滤固体含量少于 1 g/L、颗粒直径在 5~100 μm 范围的悬浮液，如河水、麦芽汁等。

滤饼过滤的过滤介质是基于固体颗粒在滤布上形成的介质。当悬浮液通过滤布时，固体颗粒被阻拦形成滤饼，滤饼起主要的过滤作用。这种方法适合固体含量大于 1 g/L 的悬浮液的过滤。滤饼过滤依据过滤推动力的不同，又可分为常压过滤、加压过滤和真空过滤。常压过滤的效率低，适合易分离的物料。加压过滤和真空过滤在生物和化工工业生产中应用更为广泛。

（1）过滤速率

过滤速率指单位时间内通过一定过滤面积的滤液体积，又称滤液的透过速率。过滤速率的微分形式如式（2-1）所示：

$$\frac{dQ}{dt} = \frac{A\Delta p}{\mu_L (R_m + R_c)} \tag{2-1}$$

式中，Q 为滤液体积；t 为时间；A 为过滤面积；Δp 为介质两侧压力差；μ_L 为滤液黏度；R_m 和 R_c 分别为介质阻力和滤饼阻力。

从过滤速率的方程中可见，影响过滤速率的重要因素有：过滤面积、滤液黏度、压力差和过滤阻力。过滤时，因过滤介质截留的固形成分在介质表面形成了滤饼。这样，就产生了滤液透过阻力的两个来源，即过滤介质和介质表面不断堆积的滤饼。其中，滤饼的阻力占主导地位。

（2）滤饼阻力

根据截留的固体颗粒是否产生变形，将滤饼分为可压缩型和不可压缩型。几乎所有的滤饼都是可压缩的，将压缩性小的滤饼视为不可压缩型。可压缩型滤饼在贴近滤布处颗粒分布最紧密，颗粒所受的压力为各个滤饼层的所有压力之和。

滤饼过滤过程中，滤饼比阻是滤饼的主要特征之一，其大小是衡量过滤难易程度的重要参数。比阻指单位面积上单位质量干滤饼的阻力（单位：m/kg）。滤饼的阻力等于比阻与滤饼厚度的乘积。

发酵液过滤产生滤饼，滤饼比阻与一般可压缩滤饼不同。当滤饼中所含固形物浓度达到一定界限时，比阻突然升高，过滤速率迅速下降，甚至不能继续过滤。因此，过滤速率不仅随滤饼厚度增加而下降，且随滤饼比阻突然升高而进一步降低。

（3）影响过滤速率的因素

1）推动过滤的压力差 Δp

利用滤饼与过滤介质两侧的压力差是进行过滤操作的必要条件。真空过滤的速率高，但受溶液沸点和大气压强限制，最大真空度一般小于 85 kPa。加压过滤使用的压力较高，对设备密封性要求也高。压力差还受滤布强度、滤饼可压缩性和滤液澄清程度限制，最大压差一般不超过 500 kPa。

2）滤液的黏度和温度

悬浮液的黏度是影响过滤速率的因素之一。黏度越小，越有利于过滤。为提高过滤速率，可以在不影响滤液质量的前提下稀释滤液，降低悬浮液的黏度，但过滤液体积会相应增加。此外，提高滤液温度有利于降低滤液黏度。但是，滤液温度较高时不适合真空过滤，因为升高温度导致的滤液蒸发会降低真空度，致使过滤速率下降。

3）过滤介质和滤饼性质

过滤介质的影响主要表现在过滤过程的阻力和过滤效率上。应根据悬浮液颗粒大小选择过滤介质。当滤饼不可压缩时，提高过滤的压力差可提高过滤速率；当滤饼可压缩时，施加压力对提高过滤速率效果则不明显。滤渣颗粒的形状、大小、紧密程度和滤渣厚度都会对过滤速率产生影响。滤渣厚且颗粒细、结构紧密，则过滤阻力大。当滤渣达到一定厚度时，过滤速率很慢。从经济角度考虑，此时则应除去滤饼，重新操作。

针对微生物发酵液而言，滤饼阻力由菌种和发酵条件（培养基组成、残余培养基数量、消泡剂和发酵周期等）等因素决定，所以菌种和发酵条件是影响微生物发酵液过滤速率的主要因素。

菌体大小、形态及代谢产物等直接影响滤饼的形成及滤饼的特性和过滤效果。菌丝体较粗的真菌，相应滤饼的质量比阻较小，滤渣可以形成紧密的饼状物，易于从滤布上刮下来，因而可采用鼓式真空过滤机过滤。如青霉素菌丝的直径达10 μm，滤渣可形成紧密的饼状物，可直接取出滤渣。而放线菌发酵液，如链霉素菌丝直径 0.5~1.0 μm，含有大量多糖类物质，黏性强，这类发酵液一般需经过预处理改善过滤性能。发酵液中的菌体很小时，如细菌发酵液中的菌体直径小于

10 μm，直接过滤则较困难，需采用絮凝等手段进行预处理，否则无法使用常规设备过滤。

不同组成的培养基与过滤速率也有相关性。实验发现，当氮源为黄豆粉或花生粉，碳源为淀粉时，过滤较难。例如，链霉素发酵培养基中，以黄豆粉代替玉米浆为氮源，滤饼阻力增大 0.6~1.0 倍。青霉素发酵培养基中，加入酵母蛋白，其过滤阻力也大幅提高。

发酵后期常在发酵液中添加消泡剂，或者发酵结束时残余大量的培养基，这些都会增加过滤的难度，从而降低过滤的效果。有时延长发酵周期虽然能使发酵单位提高，但也会影响发酵液的质量，使色素和胶状杂质增多，难于过滤。此外，发酵时间过长，会产生细胞自溶后的分解产物，导致过滤难度增加。通常，应在菌丝自溶前结束发酵过程。

（4）改善滤液性能的方法

加快过滤速率、提高过滤质量是过滤操作的目标。由于滤饼阻力是影响过滤速率的主要因素，因此在过滤操作之前，一般要对发酵液进行预处理，设法改善过滤性能，降低滤饼的比阻，以提高过滤速率。

1）凝聚和絮凝

凝聚和絮凝是发酵液预处理的主要方法，能有效地改变细胞、菌体和蛋白质等胶体粒子的分散状态，破坏其稳定性，使它们聚集成可分离的絮凝体，便于固液分离。

凝聚是指在中性盐作用下，由于双电层排斥电位的降低，而使胶体体系不稳定的现象。发酵液中的细胞、菌体或蛋白质等胶体粒子的表面一般都带有电荷，由于静电引力的作用，将溶液中带相反电性的离子吸附在周围，在界面上形成双电层。而絮凝是指在某些絮凝剂存在下，基于桥架作用，使胶粒形成较大絮凝团的过程，是一种以物理集合为主的过程。

① 常用的絮凝剂　从化学结构看，常用的絮凝剂主要分为高分子类聚合物、有机溶剂、表面活性剂和无机盐等。

高分子絮凝剂含有长链状结构和活性基团（包括带电荷的阴离子或阳离子基团以及不带电荷的非离子型基团），利用长链上的活性基团，通过静电引力作用，形成桥架连接，使菌团形成粗大的絮凝团，提高沉降速率（见图 2-1）。目前常见的高分子絮凝剂包含聚丙烯酰胺类、聚苯乙烯类和壳聚糖类等。其中聚丙烯酰胺类絮凝剂具有用量少（10^{-6} g/L）、絮凝快、絮凝体粗大、分离效果好且絮凝剂种类多等优点，使用最为广泛，目前主要用于杂质为蛋白质或菌丝体的发酵液。它的主要缺点是存在一定的毒性，特别是阳离子型聚丙烯酰胺应谨慎使用。近几年来发展了聚丙烯酸类阴离子絮凝剂，无毒，可用于食品和医药工业中。

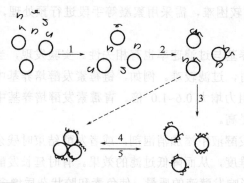

图 2-1 高分子絮凝剂的混合、吸附和絮凝作用示意图

1—高分子聚合物在液相中分散、均匀分布在粒子之间；2—高分子链在粒子表面的吸附；
3—被吸附链的重排，高分子链包围在胶粒表面，产生保护作用，是桥架作用的平衡构象；
4—脱稳粒子互相碰撞，形成桥架絮凝作用；5—絮凝团的打碎

　　壳聚糖是一种天然的高分子物质，由于分子中含有大量的氨基，所以对蛋白质和其它胶体物质具有很强的絮凝作用，可作为阳离子絮凝剂使用。除此之外，海藻酸钠、明胶、骨胶等天然物质也有絮凝作用。这些天然高分子物质无毒无害、环境友好，是絮凝剂研发中极具潜力的研究方向。

　　有机溶剂如乙醇、丙酮和甲醛等也可促进发酵液的絮凝。表面活性剂如三异丙醇胺聚氧乙烯聚氧丙烯醚（BAPE）也可以提高絮凝处理效果。无机絮凝剂主要有硫酸铝、氯化钠、磷酸钠、氯化钙和明胶等，它们可以与有机絮凝剂共同作用，促进絮凝。

　　微生物絮凝剂是微生物代谢过程中所分泌的特殊高分子代谢产物，如多糖、多聚氨基酸蛋白和糖蛋白等，它们可以促使液体中不易沉降的固体颗粒、菌体细胞及胶体粒子等凝集沉降。

　　② 复合型絮凝剂

　　a. 主絮凝剂+助絮凝剂。其制作方法比普通絮凝剂复杂，但是用量少，絮凝效果更好。例如：维生素生产中，主絮凝剂 A 用于吸附去除蛋白质杂质，助絮凝剂 B 协同絮凝，将通过 A 吸附后的蛋白质杂质进一步交联，形成更大颗粒，加快沉降速度。

　　b. 无机-有机复合絮凝剂。无机絮凝剂对复杂成分处理的适用面广，但用量大，且絮凝体不如有机高分子絮凝形成的粒形粗大。将二者结合作为复合絮凝剂使用，效果较好。

　　c. 微生物絮凝与传统絮凝剂复合。新型微生物絮凝剂无毒、高效，但价格昂贵，难于大规模生产。将其与无机物絮凝剂结合使用，具有发展潜力，应用日益广泛。

　　2）直接加热

　　加热能降低发酵液的黏度，加快过滤速率。例如，在处理链霉素菌液时，在

pH 3.0，加热至 70℃，保持 30 min 后过滤，能使滤液黏度降至原来的 1/6，过滤速率增大 10~100 倍。

3）加水稀释

加水稀释也能降低菌液黏度，但会增加溶液总体积，从而加大液体的处理量。稀释后的过滤速率提高的百分比只有大于加水的百分比，才能认为有效。通常加水稀释 1 倍，菌液黏度应下降 50% 以上。

4）调节 pH

菌液酸度直接影响某些物质的电离度和表面电荷性质。两性物质在其等电点时形成沉淀，便于过滤。膜过滤时，调节发酵液 pH 值可改变分子的电荷性质，减少膜表面的堵塞和污染。在合适的 pH 值下，细胞碎片和胶体物质可达到絮凝，形成较大的颗粒。

5）加入助滤剂

助滤剂是一种不可压缩的多孔微粒，可使菌液中胶体粒子吸附在其表面，改变滤饼结构，使滤饼疏松，降低滤饼阻力，增大过滤速率。

工业上常用的助滤剂有硅藻土、纤维素、炭粒、淀粉和珠光石（主要成分为 SiO_2）等。其中硅藻土最为常用。助滤剂自身必须不吸附或很少吸附目标物。

助滤剂的种类选择应根据目标产物和过滤介质的性质来确定。如果目标产物存在于溶液中，在特定 pH 值下，目标产物会被助滤剂吸附造成损失，故要避开这个特定 pH 值。如果目标产物为固体，加入助滤剂淀粉和纤维素不会影响产品的质量。此外，过滤介质不同，与之配合使用的助滤剂也应不同。介质的孔径较大，过滤时易发生泄漏，这时可采用石棉粉、纤维素、淀粉等助滤剂辅助。使用细目滤布时，如果所用助滤剂为粗粒硅藻土，则料液中的细小颗粒会通过助滤层达到滤布表面，增大过滤阻力，所以应选择粒径小的硅藻土。当过滤介质为烧结或黏结材料时，为使滤渣易于剥离，不堵塞毛细孔，宜使用纤维素作助滤剂。

助滤剂的粒度及粒度分布对过滤速率和滤液澄清度均有影响，需与菌液悬浮液中的固体粒子的尺寸相适应，粒径小的悬浮液应使用较细的助滤剂。

助滤剂的用量一般为液体体积的 0.5%~10%，最适的添加量要根据实际情况和实验结果确定。助滤剂用量过大，不仅会造成浪费，而且助滤剂会成为主要的滤饼阻力使过滤速率降低。

助滤剂作为一种常用的改善过滤性能的方法，有许多优点。但是，当以菌体细胞的收集为目的时，使用助滤剂会给后续的分离纯化操作带来困难，需谨慎使用。

6）加入反应剂

改善过滤性能的另一种方法是加入不影响目标产物的反应剂，通过反应剂之间的相互作用或利用反应剂与发酵液中的杂质（如某些可溶性盐类）发生反应，生成不溶性沉淀（如 $CaSO_4$、$AlPO_4$），从而提高过滤速率。反应生成的沉淀能防止菌丝体黏结，使菌丝具有块状结构，且沉淀自身也可作为助滤剂，并能沉淀胶状物和悬浮物。正确选择反应剂和反应条件，能使过滤速率提高 3~10 倍。例如，环丝氨酸发酵液中加入氯化钙和磷酸，生成的磷酸钙沉淀可助使悬浮物沉淀。再如，青霉素发酵液中加入氯化钙和磷酸钠，生成的磷酸钙沉淀一方面可充当助滤剂，另一方面还可使某些蛋白质沉淀。

2.2.2 新型膜过滤

膜技术的快速发展使膜过滤成为一种选择性滤出一定大小物质的有效方法。膜分离过程不涉及相变，无二次污染，具有生物膜浓缩富集的功能。此外，其分离效率较高，在某种程度上可以代替传统的过滤、吸附、重结晶、蒸馏和萃取等技术。作为一种新兴的分离技术，膜分离技术已被国际上公认为 20 世纪末至 21 世纪中期很有发展前途的重大生产技术。本书第 6 章还将专门对膜分离技术做详细介绍。

预处理后的发酵液，固体颗粒粒径较大，若采用膜法进行固液分离，一般多使用微滤。微滤是一种以多孔细小薄膜为过滤介质，以压力差为推动力，使不溶物质浓缩过滤的操作。膜两面的压力差使得小分子溶质和水通过膜的微孔，将细胞及微粒悬浮液截留下来。

微滤膜通常选择性地透过 0.02~10 μm 以下的粒径。然而在某些情况下（例如，微孔被污染时），更小的微粒也可能被截留。微滤分离的过程一般经历三个阶段：①过滤初始阶段，比膜孔径小的粒子进入膜孔；②膜孔内吸附趋于饱和时，微粒在膜表面形成滤饼层；③随着更多微粒在膜表面聚集，微粒开始堵塞膜孔，最终在膜表面形成一层滤饼层，膜通量趋于稳定。

微滤膜通常是各向同性的均匀膜（即在膜的任何厚度处，其孔径都相等），但近年来也发展了一些各向异性的不均匀膜。如膜的一侧膜孔径为 0.5 μm，而另一侧膜孔径可达 150 μm。

微滤主要的应用有：①除去细胞和细胞碎片；②在细胞破碎之前浓缩细胞悬浮液；③回收细胞以及在连续发酵中获得产品；④消毒过滤，如细胞培养基的除菌、色谱分析中流动相及样品的过滤等。

微滤的主要优点有：①吸附少，无介质脱落，分离效果好；②微孔厚度小、孔径均一、孔隙率高、过滤速度快；③细胞的大小和浓度对操作没有太大影响，过滤前无需絮凝及离心操作；④过滤容量高；⑤设备相对紧凑、结构简单。

2.3 离心

2.3.1 概述

当静置悬浮液时，密度较大的固体颗粒在重力作用下逐渐下沉，这一过程称为沉降。重力沉降过程中固体颗粒受到重力、浮力和流体摩擦阻力的共同作用，且沉降过程中，重力场保持不变。菌体和动植物细胞的重力沉降虽然简便易行，但因菌体细胞体积很小，沉降速度很慢。因此，实际上需要使菌体细胞聚集并形成较大凝聚体颗粒后再进行沉降操作，以提高沉降速度。

向含菌体的料液中加入中性盐，可降低菌体表面的双电层电位，减少静电排斥，促进菌体之间产生凝聚。此外，加入聚丙烯酰胺或聚乙烯亚胺等高分子絮凝剂，也可促使菌体之间产生桥架作用而形成较大的凝聚颗粒。对含菌体的料液进行凝聚或絮凝不仅有利于重力沉降，还可以在过滤分离中大大提高过滤速度和质量。然而自然的重力沉降过程较慢，耗时长。而利用很强的离心力，可显著加快分离速度。

离心也是生物工业生产和科研过程中广泛使用的固液分离手段，应用十分普遍。例如啤酒、果酒的澄清，谷氨酸结晶的分离，发酵液菌体和细胞的回收或去除，细胞分离或菌体破碎后的目标成分如血球、胞内细胞器、病毒、蛋白质、核酸等的分离。在液液分离中，大量使用了离心技术，高速和超高速离心机是现代生物技术研发和生产的必备仪器。

离心分离与过滤分离相比，分离速度更快、效率更高、液相澄清度好、操作简便、操作环境卫生等。也适用于大容量和大规模的样品分离。但离心分离的设备投资费用高、能耗大，分离后的固相干燥程度低于过滤操作。

2.3.2　离心法

离心分离是基于固体颗粒和周围液体密度存在差异，利用离心力使不同密度的固体颗粒加速沉降的分离过程。离心力场中的沉降加速度可达到数万甚至数十万倍重力加速度，颗粒的沉降速度大大加快。一些仅仅依靠重力场难以沉降或不能沉降的细小颗粒或密度较低的生物体组分都能通过加大离心力而实现分离。

离心分离不仅可以解决颗粒小、液体黏度大的微生物发酵液、细胞培养液、酶反应液等固相和液相组成的悬浮液和细胞破碎液等，还可通过高速和超速离心解决不同亚细胞器以及不同分子量的生物大分子的分离。

（1）离心沉降速率

当非均相体系围绕某一个轴心作旋转运动时，就形成了一个惯性离心力场。如果颗粒密度大于液体密度，则惯性离心力会使颗粒在径向与液体发生相对运动而飞离中心。根据力学原理，颗粒在惯性离心力场中受到三个力的作用，即惯性离心力、向心力和阻力（与颗粒径向运动方向相反）。当三个力达到平衡时，颗粒在径向相对于液体的运动速率 v_s 就是它在此位置上的离心沉降速率，其表达式为：

$$v_s = \frac{d^2(\rho_s - \rho)}{18\mu} r\omega^2 \tag{2-2}$$

式中，d 为固体颗粒直径；ρ_s 和 ρ 分别为固体和液体的密度；μ 为液体黏度；r 为离心半径；ω 为旋转角速度。

离心沉降速率与固体颗粒尺度、固液密度差、离心半径和旋转角速度正相关，并与液体的黏度呈负相关。从溶液组成上，粒径大的颗粒，与液体密度差大，离心沉降速率大，易于离心分离。液体黏度越低，越有利于固体沉降，易于离心分离。相同的溶液组成时，离心半径和旋转角速度越大，离心沉降速率越大，离心分离速度越快。

物质在单位离心力场下的沉降速度，称为沉降系数 S，由物质自身特性决定，与颗粒粒径平方和固液密度差呈正比。

$$S = d^2(\rho_s - \rho) \tag{2-3}$$

从表 2-1 可见，生物颗粒和生物分子的沉降系数相差很大。沉降系数越大，越容易沉降，所需离心力 F_{RC} 越小，相同离心半径时所需转速越小。不同的混合组分，沉降系数的差异越大，相互间越容易分离。

表 2-1　部分生物颗粒和生物分子的沉降系数

名称	沉降系数（S）	F_{RC}/g	转速/(r/min)
细胞	$>10^7$	<200	<1500
细胞核	$4\times10^6 \sim 1\times10^7$	$600\sim800$	3000
线粒体	$2\sim7\times10^4$	7000	7000
微粒体	$1\times10^2 \sim 1.5\times10^4$	1×10^5	30000
DNA	$10\sim120$	2×10^5	40000
RNA	$4\sim50$	4×10^5	60000
蛋白质	$2\sim25$	$>4\times10^5$	>60000

（2）离心分离因数 K_c

离心分离因数（也称为相对离心力 K_c）是指在离心场中，作用于颗粒的离心力相当于地球重力的倍数，单位是重力加速度"g"。

$$K_c = \frac{\omega^2 r}{g} \tag{2-4}$$

离心机在不同转速和不同离心半径时产生的加速度不同，产生的相对离心场不同，故离心力大小不同。离心机的旋转半径越大，转速越高，相对离心力越大。相对离心力是衡量离心力大小的参数，也是离心分离设备的一个重要技术指标。

由于离心机上配备的各种离心力转头的半径或离心管至旋转轴中心的距离不

同，其产生的离心力也不同。因此，文献中常用"相对离心力（F_{RC}）"或"数字$\times g$"表示离心力大小，例如$25000g$，表示相对离心力为25000。不同型号的离心机可能提供相同的相对离心力。当相对离心力不变时，一个样品可以在不同的离心机上获得相同的离心结果。一般情况下，表示离心条件时，对低速离心，相对离心力常以转速"rpm"（r/min）来表示，并给定离心时间（r/min，min）。对高速离心，相对离心力则以"g"表示，并给定离心时间（g，min）。

相对离心力大小与离心半径和离心转速有关。图2-2为离心转头中的离心管角度和离心半径的示意图。图2-3为相对离心力与离心半径和转速的关系曲线。当转头转速相同时，离心半径越大，相对离心力越大。采用相同离心半径的转头时，转头的转速越大，产生的离心力越大。商品化的高速和超高速离心机，通常要配备不同的转头，以提供不同的离心半径。

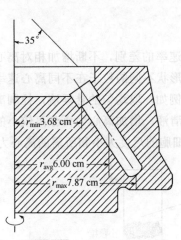

图 2-2　离心转头剖面图

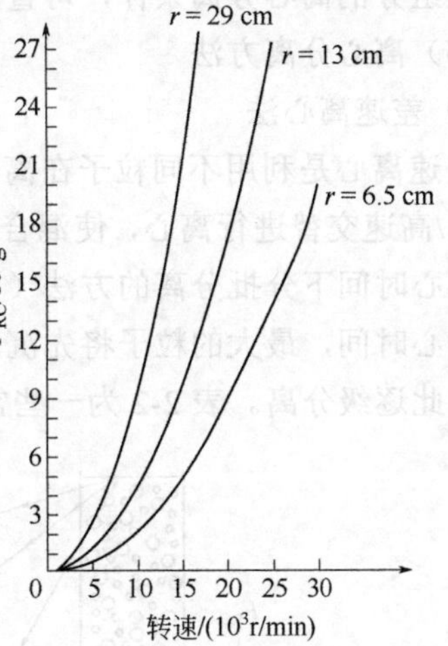

图 2-3　相对离心力与转速的关系曲线

（3）微粒的离心沉降

离心机开动时，离心管围绕离心转头的轴旋转，作圆周运动（见图2-4），离心管中的样品颗粒也作同样运动。

假如颗粒处于真空中（即没有介质阻力时），当离心管由0位转到1位时，颗粒会沿切线方向飞去，直至抵达离心管底部A位，即颗粒由离心管顶部移到底部，这与重力场中由高处落到低处相似，称为离心沉降过程。

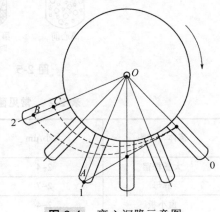

图 2-4　离心沉降示意图

由于溶液介质产生的摩擦阻力，颗粒会在离心管中依图 2-4 中虚线所示做曲线运动。当离心管由 0 位转到 2 位时，颗粒由离心管顶部移到 B 位或 C 位。随着离心力或离心时间增加，最终可移到离心管底部 A 位。颗粒移动的时间由离心力、转速和沉降速度决定。离心力越大，颗粒沉降的速度越快。相同离心力时，转速越大，颗粒沉降速度越快。相同离心力和转速时，颗粒的沉降速度与颗粒的沉降系数呈正相关，并与介质的阻力呈负相关。相同的离心条件下，颗粒的沉降系数越大，沉降速度越快。介质的阻力增加，则沉降速度减慢。

（4）离心条件的确定

离心分离时，应确定适合的离心条件：①了解分离物质的性质，如颗粒的组成、尺度和沉降系数；②确定分离所需的离心力大小；③确定所用离心机可提供的转头、离心半径；④优化离心力、离心半径和离心转速。一般常见的菌体溶液和特定组分的离心分离条件，可查阅相关文献。

（5）离心分离方法

1）差速离心法

差速离心是利用不同粒子在离心场中沉降速率的差别，不断增加相对离心力或低速/高速交替进行离心，使混合液中大小、形状不同的粒子在不同离心速率及不同离心时间下分批分离的方法（见图 2-5）。例如，取均匀的悬浮液，控制离心力和离心时间，最大的粒子将先沉降。取出上清液，增加离心力再分离较小的粒子，如此逐级分离。表 2-2 为一些常见菌体、细胞的尺度大小和所需的离心力。

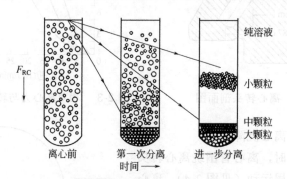

图 2-5　差速离心示意图

表 2-2　常见菌体和细胞的离心分离

菌体、细胞	大小/μm	离心力	
		实验室	工业规模
大肠杆菌	2~4	1500g	13000g
酵母	2~7	1500g	8000g
血小板	2~4	5000g	—

菌体、细胞	大小/μm	离心力	
		实验室	工业规模
红细胞	6~9	1200g	—
淋巴细胞	7~12	500g	—
肝细胞	20~30	800g	—

差速离心法适用于混合样品中各种沉降系数差别较大的组分的分离，可作为大量样品的初分离方法，用于其它分离手段之前的粗制品提取。图 2-6 为差速离心分级分离细胞破碎液的实例。

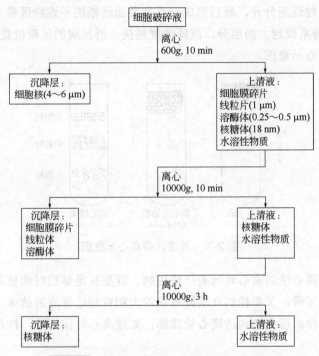

图 2-6 细胞破碎液的差速离心分级分离

差速离心法的优点是操作简单，离心后用倾倒法即可将上清液与沉降部分分离，并可使用容量较大的角式转子。该方法的缺点是需要多次离心，多次清洗，操作繁杂，沉淀中存在上清液成分的夹带，分离效率有局限，不能一次得到纯组分，且沉淀于管底的活性粒子（如细胞）因受挤压容易失活。

2）区带离心法

区带离心是生化研究中的重要分离手段。区带离心法是将样品直接加入惰性梯度介质中进行离心沉降或沉降平衡。因离心管中的梯度介质密度不同而具有不同的沉降阻力，在一定的离心力作用下，粒子将沉降到梯度介质中某些特定密度梯度位置，形成不同的分离区带。根据离心操作条件不同，区带离心又可分为差速区带离心和等密度区带离心。

① 差速区带离心法　在离心力作用下，当不同的颗粒间存在一定的沉降速度差时（不需要像差速离心法所要求的显著的沉降系数差），颗粒以各自的速度沉降，在不同密度梯度介质的区域形成区带的方法称为差速区带离心法，又称为密度梯度离心法。

操作时，离心管中先装好密度梯度介质溶液，密度梯度介质中的最大密度必须小于样品中粒子的最小密度。再将样品小心加在梯度介质的液面上。离心时，由于离心力的作用，颗粒离开原样品层，按不同沉降速度向管底沉降。一定时间后，沉降的颗粒逐渐分开，最后形成一系列界面清晰的不连续区带（类似鸡尾酒的分层）。沉降系数越大的组分，沉降速度越快，所呈现的区带位置越低。图 2-7 为差速区带离心示意图。

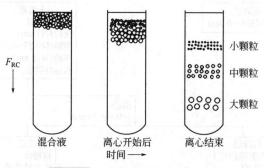

图 2-7　差速区带离心示意图

差速区带离心法的离心时间要严格控制，既要有足够的时间使各种粒子在介质梯度中形成区带，又要控制在沉降最快的大颗粒到达管底前结束。如果离心时间过长，所有样品可全部到达离心管底部；如果离心时间不足，样品还没有形成分离区带。

差速区带离心法仅用于分离有一定沉降系数差的粒子，与粒子的密度无关。大小相同、密度不同的粒子（如溶酶体、线粒体和过氧化物酶体）不能用此法分离。常用的梯度介质有蔗糖、聚蔗糖 Ficoll 和 Percoll（由聚乙烯吡咯烷酮包被的一种二氧化硅胶体悬液）。

② 等密度区带离心法　等密度区带离心法是指当被分离的不同粒子的密度在介质的密度梯度范围内，在离心力场的作用下，粒子上浮下沉，一直沿梯度移动到与其密度相等的位置上（即等密度点），并形成几条不同的区带。

等密度区带离心常常是在离心前先装入密度梯度介质，此密度梯度介质包含了被分离样品中所有粒子的密度，待分离的样品在梯度顶上或混在梯度液中，离心开始后，梯度液由于离心力的作用逐渐形成管底浓而管顶稀的密度梯度，待分离溶液中原来分布均匀的粒子也发生重新分布。最后，粒子进入它本身的密度位置，不再移动，形成纯组分的区带。此区带的位置与样品粒子的密度有关，与粒子的大小和其它参数无关，只要转速、温度不变，延长离心时间也不能改变这些粒子的区带位置。图 2-8 为等密度区带离心示意图。

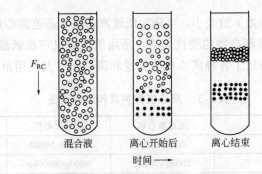

图 2-8 等密度区带离心示意图

等密度区带离心法的有效分离仅取决于粒子的密度差。密度差越大，分离效果越好，与粒子的大小和形状无关，但大小和形状决定着达到平衡的速度、时间和区带宽度。

按照梯度产生的方式，可分为预形成梯度密度离心和自形成梯度密度离心。

a. 预形成梯度密度离心：需要事先制备梯度，常用的梯度介质主要是非离子型化合物（如蔗糖、甘油等）。离心时把样品铺在梯度介质的液面上或导入离心管底部，这个密度梯度包括了所需分离的粒子的密度范围。当粒子的漂浮密度和梯度的密度相等时，粒子发生沉降，并排列成不同的区带。用这种离心方法可以定量地从线粒体和过氧化酶体中分离溶酶体。

b. 自形成梯度密度离心：又称平衡等密度离心。此法常用的梯度介质有粒子型盐类（如氯化铯或铷盐、三碘化苯衍生物等）。离心时是将密度均一的介质溶液和样品混合后装入离心管中，通过离心自形成梯度，让粒子在梯度中进行分配。离心达到平衡后，不同密度的粒子在梯度中各自分配到其等密度点的位置上，形成不同的区带。粒子达到等密度点的时间与转速有关，提高转速可缩短平衡时间，延长时间可弥补转速不够的问题。一般离心所需的时间应以最小粒子达到平衡的时间为准。这一方法已用于分离和分析人血浆脂蛋白。

区带离心法一般适用于蛋白质、核酸等生物大分子的分离纯化。其优点是：分离效果好，可一次获得较纯粒子；适应范围广，能像差速离心法一样分离具有沉降系数差的粒子，又能分离有一定浮力密度差的粒子；粒子不会挤压变形，能保持活性，并防止已形成的区带由于对流扩散而引起混合。此法的缺点是：处理样品量小，仅限于实验室规模；所需的离心时间较长，如等密度区带离心平衡时间大于 10 h；需要事先制备惰性梯度介质溶液，并且梯度材料受限；操作严格，不易掌握。

2.3.3 离心机

（1）离心机分类

根据离心力（转数）的大小，可分为低速离心机、高速离心机和超速离心机。生化分离中为防止目标产物的变性失活，所用的离心机可在低温下操作，称为冷冻离心机。表 2-3 列出了各种离心机的转速和离心力以及适用范围。

表 2-3　离心机的种类和适用范围

项　目		低速离心机	高速离心机	超离心机
转速/(r/min)		2000~6000	10000~26000	30000~120000
离心力		2000g~7000g	8000g~80000g	100000g~600000g
适应范围	细胞	适用	适用	适用
	细胞核	适用	适用	适用
	细胞器	—	适用	适用
	蛋白质	—	—	适用

按照分离原理和功能不同，离心机又可分为过滤式离心机和沉降式离心机。过滤式离心机在转头上开有小孔，装有过滤介质，一些液体组分在离心力作用下可穿过过滤介质，经小孔流出而实现离心过滤分离。这种离心机主要用于处理颗粒粒径较大、固体含量较高的悬浮液。沉降式离心机的转头上不开孔，也没有过滤介质，液体组分在离心力的作用下，按密度大小分层沉降，常用于液-固、液-液和液-液-固等物料的分离。

（2）实验室用离心机

实验室中的离心机有常速（低速）、高速和超高速离心机，其中高速和超高速离心机具有控温功能，为冷冻离心机。实验室用离心机要求有较高的分离效率，而对于处理量和生产能力没有严格要求。它们大多数以离心管式转子离心机为主。离心操作为间歇式。图 2-9 为各种形式的离心机转子。

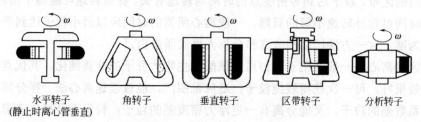

　水平转子　　　　角转子　　　　垂直转子　　　　区带转子　　　　分析转子
(静止时离心管垂直)

图 2-9　各种形式的离心机转子

① 常速（低速）离心机

性能：最大转速 $N < 6 \times 10^3$ r/min；相对离心力 $F_{RC} < 7 \times 10^3 g$；转速连续可调，样品量大。

用途：分离细胞、细胞碎片、培养基残渣等固形物；大颗粒的分离。

适用单位：医院检验科、普通生物化学实验室。

② 高速离心机

性能：最大转速 $N = 10000 \sim 30000$ r/min；相对离心力 $F_{RC} = 8000g \sim 80000g$；配备冷冻控温装置。小容量台式高速离心机，机型轻小，操作方便，样品量小，离心力大，自动平衡，速度可调，性能稳定。

用途：各种生物细胞、病毒、血清蛋白等有机物和无机物溶液、悬浮液、胶体溶液的分离。是细胞和分子生物学研究的基本工具。

③ 超高速离心机

性能：最大转速 $N > 30000$ r/min；相对离心力 $F_{RC} > 100000g$；离心管配塞子，含有真空系统减少空气阻力和摩擦；配备冷冻装置温度控制系统以及安全保护系统、制动系统、各种指示盘。

特点：转速非常高，能使大分子和亚细胞器分级分离。

用途：临床医学、检验医学、生物学等研究领域的重要仪器。

（3）离心机结构

离心机由以下部分组成：

① 电动机　包括定子、转子，与负载转子连接。

② 离心转子　平顶锥形，套在电动机上端的转轴上，旋紧固定。

③ 调速装置　控制电动机转速。

④ 温控装置　控制过程温度。

（4）离心机的技术参数

离心机的技术参数需包括：

① 最大转速 N　离心转头可达到的最大转速，r/min。

② 最大离心力 F_{RC}　可产生的最大相对离心力场 F_{RC}。

③ 最大容量　离心机一次可分离样品的最大体积 $m \times n$。其中，m 为离心管数；n 为管内样品最大体积，mL。

④ 调速范围　离心机转头调速可控范围。

⑤ 温度范围　离心机工作时可控制的温度范围。

⑥ 工作电压　电机工作所需的电压。

⑦ 电源功率　电机的额定功率。

⑧ 离心机转头种类　以"字母+数字+字母"组合表示。前面的字母表示转头类型，数字表示转头的最高转速，后面的字母表示材料。例如 SW65Ti，表示

水平转头，最高转速 6.5×10^4 r/min，Ti 金属制成。

（5）工业离心机

在工业生产中主要采用沉降式离心机，包括碟片式离心机和管式离心机，它们的样品处理量较大，并可以进行连续操作。

① 管式离心机　管式离心机又称为圆筒式离心机（图 2-10）。操作过程中，悬浮液在加压条件下由管底加入，在离心力作用下，悬浮液螺旋上升，由于重相（或固体颗粒）和轻相（或清液）的密度存在差异，密度较小的轻液位于转鼓中央，螺旋上升，从分离盘靠近中心的出口流出；而重液因为密度大，则向管壁运动。对于液液分离而言，重液从靠近转鼓的重液出口流出；当它用于液固分离时，重液出口用垫子堵塞，固形物富集于转鼓内壁，停机后取出，是非连续操作。

管式离心机主要应用于微生物细胞、细胞碎片、细胞器、病毒、蛋白质及核酸等生物大分子的分离。它的设备构造简单，操作稳定，分离效率高，转数可达到 20000 r/min，离心力较大，特别适合于分离一般离心机难以分离、固定物含量小于 1%的发酵液。缺点是沉降面积小、处理能力较低。

② 碟片式离心机　碟片式离心机又称为分离板式离心机（图 2-11）。碟片式离心机的密闭转鼓内装有多层碟片，当碟片间的悬浮液随碟片高速旋转时，重相（或固体颗粒）在离心力的作用下沉降于碟片上，并连续向鼓壁沉降；轻相（或清液）则被迫反方向移动至转鼓中心的进料管周围，连续排出。倾斜的碟片起进一步的分离作用，固体颗粒被带进碟片中时，在离心力作用下会接触上面的碟片，形成的固相流动层沿碟片流下，从而防止出口液体夹带固体颗粒。

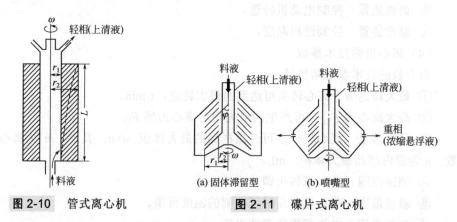

图 2-10　管式离心机　　　　图 2-11　碟片式离心机

碟片式离心机适用于分离细菌、酵母菌、放线菌等多种微生物细胞悬浮液及细胞碎片悬浮液，生产能力较大，一般用于大规模的分离过程。但是碟片式离心机结构复杂，离心转数一般较管式离心机低，约为 10000 r/min。

思考题

1. 样品预处理的目的是什么？两种重要的固液分离方法是什么？
2. 影响过滤速率的主要因素是什么？
3. 如何改善发酵液性质？
4. 相对离心力如何表示？含义是什么？
5. 影响样品离心分离的因素有哪些？
6. 常用的离心方法有哪些？分离原理及特点是什么？
7. 实验室用离心机根据速度分为几种？其性能如何？
8. 离心机的组成和技术参数有哪些？

第 3 章　细胞破碎

通过微生物或细胞生产的目标产物一部分处于胞外，可直接从菌液或培养液中进行分离提取。也有一些目标产物处于胞内，如青霉素酰化酶、碱性磷酸酶等胞内酶，以及大部分外源基因表达的产物和一些植物细胞的产物等。对于存在胞内的目标产物，需通过过滤和离心等方法收集菌体或细胞，清洗后，进行细胞破碎，使目标产物释放，再进行分离纯化。针对不同的细菌或细胞，需要采取不同的细胞破碎方法。

3.1　细胞的结构

不同种类的细胞结构不同。动物、植物和微生物的细胞结构差异很大。动物细胞没有细胞壁，只有由脂质和蛋白质组成的细胞膜，易于破碎。而植物和微生物细胞的细胞膜外还有一层坚固的细胞壁，破碎困难，需要较强力的破碎方法。一般来说，细胞壁的结构和强度取决于其组成以及相互之间交联的程度，破碎细胞的主要阻力来自连接细胞壁网状结构的共价键。

3.1.1　细菌细胞壁

根据革兰氏染色法，细菌被分为两类，革兰氏阳性菌（G⁺）和革兰氏阴性菌（G⁻），该分类的实质是基于二者细胞壁结构的差异。

革兰氏阳性菌以金黄色葡萄球菌为代表。它的细胞壁结构相对简单，具有多达 40 层（20~80 nm）厚而致密的肽聚糖层，占细胞壁成分的 60%~90%，与细胞膜的外层紧密相连 [图 3-1（a）]。细胞壁中还含有磷壁酸，这是革兰氏阳性菌细胞壁特有成分，分为壁磷壁酸和膜磷壁酸两种类型。磷壁酸可延伸至肽聚糖的表面，带负电荷，从而使革兰氏阳性菌表面呈负电荷。

革兰氏阴性菌以大肠杆菌为例。革兰氏阴性菌的细胞壁比革兰氏阳性菌的薄，化学组成较为复杂，其结构可分为外膜层和薄的肽聚糖层 [图 3-1（b）]。外膜层是革兰氏阴性菌细胞壁的主要成分，位于肽聚糖层的外侧，是由磷脂双分子层组成的基本结构，富含脂多糖和多种外膜蛋白。肽聚糖层由 1~2 层网状的肽聚糖组成，位于外膜与细菌细胞膜中间。

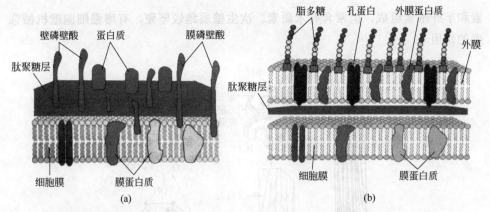

图 3-1 革兰氏阳性菌（a）和革兰氏阴性菌（b）的细胞壁结构示意图

3.1.2 酵母细胞壁

酵母菌属于单细胞真核微生物，其细胞壁的厚度大约为 0.1~0.3 μm。酵母的细胞壁主要由葡聚糖、甘露聚糖、蛋白质、几丁质、脂类、无机盐等构成。细胞壁呈三明治结构，外层为甘露聚糖，内层为葡聚糖，二者都是复杂的分枝状聚合物，中间夹有一层蛋白质分子，因此酵母细胞壁结构相对较坚韧。酵母细胞壁的结构如图 3-2 所示。

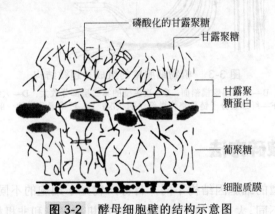

图 3-2 酵母细胞壁的结构示意图

3.1.3 植物细胞壁

典型的植物细胞壁是由胞间层、初生壁以及次生壁组成（图 3-3）。胞间层位于两相邻细胞之间，为两相邻细胞共有的一层膜，主要成分是果胶质。随着子细胞的生长，原生质向外分泌纤维素，纤维素定向地交织成网状，而后分泌的半纤维素、果胶质以及结构蛋白质填充在网眼之间，形成质地柔软的初生壁。细胞停止生长后，在初生壁内壁继续积累的细胞壁层，称为次生壁。次生壁也是由纤维素和半纤维素组成，但常含有木质素。次生壁质地较坚硬，有增强细胞壁机械强度的作用。

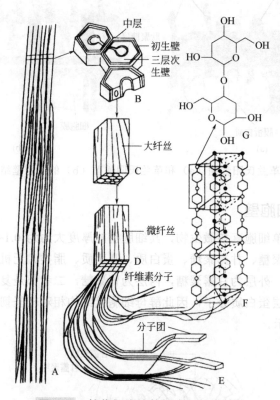

图 3-3　植物细胞壁的组成与超微结构

A—纤维细胞束；B—纤维细胞横剖面；C—次生壁的第二层部分放大；D—大纤丝的一部分；
E，F—纤维素分子链聚集为微纤丝的状况；G—纤维素分子的一部分

3.2　细胞破碎方法

　　上述不同类型的细胞因结构不同，目标产物处于细胞的不同部位，采取的细胞破碎方法有所不同。大部分的细胞破碎是采用机械破碎和非机械破碎两类方法。机械破碎法是通过细胞破碎仪等产生的机械运动，对细胞产生剪切力，使细胞外部结构被破坏而破碎或使细胞器结构被破坏而破碎。非机械破碎法主要采用化学法（化学试剂）、酶解法（生物酶）、渗透压冲击法（高渗介质）和冷冻融化法（液氮）等方法。除了考虑不同的细胞类型，还应根据目标产物在细胞中的不同定位以及不同产品的质量要求，选择适合的细胞破碎方法。

　　选择破碎方法后，还需要考虑以下因素对破碎效率的影响，如：细胞的数量；产物对破碎条件（温度、化学试剂、酶等）的敏感性；要达到的破碎程度及破碎

所必要的速度。细胞破碎应尽可能采用温和的破碎方法，而具有大规模应用潜力的生物产品还应考虑选择适合工业放大的破碎技术。

3.2.1 机械破碎法

机械破碎法可处理的样品量大、破碎效率高、破碎速度快，主要用于工业规模样品的细胞破碎。采用的细胞破碎器与传统的机械破碎设备的操作原理相同，主要基于对物料的挤压和剪切作用。溶液中的细胞为弹性颗粒，直径小，破碎难度大，如以回收胞内产物为目的时还需要低温操作。据此细胞破碎器采用了特殊的结构设计。细胞的机械破碎主要有高压匀浆、珠磨、喷雾撞击破碎和超声波破碎等方法。

（1）高压匀浆法

高压匀浆法是大规模细胞破碎的常用方法，使用的设备为高压匀浆器，它由高压泵和匀浆阀组成，结构见图 3-4 所示。

菌液在高压下通过针形阀，并突然减压和高速冲撞，以造成菌体细胞的破碎。在高压匀浆器中，细胞经历了高速运动、剪切力、碰撞和从高压到常压的迅速减压，从而造成细胞壁的破坏、细胞膜的破裂，胞内产物得到释放。高压匀浆器的操作压力通常为 50~70 MPa。

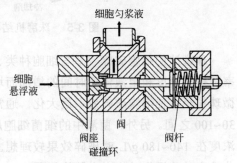

图 3-4　高压匀浆器结构简图

高压匀浆法中影响细胞破碎的因素主要有压力、循环操作次数和温度等。此外，处于不同生长期以及不同培养条件下的细胞在相同破碎条件下的破碎效果亦不同，比生长速率越低，破碎效率越低，主要原因是缓慢的生长条件更适合细胞发育成坚硬的细胞壁。

高压匀浆操作时，压力每升高 10 MPa 会造成菌液的温度上升 2~3℃。为保持目标产物的生物活性，一般需对料液做冷却处理。而多级破碎操作中，还需在各级间设置冷却装置。因为料液通过匀浆器的时间很短，约 20~40 ms，通过匀浆器后可迅速冷却，有效防止温度上升，有助于保持目标产物的活性。

高压匀浆法操作参数少，且易于确定。操作时样品损失量小，在间歇处理少量样品时效果好，在实验室和工业生产中都已得到应用。该法适用于酵母和大多数细胞的破碎，对于易造成堵塞的团状或丝状真菌以及易损伤匀浆阀的质地坚硬的亚细胞器的破碎一般不适用。

（2）珠磨法

珠磨法是利用具有硬度的微珠与细胞的高速摩擦等作用而使细胞破碎。破碎细胞时，需将菌液与微珠混合。在搅拌桨的高速搅拌下，微珠高速运动，微珠之间以及微珠和细胞之间发生冲击和研磨，使菌液中的细胞受到研磨剪切和撞击而破碎。图 3-5 为水平密闭型珠磨机的结构简图。珠磨机的破碎室内需填充不同密度的玻璃（密度为 2.5 g/cm³）或氧化锆（密度为 6.0 g/cm³）等微珠（粒径 0.1~1.0 mm），所填充微珠的比例为 80%~85%。

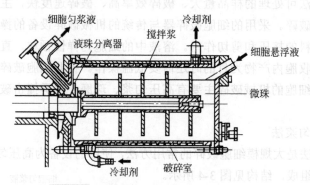

图 3-5 珠磨机结构简图（DynoMill）

珠磨法的细胞破碎效率与细胞种类、搅拌速度和菌液停留时间有关。破碎效率随搅拌速度和菌液停留时间的增加而增大。对不同特性的细胞，应选择适宜的微珠粒径，使细胞破碎效率最大化。通常选用的微珠粒径与目标细胞的直径比在 30~100 之间。另外，菌液中的细菌细胞质量浓度在 60~120 g/L、酵母细胞的质量浓度在 140~180 g/L 时破碎效果较理想。珠磨破碎过程中会产生较大的热量，因此珠磨破碎操作时应考虑散热问题。

珠磨法操作简便、破碎效率可控，操作易放大，在实验室和工业规模上都已得到应用。珠磨法适用于绝大多数微生物细胞的破碎，特别适合菌液中含大量菌丝体微生物和一些含有质地坚硬的亚细胞器的微生物。

（3）喷雾撞击破碎法

细胞是弹性微粒球体，较一般的刚性固体微粒难于破碎。若将细胞冷冻后，它可变成刚性微粒球体，降低破碎的难度。喷雾撞击破碎即基于此原理。图 3-6 是喷雾撞击破碎器的结构简图。细胞悬浮液以高速喷雾状冻结（冻结速度为数千摄氏度每分钟），形成粒径小于 50 μm 的刚性微球。再经高速载气（如氮气，流速约 300 m/s）送入细胞破碎室，并高速撞击到撞击板而使刚性细胞微球迅速破碎。

喷雾撞击破碎法的特点是破碎发生在刚性细胞球体与撞击板撞击的瞬间，细胞破碎程度均匀，可避免细胞反复受力导致的过度破碎。此外，细胞破碎程度可通过调节载气压力或流速进行控制，可避免细胞内部结构的破坏。

喷雾撞击破碎适应于大多数微生物细胞和植物细胞的破碎。喷雾撞击法通常可处理的细胞悬浮液浓度为 100~200 g/L。实验室规模间歇式处理的液体体积为 50~500 mL，而工业规模连续处理能力在 10 L/h 以上。

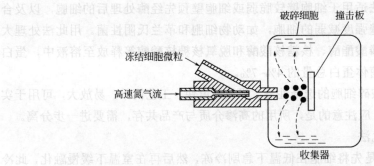

图 3-6　喷雾撞击破碎器的结构简图

（4）超声波破碎法

超声波破碎的机理是将超声波（15~25 kHz）作用于细胞悬浮液，使液体发生空化作用。空穴的形成过程中，增大和闭合产生的冲击波和剪切力会使细胞破碎。

超声波的细胞破碎效率与细胞种类、浓度和超声波的声频、声能有关。超声波破碎法在处理少量样品时操作方便，液体损失量小，破碎率高。但是超声波破碎法有效能量利用率极低，操作过程中产生大量的热，因此操作需在冰水中进行或通入冷却剂，使成本增加，不易放大。

超声波破碎适用于大多数微生物细胞的破碎，不适于大规模操作，主要用于实验室规模的细胞破碎。

上述机械破碎法虽然大都已经广泛应用于大规模工业化生产，但是仍有许多不足之处，例如大量细胞碎片的产生，胞内所有可溶性杂质蛋白的释放，发酵液黏度的增加等。这些给后处理工艺带来很大难度。而非机械破碎方法，条件相对温和，有利于细胞内分布在细胞膜附近的目标产物的释放和回收，适用于所有微生物细胞的破碎。

3.2.2　非机械破碎法

非机械破碎法主要包括物理破碎法、化学破碎法、生物破碎法和超临界细胞破碎法。

（1）物理破碎法

1）渗透冲击法

渗透冲击法是各种细胞破碎方法中最为温和的一种方法。将细胞处于高渗介质中（如一定浓度的甘油或蔗糖溶液），达平衡后迅速稀释介质，或将细胞再转入低渗溶液中。由于渗透压的突然变化，水迅速通过细胞壁和细胞膜进入细胞，并使细胞膨胀引起细胞壁和细胞膜破裂，从而释放产物。

因存在细胞壁，故高低渗溶液的快速转换和稀释，以及高盐浓度溶液中细胞的快速重新悬浮，都对微生物的细胞影响较小，对生长停滞期的细胞影响更小。

因此，渗透冲击法适用于细胞壁较脆弱或细胞壁预先经酶处理后的细胞，以及合成受抑制而细胞壁强度减弱的细胞，如动物细胞和革兰氏阴性菌。用此法处理大肠杆菌时，可使磷酸酯酶、核糖核酸酶和脱氧核糖核酸酶等释放至溶液中，蛋白质释放一般仅为菌体蛋白总量的 4%~7%。

渗透冲击法破碎细胞的选择性高、释放速度快、工艺简单、易放大，可用于实验室和工业生产。应注意的是，所用的高渗介质与产品共存，需要进一步分离。

2）冷冻-融化法

冷冻-融化法是先将细胞在低温下急剧冷冻，然后再在室温下缓慢融化，此冷冻-融化操作应反复进行多次，使细胞受到破坏。冷冻的目的是破坏细胞膜的疏水键结构，增加其亲水性和通透性。另外，细胞内的水结晶后将使细胞内外产生溶液的浓度差以及渗透压，渗透压作用下会引起细胞膨胀而破裂。

冷冻-融化法仅适用于细胞壁较脆弱的菌以及动物细胞，对存在于细胞质周围的、靠近细胞膜的胞内产物的释放较有效，但释放速率慢、产量低、成本高，适合在实验室等小规模生产时应用。注意的是，这种操作可能会引起某些对冻融敏感的蛋白质的变性。

（2）化学破碎法

化学破碎法是指利用酸碱和化学试剂对细胞作用，改变细胞壁和细胞膜的结构，增加细胞壁和细胞膜的通透性，甚至使细胞壁完全溶解，释放胞内物质。

1）酸热法

使用盐酸可对细胞壁中的多糖和蛋白质产生水解作用，改变多糖和蛋白的空间结构，使结构紧密的细胞壁疏松。同时还经沸水浴处理，可使细胞进一步膨胀，加速水解，并破坏细胞壁结构，使胞内物质外泄释放。

酸热法处理细胞的条件强烈，可能破坏菌液中某些物质，或导致胞内物质发生化学反应。特别是在后续处理中，盐酸难以除去。因此酸热法适合特定细胞的破壁操作。

2）碱法

菌液中加入碱性物质，改变细胞环境的 pH 值，利用不同蛋白质的等电点，调节 pH 值，可提高目标蛋白产物的溶解度。一般用 pH 11.5~12.5 的碱处理 30 min 可致细胞溶解，使胞内酶以可溶性形式释放。例如从欧氏杆菌属（*Erwinia*）提取 L-天冬酰胺酶，以 pH 11.0~12.5 碱处理代替机械破碎；破碎真养产碱杆菌（*Alcaligenes eutrophus*）回收聚 β-羟基丁酸（PHB）时，在 pH 10、45℃条件下，有 50%可溶蛋白释放。

碱法的优点是试剂价格便宜，易规模操作。存在的问题是，pH 11~11.5 的强碱环境可能会影响大多数蛋白质的活性，使蛋白失活，故此法会伴随蛋白产物的变性和降解。

3）其它化学试剂法

非酸非碱的其它化学试剂也可对细胞壁或细胞膜发生作用，使细胞破碎。试剂的选择使用与细胞壁和细胞膜的结构有关。

① EDTA 螯合剂　EDTA 可破坏革兰氏阴性菌（如大肠杆菌）的细胞外层膜。由于二价阳离子（尤其是 Mg^{2+}）对革兰氏阴性菌细胞外层膜有重要的稳定作用，而 EDTA 对二价阳离子的螯合作用将破坏革兰氏阴性菌的外层膜。在用 EDTA 处理大肠杆菌时，会有 33%~50%脂多糖、少量蛋白质和磷脂的损失，外层的这些变化也影响细胞质膜。

② 有机溶剂法　一些有机溶剂也可使细胞膜表面发生变化，释放胞内产物。由于有机溶剂不会破碎整体细胞，利用它有可能实现选择性释放。例如：采用异丙醇处理酵母释放超氧化物歧化酶，释放率可达 90%，纯化因子提高 25 倍。

③ 表面活性剂法　常用的阴阳离子型和非离子型表面活性剂如 SDS（十二烷基硫酸钠）、CTAB（十六烷基三甲基溴化铵）、Triton-X 等均可作用于细胞膜和细胞质，使膜结构中的脂蛋白成分被或多或少溶解，增加了细胞膜的渗透作用，有利于目标蛋白的释放。实验研究显示，阴离子型表面活性剂 SDS、Sarkosyl（十二烷基肌氨酸钠）和非离子型表面活性剂 Triton-X 对大肠杆菌的细胞内层膜、细胞外层膜、细胞壁和细胞质膜具有不同溶解敏感性。使用表面活性剂破碎细胞，其最大缺点是易使蛋白质变性，破坏蛋白质的四级结构。

综上所述，化学试剂法与机械法相比的优点是：处理后的细胞外形完整，碎片少，可避免大量细胞碎片，且核酸保留在胞内；处理后溶液的黏度低，溶液易澄清，后处理简单；处理过程中可采用搅拌方式，避免使用机械破碎设备。缺点是：各种化学试剂法的通用性差，某种试剂只能用于某种特定类型的细胞；作用时间长，破碎效率低，胞内物释放率小于 80%；加入试剂不易去除，造成产物污染，导致产物活性和产量的不可逆损失；一些试剂价格昂贵，操作成本高。

（3）生物破碎法

生物破碎法指利用天然的生物酶作用于细胞壁或细胞膜的特殊化学键，使其部分或完全破坏，增加细胞壁和细胞膜的通透性，进而使胞内产物释放。酶溶法是非常重要的生物破碎方法，它具有生物特异性、操作条件温和、低能耗、低成本，且可避免不利的物理和化学条件对产物的破坏。在某些情况下，也可通过调节温度、pH 值、添加有机溶剂等激活剂，诱导细胞产生溶解自身的酶，这种现象称为自溶，它是酶溶的另一种方式。例如：酵母细胞在 45~50℃，保持 12~24 h，即可产生自溶现象；采用乳糖发酵短杆菌发酵生产谷氨酸时，利用 pH 10 的缓冲液配成 3%的细胞悬浮液，加热到 70℃时，保温搅拌 20 min，菌体即发生自溶。

根据不同类型细胞的细胞壁组成成分的差别，可使用不同种类的酶。例如，溶菌酶（商业上唯一大规模应用的细菌溶酶）可破坏肽聚糖多肽链上的 β-1,4-糖苷键，其对革兰氏阳性菌非常敏感；而对革兰氏阴性菌，则需先去掉外膜或使其外膜不稳定，暴露肽聚糖后再进行酶解。葡聚糖酶可作用于酵母细胞壁。植物细胞壁常用纤维素酶、半纤维素酶或活果胶酶等进行处理。其它种类的酶还包括糖苷酶、多肽酶、甘露聚糖酶、壳多糖酶等。实际细胞破碎操作中，可以单独使用几种酶，也可以几种酶联合使用。但溶菌酶的高成本和有限的适用性使其不可能实现大规模应用。通过小规模的噬纤维菌溶菌酶产品的生产和固定化酶的进一步应用研究，酶溶法应具有良好的前景。

（4）超临界细胞破碎法

1998 年美国一家公司开发了超临界细胞破碎技术，其利用超临界流体作用于细胞，完成细胞破碎。超临界流体是指温度和压力处于临界条件上的流体，具有类似气体的低黏度和类似液体的高密度，并具有较好的流动性、传质性和溶解性。超临界流体的溶解性可用于细胞破碎，当外界温度和压力发生微小变化时，就可引起溶质的溶解度发生急剧变化。

高压下超临界 CO_2 容易渗透到细胞内，突然降压后，细胞内外产生较大的压差而使细胞急剧膨胀而破裂。超临界流体可破碎细胞壁较厚的酵母细胞，对黏稠的酵母浆有很好的破碎效果。超临界 CO_2 对细胞壁的脂质有萃取作用，能破坏细胞壁的化学结构，造成细胞壁部分破裂，而非整体细胞破碎。破碎后的细胞碎片较大，有利于下游分离。此外，由于 CO_2 的节流膨胀，温度迅速降低，可避免升温导致的样品失活。

超临界细胞破碎法的特点：具有良好的调节性能，可方便地调节压力、温度、停留时间和膨胀速率，并适用于各类细胞的破碎。

3.3 细胞破碎方法比较及选择

细胞破碎的方法较多，每种方法各有优缺点以及适用范围（表 3-1）。具体选择时应根据细胞类型、操作规模、经济性等多方面因素进行综合考虑。例如要考虑不同种类细胞的差异、目标产物在胞内所处定位及性质、细胞破碎条件的最优化（选择适宜的破碎器，最佳的破碎条件，包括适宜的操作时间、最少的破碎操作次数、破碎过程适宜的温度，避免过度破碎，获得最佳破碎效率）。此外，还要考虑细胞破碎的目的是得到一种还是多种目标产物？如何控制细胞内的许多共存物质的影响？如何使目标产物选择性释放，而减少其它共存物的释放？如何控制和减少与目标产物无关的细胞器的破碎？

选择细胞破碎方法的一般原则如下：

① 仅破坏或破碎目标产物存在的周围位置 当目标产物存在于细胞膜附近时，可采用较温和的破碎方法，如酶溶法、渗透压冲击法或冻融法；当目标产物在胞质内时，则需要采用强烈的机械破碎法。

表 3-1　主要细胞破碎方法的比较

分类	具体方法	优缺点及适用范围
机械破碎法	高压匀浆法	细胞破碎率高，作用时间短，成本低，易于控制，可用于大规模操作。但团状和丝状真菌、质地坚硬的亚细胞器等不适用
	珠磨法	细胞破碎率高，作用时间短，成本低，可实现连续操作，适用于各种不同细胞类型，应用范围为实验室及工业规模。但操作参数较多，控制复杂，液体损失量大，且碎片细小，后处理麻烦
	喷雾撞击破碎	细胞破碎程度均匀，避免了过度破碎，适用于大多数微生物细胞和植物细胞的破碎，应用范围为实验室及工业规模
	超声波破碎	适用于实验室规模，少量样品的处理
物理破碎法	渗透冲击法	选择性高、释放速度快、工艺简单、易放大，适用于细胞壁较脆弱或细胞壁预先经酶处理后的细胞，可用于实验室和工业生产。但高渗介质与产品共存，需进一步分离
	冷冻-融化法	不依赖于特定设备，操作容易，成本低。但不适合对冷冻敏感的细胞
化学破碎法	加入酸、碱、盐、螯合剂、有机溶剂、表面活性剂、变性剂等	选择性高，不依赖于特定设备，细胞碎片大，有利于后处理，适用于实验室规模。但作用时间长，效率低，所用试剂大多对产物性质有影响，通用性差
生物破碎法	多种酶对细胞壁的降解	作用方式温和，选择性高，细胞碎片大，易分离。但成本较高，通用性差，一般用于实验室

② 选择性溶解目标产物　当目标产物处于与细胞膜或细胞壁结合状态时，应调整溶液 pH、离子强度，或添加亲和试剂、表面活性剂等，使目标产物选择性溶解释放。同时，应尽可能使其它杂质不溶出。

③ 多种破碎方法结合　化学法与酶法的选择取决于细胞膜、细胞壁的化学组成。机械法的选择取决于细胞结构的机械强度。而细胞的化学组成又决定了细胞结构的机械强度差异。有时将化学法或酶法与机械法结合可得到满意效果。例如，面包酵母用细胞壁溶解酶（Zymolyase）预处理后，再采用高压匀浆法，在 95 MPa压力下高压匀浆 4 次，总破碎率几乎达到 100%；而单独采用高压匀浆法，同样条件下破碎率只有 32%左右。

思考题

1. 请比较细菌、酵母及植物细胞壁组成的差异。
2. 为什么要进行细胞破碎？
3. 机械破碎方法有哪些？简述各自的原理、特点及适用范围。
4. 非机械破碎方法有哪些？简述各自的原理、特点及适用范围。
5. 试比较机械破碎法与非机械破碎法进行细胞破碎时的优缺点及适用范围。
6. 简述细胞破碎方法选择的原则。

第4章 沉淀分离

4.1 概述

 沉淀是由于物理或化学环境的变化所引起的溶质溶解度降低而生成固体凝聚物（aggregates）的现象。沉淀是在溶液中形成的固相，也是新相析出的过程。沉淀分离就是在溶液中形成沉淀后，除去留在液相或沉淀在固相中的非必要成分。若目标分子溶解度小（0.1~0.01 g/L），杂质溶解度大，保留固相，实现溶质的浓缩；若目标分子溶解度大（>10 g/L），杂质溶解度小，则保留液相，使其与固相杂质分离。

 沉淀可分为晶形沉淀和非晶形沉淀两类。溶质以晶体形式析出的过程叫结晶。大部分沉淀为非晶形沉淀。与结晶相比，沉淀是无定形和无规则排列的固体颗粒。沉淀的组成成分复杂，除含目标分子外，还含有共存杂质、盐和溶剂等。因此，沉淀的纯度远低于结晶。但在某些条件下，采用多步分级沉淀也可用于制备较高纯度的产品。

 沉淀操作可采用连续法和间歇法，但无论采用哪种方法，操作步骤通常都是按三步进行。第一步，在经过过滤或离心后的样品中加入沉淀剂；第二步为沉淀的陈化，促进沉淀生成；第三步为离心或过滤，收集或去除沉淀物。需注意的是，加沉淀剂的方式和陈化条件对产物的纯度、收率和沉淀物的形状都有很大的影响。

 沉淀法的优点是设备和操作简单、成本低、浓缩倍数高，适合大批量和小批量生产。其不足之处是对于复杂体系的分离度不高、选择性不强，所得沉淀物可能聚集有多种物质，或含有大量的盐类，或包裹着溶剂。沉淀的过滤也较困难。

 利用沉淀原理分离蛋白质起源于19世纪末。沉淀分离是传统的蛋白分离技术，目前仍广泛用于实验室和工业规模的蛋白质的回收、浓缩和纯化。除蛋白质和酶外，多肽、多糖和核酸等也可以用沉淀进行分离。本章重点介绍蛋白质的沉淀分离方法。利用盐析法、有机溶剂沉淀和等电点沉淀是蛋白质沉淀分离的主要方法。此外，还有其它新型试剂可用于蛋白质沉淀分离。

4.2　蛋白质的表面特性和沉淀

蛋白质是由氨基酸组成的、具有一定空间结构的两性大分子。其表面由不均匀分布的荷电基团形成了荷电区、亲水区和疏水区。水溶液中，亲水性氨基酸残基分布在蛋白质结构的外表面，组成荷电区和亲水区。疏水性氨基酸残基则向内部折叠，同时仍有部分疏水性氨基酸残基暴露在外表面，形成疏水区。

蛋白质周围存在与蛋白质分子紧密或疏松结合的水化层，其量可达到 0.35 g/g 蛋白质。蛋白质周围的水化层使蛋白质形成了稳定的胶体溶液，呈胶体性质，避免蛋白质分子相互凝聚沉淀。

蛋白质分子间的静电排斥作用是避免蛋白质凝聚沉淀的另一因素。偏离等电点的蛋白质的净电荷或正或负，在电解质溶液中吸引相反电荷的离子（简称反离子）。由于离子的热运动，反离子层并非全部整齐地排布在蛋白质分子表面，而是在距其表面由近到远，呈现由高到低的浓度分布，形成分散双电层，简称双电层。

图 4-1 为双电层示意图。它可分为两部分：一部分为紧靠表面的一层反离子，该反离子层不流动，称为紧密层（Stern 层）；其余为紧密层外围反离子浓度逐渐降低至零的部分，称为分散层。接近紧密层和分散层交界处的电位称为 ζ 电位，带电粒子间的静电相互作用取决于 ζ 电位值（绝对值）的大小。由于粒子表面电

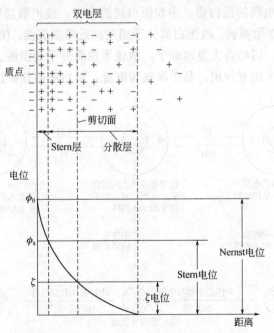

图 4-1　蛋白质的 Stern 模型及对应的电位

位一定，所以分散层厚度越小，ζ 电位越小。若分散层厚度为零，则 ζ 电位为零，粒子处于等电状态，不产生静电相互作用。当双电层的 ζ 电位足够大时，静电排斥作用可抵御分子间的相互吸引作用（分子间力），使蛋白质溶液处于稳定状态。

因此，降低蛋白质周围的水化层厚度和双电层厚度（ζ 电位），可使蛋白质溶液的稳定性降低，实现蛋白质的沉淀。蛋白质水化层厚度和 ζ 电位高低与蛋白质所处的溶液性质（如电解质的种类、浓度、pH 等）密切相关。所以，通常可在蛋白质溶液中添加各种试剂，促进蛋白质形成沉淀。如加入无机盐的盐析法，加入酸碱调节溶液 pH 值的等电点沉淀法，加入水溶性有机溶剂的有机溶剂沉淀法等。

4.3 沉淀分离法

4.3.1 盐析法

（1）蛋白质盐析的原理

盐析法是蛋白质分离的主要方法之一。其原理是利用无机盐中的正负离子所带的正负电荷，以及离子对水分子的结合能力，破坏蛋白质胶体溶液，增加蛋白质分子的相互作用，促进其凝聚沉淀。在蛋白质溶液中加入中性盐时，正负离子可分别结合相反电荷的蛋白质，中和蛋白质的电荷，使扩散层厚度减小，ζ 电位降低，静电排斥作用减弱，故蛋白质分子相互接近形成沉淀。使用高浓度的盐时，离子的亲水性强，可结合大量水分子，故使蛋白质分子表面脱去水化层，暴露疏水区，增大疏水区相互作用，易于聚集和沉淀。蛋白质的盐析过程见图 4-2。

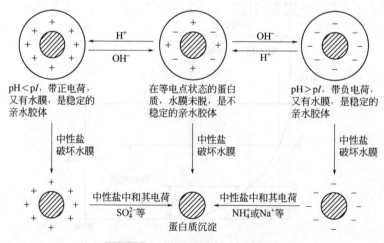

图 4-2 蛋白质盐析机理示意图

（2）两种盐析方法

蛋白质在水中的溶解度不仅与盐浓度有关，而且与盐离子的价态和离子强度有关。在高浓度盐溶液中，蛋白质溶解度的对数值与溶液中离子强度呈线性关系（图 4-3），可用 Cohn 经验公式（4-1）表示：

$$\lg S = \beta - K_s I \tag{4-1}$$

式中，S 为蛋白质的溶解度；I 为离子强度，$I = \frac{1}{2}\sum c_i Z_i^2$，$c_i$ 为 i 离子的浓度，Z_i 为 i 离子的价态；K_s 和 β 为盐析常数。

由图 4-3 可知，β 值为外推值，为蛋白质在纯水（$I = 0$）中的溶解度对数值。其大小取决于蛋白质的种类，也和溶液的温度和 pH 有关，但与盐的种类无关。而 K_s 值主要由蛋白质的性质和盐的种类决定，而与溶液的 pH 和温度无关。

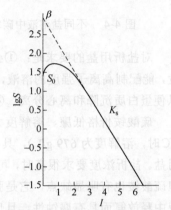

图 4-3 碳氧血红蛋白的 $\lg S$ 与硫酸铵的离子强度 I 的关系
pH 6.6，温度 25℃，S_0 为起始蛋白质浓度 17 mg/L

用盐析法分离蛋白质时可以采用两种方法：

① 在一定的 pH 值及温度条件下，改变盐的浓度（即离子强度），达到沉淀的目的，称为"K_s"分级盐析法。因蛋白质对离子强度的变化非常敏感，易产生共沉淀现象，故 K_s 分级盐析法常用于提取液的前处理。

② 在一定离子强度下，改变溶液的 pH 值及温度，达到沉淀的目的，称为"β"分级盐析法。因溶液 pH 和温度对蛋白质的溶解度影响温和，溶解度变化缓慢，且变化幅度小，因此沉淀分离的分辨率更高。β 分级盐析法常用于蛋白质的初步纯化。

（3）影响盐析的因素

蛋白质的盐析效果受蛋白质自身性质（氨基酸序列、相对分子量和空间结构等）的影响，反映在 Cohn 方程中就是对 K_s 和 β 的影响。K_s 值随蛋白质相对分子量的增大或分子不对称性的增强而增大，即结构不对称、相对分子质量大的蛋白质易于盐析沉淀。不同蛋白质的 β 值也不同。对特定的蛋白质，影响盐析效果的主要因素有无机盐种类及浓度、溶液 pH、盐析温度及蛋白质浓度等。

1）无机盐

在相同的离子强度下，不同种类的盐对蛋白质的盐析效果不同。图 4-4 为七种盐对碳氧血红蛋白溶解度的影响。盐的种类主要影响 Cohn 方程中的盐析常数 K_s。从图中可以看出，离子半径小且带电荷较多的阴离子的盐析效果较好。

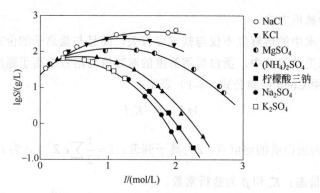

图 4-4 不同盐溶液中碳氧血红蛋白的溶解度与离子强度的关系（25℃）

对盐析用盐的要求是：①必须是惰性的，且盐析作用要强；②有较大的溶解度，能配制高离子强度的溶液，且溶解度受温度影响小；③盐溶液自身密度不高，以便蛋白质沉降和离心分离；④易通过透析等方法除去。

硫酸铵价格低廉、溶解度大且受温度影响很小（25℃时，溶解度为 767 g/L；0℃时，溶解度为 679 g/L），具有稳定蛋白质（酶）的作用，因此是最常用的盐析用盐。盐析浓度要求很高时，可直接使用固体硫酸铵，加入溶液中达到所需浓度。但硫酸铵也有明显缺点，它是强酸弱碱盐，水解后使溶液 pH 值降低，在碱性溶液中释放氨而具有腐蚀性，且后处理困难。硫酸铵若去除不净，可能会影响蛋白质分析过程中的准确定量。

硫酸钠在 40℃ 以下溶解度低，如 0℃时仅 138 g/L，30℃时上升为 326 g/L，增加幅度为 137%。它不含氮，但应用远不如硫酸铵广泛，主要用于对热稳定性高的胞外蛋白质的盐析。

磷酸盐和柠檬酸盐也较常用，它们具有缓冲能力，但因溶解度较低，易与某些金属离子生成沉淀，应用都不如硫酸铵广泛。

2）溶液 pH

蛋白质处于其等电点 pH 时，所带净电荷为零，溶解度最小，易于沉淀。改变溶液的 pH 值，可改变蛋白质的带电性质，因而改变其溶解度。等电点处蛋白质的溶解度小，因此用中性盐沉淀蛋白质时，溶液 pH 值常选其等电点附近。

3）盐析温度

除对温度敏感的蛋白质需在低温（4℃）操作外，盐析通常在室温中进行。一般情况下，温度低时蛋白质的溶解度也降低。但有些蛋白质（如血红蛋白、肌红蛋白、清蛋白）在较高的温度（25℃）比 0℃时溶解度更低，更容易盐析。

4）蛋白质浓度

通常，对高浓度的蛋白质用较低浓度盐即可使其沉淀。但蛋白质浓度过高，则易产生各种蛋白质的共沉淀作用，去除杂蛋白的效果会明显下降。而对低浓度的蛋白质，需要使用更高浓度的盐，但其共沉淀作用小，分离纯化效果较好，然而回收率会降低。通常认为比较适中的蛋白质浓度是 2.5%~3.0%，相当于 25~30 mg/mL。

（4）盐析沉淀的操作

硫酸铵是最常用的蛋白质盐析沉淀剂。在实验室研究和工业生产中，除去有特殊要求的盐析之外，通常都采用硫酸铵进行盐析。在溶液中加入硫酸铵的方式有两种，一是直接加入固体硫酸铵，二是加入硫酸铵饱和溶液。

1）固体法

欲从较大体积的粗提取液中沉淀蛋白质，或所需的硫酸铵浓度很高时，为避免进一步增加样品体积，通常使用固体硫酸铵。加入之前，将其研成细粉，并在搅拌下缓慢均匀少量多次地加入，避免局部浓度过大造成不应有的蛋白质沉淀。尤其在接近计划饱和度时，加盐的速度要更慢。

蛋白质溶液中要求达到一定饱和度的硫酸铵时，需加入的固体硫酸铵的量可由表 4-1 查得或通过公式（4-2）计算而得。

$$m = \frac{533(S_2 - S_1)}{100 - 0.3S_2} \quad (20℃)$$

$$m = \frac{541(S_2 - S_1)}{100 - 0.3S_2} \quad (25℃)$$

（4-2）

式中，m 为每升溶液中需加入的固体的质量，g；S_1 为原溶液的百分饱和度；S_2 为要达到的百分饱和度。

2）饱和溶液法

如果利用硫酸铵的饱和溶液配制所需的饱和度，需在蛋白质溶液中逐步加入预先调好 pH 值的饱和硫酸铵溶液，所需加入的饱和硫酸铵溶液的体积 V 可通过公式（4-3）计算。

$$V = V_0 \times \frac{S_2 - S_1}{S_3 - S_2}$$

（4-3）

式中，V_0 为蛋白质溶液的原始体积，mL；S_1 为原硫酸铵溶液的饱和度；S_2 为所需达到的硫酸铵的饱和度；S_3 为加入的硫酸铵溶液的饱和度，一般为 100%。

表 4-1 为用不同硫酸铵起始饱和度溶液配制所需饱和度溶液时加入固体硫酸铵量的对应表。

盐析法是蛋白质分离的主要方法之一，已有八十多年的历史。其突出的优点是试剂成本低，操作简单安全，不需要特别昂贵的设备，所用盐不影响生物分子的活性。不同硫酸铵饱和度对盐析后蛋白的性质影响不同，表 4-2 可见硫酸铵饱和度对尿素酶的酶活力影响，因此要选择适合的硫酸铵饱和度以保持较高的蛋白酶活性。

表 4-1   调整硫酸铵溶液饱和度计算表

		\multicolumn{17}{c}{硫酸铵最终浓度（饱和度）/%}															
		10	20	25	30	33	35	40	45	50	55	60	65	70	75	80	90	100
		\multicolumn{17}{c}{每升溶液需加入固体硫酸铵的质量/g}															
硫酸铵起始浓度（饱和度）/%	0	56	114	144	176	196	209	243	277	313	351	390	430	472	516	561	662	767
	10		57	86	118	137	150	183	216	251	288	326	365	406	449	494	592	694
	20			29	59	78	91	123	155	189	225	262	300	340	382	424	520	619
	25				30	49	61	93	125	158	193	230	267	307	348	390	485	583
	30					19	30	62	94	127	162	198	235	273	314	356	449	546
	33						12	43	74	107	142	177	214	252	292	333	426	522
	35							31	63	94	129	164	200	238	278	319	411	506
	40								31	63	97	132	168	205	245	285	375	469
	45									32	65	99	134	171	210	250	339	431
	50										33	66	101	137	176	214	302	392
	55											33	67	103	141	179	264	353
	60												34	69	105	143	227	314
	65													34	70	107	190	275
	70														35	72	153	237
	75															36	115	198
	80																77	157
	90																	79

在 25℃ 和 0℃ 时，硫酸铵饱和溶液的浓度分别为 4.1 mol/L 和 3.9 mol/L。任取起始浓度和最终浓度二点的引线交叉点表示从起始浓度变成某一个最终浓度时，在每升溶液中所必须加入硫酸铵的克数。

表 4-2   硫酸铵对尿素酶的沉淀作用

名　称	\multicolumn{5}{c}{沉淀效果}				
硫酸铵饱和度（25℃）	0~25	25~35	35~45	45~55	55~65
沉淀物的酶活力	0	112	6850	3020	27

特别需要说明的是，除蛋白质和酶以外，多肽、多糖、核酸和病毒等也可以用盐析法进行沉淀分离。如 43%饱和度的硫酸铵可以使 DNA 和 rRNA 沉淀，而tRNA 保留在上清液；20%~40%饱和度的硫酸铵可以使许多病毒沉淀。

4.3.2　有机溶剂沉淀法

在含有蛋白质的水溶液中加入一定量的亲水性有机溶剂（如甲醇、乙醇、丙酮等），能显著降低蛋白质的溶解度，使其沉淀析出，这种沉淀方法称为有机溶剂沉淀法。有机溶剂不仅适用于蛋白质的分离纯化，还常用于酶、核酸、多糖等的分离纯化。

有机沉淀法的原理是，加入有机溶剂后，降低了溶质和混合溶液的介电常数，使溶质极性减小，排斥力减弱，因而聚集沉淀。此外，因有机溶剂的水合作用，降低了自由水的浓度，也降低了亲水溶质表面水化层的厚度，降低了亲水性，导致脱水凝聚。

优点：分辨能力比盐析法高，即一种蛋白质或其它溶质只在一个比较窄的有机溶剂浓度范围内沉淀，且沉淀后的样品不需脱盐，过滤分离也比较容易。有机溶剂容易回收分离，样品中的残留低，产品洁净。

缺点：溶剂溶解会产生热，需控制在低温下操作；对某些具有生物活性的大分子会引起变性失活；溶剂消耗量大，成本比无机盐高；一些有机溶剂易燃，需注意操作安全，防燃防爆；一些溶剂具有毒性，需要防护。

（1）沉淀用有机溶剂的选择

用于沉淀的有机溶剂的选择，应考虑以下几个方面：

① 水溶性好，尽可能与水无限混溶；

② 介电常数小，沉淀作用强；

③ 致变性作用小；

④ 毒性小、挥发性适中。沸点过低虽然有利于溶剂的去除和回收，但其挥发损失较大，并对操作者造成伤害及安全生产带来隐患。

乙醇具有沉淀作用强、挥发性适中、无毒等优点，常用于蛋白质、核酸、多糖等生物大分子的沉淀。但使用时需注意其易燃特性，需控制在低温以及在良好的通风环境中操作。

丙酮的沉淀效果强于乙醇。用丙酮代替乙醇作为沉淀剂，使用量一般可以减少 1/4~1/3。但因其沸点太低、挥发损失太大、并对肝脏有一定毒性，其应用不如乙醇广泛。

甲醇沉淀作用与乙醇相当，其对蛋白质的变性作用比乙醇和丙酮都小。但因其毒性明显，不能广泛应用。

三种溶剂的介电常数如表 4-3 所示。其中乙醇和丙酮的介电常数较低，也是常用的沉淀用溶剂。

表 4-3　部分溶剂的介电常数

溶　剂	介电常数	溶　剂	介电常数
水	80	100%乙醇	24
20%乙醇	70	丙酮	22
40%乙醇	60	甲醇	33
60%乙醇	48	丙醇	23

（2）有机溶剂沉淀的主要影响因素

① 温度的影响　有机溶剂溶解在水中生热明显，可使溶液体系温度升高，增加蛋白质变性的可能。因此有机溶剂沉淀要在低温下进行。一般需将溶液和有机

溶剂分别预冷，两者混合时，加入溶剂的速度不能太快，保证混合均匀。

② 溶液 pH 值的影响　在等电点时的蛋白质溶解度最低，因此有机溶剂沉淀时选择的溶液 pH 多控制在蛋白质等电点附近。但 pH 的控制还必须考虑蛋白质的稳定性。如某些酶的等电点在 pH 4~5 之间，比其稳定的 pH 范围低，沉淀时应首先满足蛋白质对酸碱的稳定性要求。控制 pH 时还应使大多数蛋白质分子带相同电荷，避免目的产物与主要杂质分子带相反电荷，形成共沉淀。

③ 无机盐离子强度的影响　有机溶剂沉淀时，可以加入少量的中性盐，减少蛋白质的变性。中性盐浓度以 0.01~0.05 mol/L 为宜。盐浓度太高时，会增加有机沉淀剂的用量，而且会增加沉淀物中盐的夹带量。常用的中性盐有乙酸钠、乙酸铵、氯化钠。

④ 样品蛋白质浓度的影响　不同来源样品的有机溶剂沉淀时，对蛋白质浓度有不同要求。如样品中蛋白质浓度太低时，所需有机溶剂用量增大，回收率降低。但共沉淀作用小，分离效果较好。反之，样品中蛋白质浓度太高时，虽可节省有机溶剂用量，回收率也会提高，但导致共沉淀作用强，使不同蛋白质沉淀的分辨率降低。一般认为，保持样品中蛋白质的初始浓度为 0.5%~2% 较好。而多糖样品沉淀时，其浓度则以 1%~2% 为宜。

4.3.3　等电点沉淀法

蛋白质是两性电解质，具有等电点。当溶液 pH 值处于其等电点时，蛋白质分子表面净电荷为 0，双电层和水化膜结构被破坏，导致蛋白质聚集产生沉淀。通过调节溶液 pH 值，使蛋白质溶解度下降，析出沉淀的操作称为等电点沉淀法。

亲水性强的蛋白质在水中溶解度较大，即使在等电点 pH 下，溶质仍有一定的溶解度，不易发生沉淀。故等电点沉淀法一般适用于疏水性较大的蛋白质。单独使用等电点沉淀法对蛋白的沉淀效率并不高，通常需与盐析、有机溶剂沉淀法联合使用。

与盐析和有机溶剂沉淀相比，等电点沉淀法无需后续的脱盐和去有机溶剂处理。但是，如果沉淀操作时的 pH 值过低或过高，可能引起目标蛋白质的变性。

4.3.4　亲和沉淀

亲和沉淀（affinity precipitation）是将生物分子之间的特异性识别和可逆结合作用与沉淀分离相结合的蛋白质分离纯化技术。亲和沉淀本质上是亲和配基（抗体、辅酶、蛋白 A、生物素、过渡金属离子和色素染料等）与目标蛋白发生亲和作用，形成复合物沉淀。对沉淀离心或过滤回收后，再通过洗脱使复合物解离，目标蛋白释放。亲和沉淀方法简单，但要求配基与目标蛋白具有较高结合常数，需要二者结合位点最优化，沉淀条件较难掌握。而且，复合物中的目标蛋白还需要与配基进行分离，分离需要采用凝胶过滤等难以大规模应用的方法。

新型亲和沉淀方法是将亲和配基固定在水溶性聚合物载体上（聚合物-配基），作为亲和沉淀介质。这些聚合物的溶解度容易发生可逆变化，如在不同酸度、温度、光照和离子强度等条件时，聚合物分子微观结构会发生快速、可逆的转变，使其从亲水性变为疏水性。这种转变导致聚合物在水溶液中溶解度的变化、聚合物凝胶体积的变化、含水量的变化以及形成分子聚集体和类似胶体的变化而导致其以沉淀形式析出。它们的溶解度随条件改变可逆地降低或增大。这些聚合物也称为智能型聚合物（smart polymers），或刺激响应型聚合物（stimulus responsive polymers），或环境敏感型聚合物（environmentally sensitive polymers）。根据它们对条件的敏感性，还可具体称为酸敏型、温敏型和光敏型聚合物。当目标蛋白与亲和沉淀介质结合时，改变条件使聚合物溶解度降低，形成沉淀。分离沉淀后，再改变条件使聚合物溶解，释放目标蛋白。该方法的流程为：

① 合成溶解性可逆的聚合物载体，并连接亲和配基；

② 将含有亲和配基的聚合物与原料液混合，吸附；

③ 改变酸度、温度、光照、离子强度等条件使聚合物-配基与目标蛋白形成沉淀，离心过滤与杂质分离；

④ 将聚合物-配基-目标物再次溶解，解吸附；

⑤ 再次改变温度、pH 值、光强度等条件使聚合物-配基沉淀，与目标蛋白分离；

⑥ 回收聚合物-配基可重复使用，收集释放的目标蛋白。

利用智能型聚合物-配基的亲和沉淀具有操作步骤简单、亲和介质可反复利用、纯化效率高等优点。常用于亲和沉淀的可逆性溶解聚合物有脱乙酰壳聚糖、藻酸盐等。

亲和沉淀中目标蛋白与配体的亲和作用在水溶液中进行，传质阻力小、吸附速率快、不仅具有与亲和色谱法相似的纯化效率，还可处理高黏度甚至含微粒的粗原料，可弥补亲和色谱法放大困难的不足。亲和沉淀法可在分离过程的初期采用，减少分离步骤、提高产率和降低成本。

亲和沉淀被认为是分离纯化酶及蛋白质的有效手段，其具有环境友好、分离效率高的优点，能快速、可规模化地应用于酶和蛋白质的分离纯化。智能型聚合物的研发也是研究热点，其作为亲和沉淀介质具有广阔的应用前景。

4.3.5　其它沉淀法

（1）非离子型聚合物沉淀剂

有机聚合物是 20 世纪 60 年代发展起来的一类重要的沉淀剂，最早应用于提纯免疫球蛋白和沉淀一些细菌和病毒，近年来广泛用于核酸和酶的纯化。有机聚合物上存在可结合水分子的基团，使蛋白质表面水分子层被破坏，疏水区暴露而导致聚集沉淀。可用于沉淀分离的有机聚合物通常有聚乙二醇（PEG）、聚丙烯酰胺、聚乙烯吡咯烷酮、葡聚糖等。

聚乙二醇是重要的有机聚合物。其亲水性强，易溶于水和许多有机溶剂，对热稳定，分子量范围宽（M 200~20000），是目前应用最多的水溶性非离子型聚合物沉淀剂。使用较多的是分子量范围为 6000~20000 的聚乙二醇。蛋白质沉淀常用的为 PEG-4000 和 PEG-6000。聚乙二醇引起沉淀的作用机理尚不清楚。一种观点认为是其含有多羟基，类似有机溶剂，可破坏蛋白分子的水化膜，引起蛋白质分子聚集沉淀。另一种观点认为其具有的超大分子结构，其分子可从空间上排斥蛋白质，使蛋白质分子受挤压而聚集引起沉淀。

（2）金属离子沉淀剂

某些金属离子或金属螯合物可与蛋白质分子上的某些基团相互作用，使蛋白质沉淀。可沉淀蛋白质的金属离子包括三类：

①能与羧基、氨基等含氮化合物以及含氮杂环化合物强烈结合的一些金属和过渡金属离子，如 Mn^{2+}、Fe^{2+}、Ni^{2+}、Co^{2+}、Cu^{2+}、Zn^{2+}、Cd^{2+}；

②能与羧基结合，不与含氮化合物结合的金属离子，如 Ca^{2+}、Mg^{2+}、Ba^{2+}；

③能与氨基酸中的巯基强烈结合的一些金属离子，如 Hg^{2+}、Ag^+、Pb^{2+}。

利用金属离子沉淀蛋白的优点是所需的金属离子浓度很低，且沉淀中的重金属离子可用离子交换树脂或金属螯合剂（如 EDTA）除去。

（3）离子型表面活性剂

阴阳离子型表面活性剂也具有沉淀作用。如十六烷基三甲基溴化铵（CTAB）主要用于酸性多糖沉淀；十二烷基硫酸钠（SDS）主要用于膜蛋白和核蛋白沉淀。

4.3.6 选择性变性沉淀法

利用目标蛋白质、酶和核酸等生物大分子与非目标分子在物理化学性质等方面的差异，选择和控制一定的条件，使杂蛋白等非目标物变性沉淀，而目标物得到分离纯化，称为选择性变性沉淀法。常用的有热变性、选择性酸碱变性和其它化学试剂变性等方法。

（1）热变性沉淀

在较高温度下，蛋白质的空间结构被破坏，使原来聚集在分子内部的疏水基团旋转到分子表面，促进了蛋白质分子相互聚集而沉淀。但温度过高又会使蛋白质发生变性。

利用不同蛋白质热稳定性的不同，使蛋白质组分之间得以分离，同时使蛋白质与水及其它可溶物分离。热变性沉淀常用于植物蛋白的生产。

（2）酸碱变性沉淀

大部分蛋白质在 pH 4~10 的范围内性质稳定。超过此酸碱度范围，蛋白质表面基团的带电性质发生变化，结构也发生变化，导致蛋白质变性。利用酸碱变性法沉淀蛋白，通过调节溶液 pH 值，可有选择地去除杂蛋白。

（3）其它化学试剂变性沉淀

前述的多种化学试剂都可用于蛋白质的选择性沉淀，如甲酸、乙酸、高氯酸、焦磷酸等；甲醇、乙醇、丙酮、二脲、氯仿、酚等；表面活性剂十二烷基磺酸钠等。在核酸的提取纯化时，常使用含水的酚、氯仿以及十二烷基磺酸钠等有选择地使蛋白质发生变性沉淀，达到去除蛋白杂质、提纯核酸的目的。

（4）酶催化变性沉淀

利用生物酶的催化作用使一些蛋白质变性，从而聚集沉淀实现分离。如利用凝乳酶催化牛乳酪蛋白的沉淀。

4.4 沉淀分离法的应用实例

（1）小牛脾酸化酶的纯化

丙酮粉的制备：取新鲜小牛脾脏冷冻 2~3 h，剥去脂肪和结缔组织，切成小块。称取 100 g，加 200 mL 预冷的 17% 的蔗糖溶液、100 g 碎冰和 100 mL 蒸馏水。在组织捣碎器中处理两次，每次快、慢速度各 15 s，1300g 离心 10 min，收集上清液。用 2 mol/L 乙酸调 pH 至 5.1，1700g 离心 30 min，收集沉淀物。用 85% 蔗糖清洗沉淀，再进行第三次离心。收集黏稠沉淀物悬于 -10℃ 冷丙酮中，缓慢搅拌后，在垂熔漏斗或布氏漏斗中抽气过滤，滤物用冷丙酮洗涤几次，过筛（15 目），置于干燥器中抽真空干燥，得到的丙酮粉在 2℃ 储存备用。

第一次硫酸铵分级纯化：称 140 g 丙酮粉，加 2800 mL（0.2 mol/L）乙酸缓冲液（pH 6.0），抽提 30 min，1300g 离心 8 min，除去不溶物。在抽提液（2400 mL）中加 466 g 硫酸铵，用 2 mol/L 乙酸调 pH 至 4.9，再加 190 g 硫酸铵，用滤纸过滤。在收集的 2735 mL 滤液中继续加 427 g 硫酸铵，30 min 后，置垂熔漏斗中过滤。将沉淀物溶于 350 mL（0.05 mol/L）乙酸缓冲液（pH 6.0）中。

第二次硫酸铵分级纯化：用 0.5 倍体积的蒸馏水稀释上述溶液（pH 5.5）后置于沸水浴中，使温度迅速上升至 55℃，保持 5 min 后，立即冷却，13000g 离心后收集上清液。用流动的蒸馏水透析，产生的沉淀按上述方法除去。将上清液用 2 mol/L 氨水调 pH 至 8.0 后，在搅拌下缓慢加硫酸铵到饱和度，静置 20 min 后，13000g 离心 8 min，收集沉淀物。将其溶在 0.01 mol/L 琥珀酸钠-盐酸缓冲液（pH 6.5）中。

丙酮分级分离：上述溶液（108.5 mL）用 1 mol/L 乙酸缓冲液调其浓度为 0.05 mol/L，在搅拌条件下缓慢加入冷丙酮（43 mL），20℃ 10000g 离心 5 min，收集上清液，置低温（-10℃）下继续冷却丙酮（40 mL），离心。收集沉淀物，溶解在 0.01 mol/L 琥珀酸钠-盐酸缓冲液（pH 6.5）中，即为初步纯化的脾磷酸二酯化酶制品，可供进一步纯化和分析使用。

（2）人血白蛋白的提取

人血白蛋白是血液制品的一种，俗称"生命制品""救命药"。它是从健康人的血液中提炼加工而成，可直接静脉注射到病人体内，主要功能是增强人的免疫力和抵抗力。临床上主要用于失血创伤和烧伤等引起的休克、脑水肿，以及肝硬化、肾病引起的水肿或腹水等危重病症的治疗，以及低蛋白血症病人。

1946 年，美国哈佛大学 E. J. Cohn 教授团队创立的人血白蛋白的制备工艺（简称为 Cohn 6 法）已成为白蛋白分离的经典方法，是国际上通用的血浆白蛋白分离工艺的基础。其后的各种白蛋白分离方法依旧以 Cohn 6 法中的 pH 值、温度、乙醇浓度、离子强度和蛋白浓度五个参数为依据，通过不同的参数组合，可进行其它多种蛋白制品的分离。Cohn 6 法分离人血白蛋白的工艺流程如图 4-5 所示。

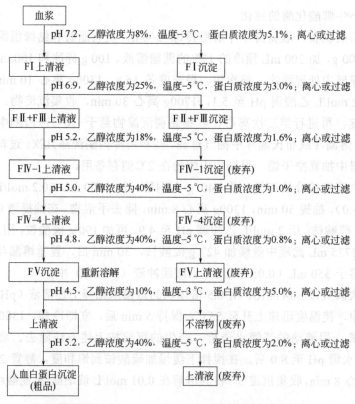

图 4-5　Cohn 6 法分离人血白蛋白的工艺流程

Cohn 6 法有其重要的历史地位，然而该法存在着分离步骤多、操作体积大、分离周期长和蛋白回收率低等问题。为解决以上问题，众多学者对其进行了改良。

其中最为重要的是 Kistler 和 Nitschmann 于 1962 年发表的 N-K 法,该法适合大规模的工业化生产,N-K 法分离人血白蛋白的工艺流程如图 4-6 所示。与 Cohn 6 法相比,N-K 法简化了操作,缩短了生产周期,减少了固-液相分离的次数,乙醇消耗减少 40%,操作体积缩小 22%,回收率提高 10%,且纯度保持不变。

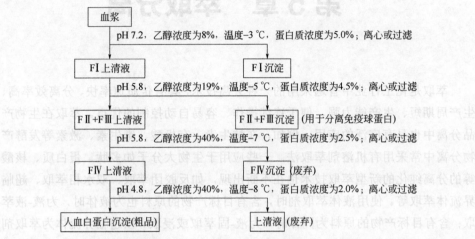

图 4-6　N-K 法分离人血白蛋白的工艺流程

思考题

1. 什么是沉淀?并简述沉淀分离法的基本原理。
2. 举出常用沉淀法并简要说明其原理。
3. 盐析操作时常用的盐是什么?对盐析用盐有什么要求?
4. 举出一两种沉淀分离的应用。

第 5 章　萃取分离

萃取是化工行业中普遍采用的一种分离技术，具有传质速率快、分离效率高、生产周期短、生产能力强、便于连续操作、容易自动控制的优点。萃取在生物产品分离中也具有广泛的应用。例如，在抗生素、有机酸、维生素、激素等发酵产物分离中常采用有机溶剂萃取法。一些应用于生物大分子如多肽、蛋白质、核酸等的分离纯化的新型萃取技术也在不断出现，如反胶团萃取、双水相萃取、超临界流体萃取等。使用液体萃取剂时，含有目标产物的原料也为液体时，为液-液萃取；含有目标产物的原料为固体时，为液-固萃取或浸取。以超临界流体为萃取剂时，含有目标物的原料可以是液体，也可以是固体，称为超临界流体萃取。液-液萃取中，根据萃取剂的种类和萃取原理不同又分为有机溶剂萃取（简称溶剂萃取）、双水相萃取、液膜萃取、反胶团萃取和超临界流体萃取。

5.1　萃取和反萃取

5.1.1　萃取

萃取是利用溶质在互不相溶的两相之间因分配系数的差异而在两相分配不同，从而达到溶质在两相中转移和分离的目的。萃取过程中，被萃取的目标物质为溶质，用于萃取的溶剂为萃取剂。溶质经过分配，大部分扩散转移到萃取剂中，得到萃取液，而原液为萃余液。

互不相溶的两相接触时，上相为萃取相，含有溶质的下相为料液相，两相之间存在界面（图 5-1）。在相间浓度差的作用下，料液中的溶质向萃取相扩散，料液中溶质浓度不断降低，萃取相中溶质浓度不断升高（图 5-2）。在此过程中，单位时间料液中溶质浓度的变化速率（萃取速率）可用式（5-1）表示：

$$-\frac{\mathrm{d}c}{\mathrm{d}t} = ka(c - c^*) \tag{5-1}$$

式中，c 为料液中溶质浓度，mol/L；c^* 为萃取平衡后料液溶质浓度，mol/L；t 为萃取时间，s；k 为传质系数，m/s；a 为相间接触比表面积，m^{-1}。

图 5-1 两相接触状态示意图

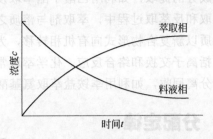

图 5-2 萃取过程中料液相和萃取相溶质浓度的变化

萃取速率与溶质的传质系数和相间接触比表面积成正比，也与料液中溶质初始浓度有关。当两相中的溶质达到分配平衡，两相中的溶质浓度不再改变时，萃取速率为零。继续增加萃取时间，两相中的溶质分配保持不变。溶质在两相中的分配平衡与萃取操作形式无关。

萃取速率主要决定达到分配平衡时所需的时间，萃取速率大小与两相性质及萃取操作方式有关。

5.1.2 反萃取

萃取过程中，需加入大量萃取剂。萃取操作完成后，还需将目标产物从萃取剂中转移至新水相（第二水相），并清洗除去共萃取的杂质。通过调节新水相条件，可进行目标物的洗涤、纯化和转移，提高目标产物的纯度，这个过程称为反萃取。

图 5-3 为萃取、洗涤和反萃取三个过程中待萃物、杂质和产物的分离过程。经过萃取、洗涤和反萃取操作，大部分目标产物进入到反萃取相（第二水相），而大部分杂质则残留在萃取后的料液相（称作萃余液或萃余相）。虚线表示洗涤段出口的溶液中含有少量目标产物，为提高收率，需将此溶液返回到萃取段。

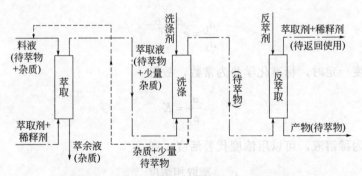

图 5-3 萃取、洗涤和反萃取操作过程示意图

萃取和反萃取过程中，萃取剂与溶质间不发生化学反应，溶质根据相似相溶原理在两相间达到分配平衡，为物理萃取。物理萃取广泛用于抗生素及天然植物

中有效成分的提取，如利用乙酸丁酯萃取发酵液中的青霉素。

萃取和反萃取过程中，萃取剂与溶质之间发生化学反应，并产生脂溶性复合物，溶质以新复合物形式向有机相转移，为化学萃取。萃取剂与溶质之间的化学反应包括离子交换和络合反应。化学萃取常用于氨基酸、抗生素和有机酸等生物产物的分离回收，如利用季铵盐萃取氨基酸。

5.2 分配定律

萃取是基于溶质在两相扩散和传质的分离操作。不同溶质在两相中存在分配平衡的差异是实现萃取分离的主要因素。

分配定律基于热力学理论推导得出。在一定温度和压力下，达到分配平衡的溶质在两相的化学势相等，即

$$\mu_1 = \mu_2 \tag{5-2}$$

式中，μ_1、μ_2分别表示相 1（萃余相，下相）和相 2（萃取相，上相）中的化学势。

化学势是溶质活度的函数，与溶质活度的关系为

$$\mu_1 = \mu_1^{\ominus} + RT \ln a_1 \tag{5-3}$$
$$\mu_2 = \mu_2^{\ominus} + RT \ln a_2 \tag{5-4}$$

式中，$\mu_1^{\ominus}$和$\mu_2^{\ominus}$分别为溶质在相 1 和相 2 中的标准化学势；a_1 和 a_2 分别为溶质在相 1 和相 2 中的活度。

标准化学势与溶质组成无关，但与温度和压力有关，故

$$\mu_1^{\ominus} + RT \ln a_1 = \mu_2^{\ominus} + RT \ln a_2 \tag{5-5}$$

$$\frac{a_1}{a_2} = e^{\frac{\mu_2^{\ominus} - \mu_1^{\ominus}}{RT}} \tag{5-6}$$

当温度一定时，标准化学势为常数，故得

$$\frac{a_1}{a_2} = K \tag{5-7}$$

如果为稀溶液，可以用浓度代替活度，则

$$\frac{c_1}{c_2} = \frac{\text{萃取相浓度}}{\text{萃余相浓度}} = K \tag{5-8}$$

上式为分配定律，即在恒温恒压条件下，溶质在互不相溶的两相间达到平衡时，其在两相中的平衡浓度之比为常数 K，这个常数称为分配系数。c_1、c_2 分别

代表下相的萃余相和上相的萃取相中溶质的平衡浓度，单位为 mol/L。

应用上式计算分配系数时，须满足下列条件：①必须是稀溶液；②溶质对溶剂的互溶度没有影响；③溶质在两相中以同一分子形式存在，不发生缔合或解离。

5.3 有机溶剂萃取

溶剂萃取（主要指有机溶剂萃取）是石油化工、湿法冶金的重要分离手段，也是生物产物中抗生素、氨基酸、有机酸等弱酸或弱碱分离纯化的重要手段。

5.3.1 物理萃取和化学萃取

（1）物理萃取

物理萃取指溶质根据相似相溶原理在两相间达到分配平衡，在两相中符合分配定律，萃取剂与溶质之间不发生化学反应。如果溶质分子存在解离，例如弱电解质在水相中发生不完全解离，萃取时，只有游离酸或游离碱的分子形态在两相产生分配平衡，弱酸根离子或弱碱离子则不能进入有机相。因此，萃取达到平衡时，存在两个解离平衡：弱电解质在水相中的解离平衡和游离酸或游离碱在两相中的分配平衡。

工业生产制备注射用青霉素钾盐时，通过 pH 调节控制青霉素分子形态，用有机溶剂萃取法进行分离。青霉素是弱有机酸（$pK_a = 2.75$），在 pH 2 左右呈游离酸分子形态，溶于有机溶剂，可被有机溶剂萃取。在 pH 7 附近，其完全解离为阴离子形态，存在于水相。因此，当溶液 pH 较低时，有利于青霉素在有机相中的分配。当溶液 pH 大于 6.0 时，青霉素几乎完全分配于水相中。选择适当的 pH，不仅可提高青霉素的萃取效率，还可根据杂质的性质和分配系数，提高青霉素的萃取选择性。

（2）化学萃取

一些两性电解质如氨基酸和极性较大的抗生素类溶质的水溶性强，它们在有机相中的分配系数很小甚至为零，利用物理萃取分离时效率很低，甚至无法萃取。这类溶质的萃取需用化学萃取法，即利用脂溶性萃取剂与溶质之间的化学反应生成脂溶性复合分子，实现溶质向有机相的分配，提高原溶质在有机相的分配系数。萃取剂与溶质之间的化学反应包括离子交换和络合反应等。

例如，利用阴离子交换萃取剂三辛基甲基氯化铵（TOMAC，R^+Cl^-）为萃取剂萃取氨基酸时，阴离子氨基酸（A^-）通过与萃取剂在水相和萃取相间发生下述离子交换反应而进入萃取相：

$$\overline{R^+Cl^-} + A^- \Longleftrightarrow \overline{R^+A^-} + Cl^-$$

式中，上划线表示该组分存在于萃取相中。

化学萃取中通常加入煤油、己烷、四氯化碳和苯等有机溶剂来溶解萃取剂，改善萃取相的物理性质，这些有机溶剂也称为稀释剂。

5.3.2　有机溶剂萃取的影响因素

影响有机溶剂萃取的因素主要有溶液 pH、萃取温度、乳化现象、盐析作用以及有机溶剂性质等。

（1）有机溶剂的选择

用于萃取的有机溶剂应根据目标产物以及共存杂质的性质进行选择，以使目标产物有较大的分配系数和较高的选择性。根据相似相溶原理，选择与目标产物极性相近的有机溶剂为萃取剂，可得到较大的分配系数。此外，有机溶剂还应满足以下要求：①价廉易得；②与水相不互溶；③与水相有较大的密度差，并且黏度小，表面张力适中，容易相分散和相分离；④容易回收和再利用；⑤毒性低，腐蚀性小，闪点低，使用安全；⑥不与目标产物发生反应。

常用于抗生素类萃取的有机溶剂有醇类（丁醇等）、乙酸酯类（乙酸乙酯、乙酸丁酯和乙酸戊酯等）以及甲基异丁基甲酮等。

（2）溶液 pH 的影响

对于弱酸弱碱类溶质，溶液 pH 是影响萃取效率的关键因素。溶液 pH 影响溶质的分配系数，故影响溶质的萃取效率。弱酸性溶质的分配系数随 pH 降低而增大，而弱碱性溶质的分配系数随 pH 降低而减小。例如，红霉素是弱碱性抗生素，其萃取剂为乙酸戊酯。当溶液 pH 为 9.8 时，其分配系数为 44.7；当 pH 降至 5.5 时，分配系数显著降低，仅为 14.4。

在酸性条件下，酸性溶质以分子形态存在，可被有机溶剂萃取，而碱性杂质则以盐形态留存在水相中。通过溶液 pH 的调节，可实现酸碱性溶质的选择性萃取。如果溶液中含有多种酸性溶质和杂质时，可根据溶质和杂质的酸性强弱，选择合适的溶液 pH 实现选择性萃取；如果溶质为碱性物质，则应在碱性条件下进行选择性萃取。

此外，还要考虑溶液 pH 可能影响溶质的稳定性。

（3）萃取温度的影响

萃取温度也影响萃取效率，选择合适的温度有利于产物（溶质）回收和纯化。一般说来，萃取温度越高，萃取速率越快，但生物大分子类溶质在高温时不稳定，易变性。因此萃取一般在室温或较低温度下进行。例如，在生产人绒毛膜促性腺激素（HCG，一种糖蛋白）制品时，一定要在低温下进行。当温度低于 8℃时，从 200 kg 孕妇尿中可提取约 100 g HCG 粗品（活力为 160 U/mg）；当温度高于 20℃时，从 400 kg 孕妇尿中也难以提取到 100 g HCG 粗品，而且 HCG 的活力也降低。

（4）盐析作用的影响

溶剂萃取过程中，一些无机盐（如硫酸铵、氯化钠等盐析剂）的存在也会影响溶质的分配。盐的主要作用是降低溶质在水中的溶解度，使其更易于转入有机溶剂中，同时还可降低有机溶剂在水中的溶解度。例如，提取维生素 B_{12} 时，加入硫酸铵可促进维生素 B_{12} 从水相到有机相的转移。盐的用量要适当，过量时会使杂质也转入有机相。此外，盐的用量大时，还应考虑其回收和再利用。

（5）乳化和破乳

利用有机溶剂从水相中萃取溶质时，时常发生乳化现象。乳化即水或有机溶剂以微小液滴形式分散于有机相或水相中的现象。乳化现象的存在使有机溶剂相和水相的分层困难，并产生两种夹带：水相中夹带有机溶剂微滴，会使目标产物损失；有机溶剂相中夹带水相微滴，将在有机相中引入杂质，影响萃取溶质的纯度。

产生乳化的原因在于原料液中存在的蛋白质和固体颗粒等物质具有表面活性剂的作用。它们存在于两相的界面，使有机溶剂（油）和水的表面张力降低，油或水易于以微小液滴的形式分散于水相或油相中，形成乳浊液。

乳化现象可形成两种形式的乳浊液：水包油型（O/W）乳浊液，油滴分散于水相；油包水型（W/O）乳浊液，水滴分散于油相。在有机溶剂萃取操作中需避免产生乳化。萃取前对发酵液进行过滤或絮凝沉淀处理等，可除去大部分蛋白质及固体微粒，防止乳化现象的发生。产生乳化后，可根据乳化的程度和乳浊液的形式，采取适当的破乳手段，以提高萃取效率。对于 W/O 型乳浊液，加入亲水性表面活性剂可达到破乳目的；对于 O/W 型乳浊液，加入亲油性表面活性剂可达到破乳目的。

5.3.3 溶剂萃取操作方式

溶剂萃取操作包括三个过程：①混合，使料液和萃取剂充分接触。②分离，使萃取相与萃余相两相分离。③溶剂回收，回收萃取相中的萃取剂。故在萃取操作中需分别使用混合器、分离器和回收器。

萃取操作还分为分批操作和连续操作，分别为单级萃取和多级萃取。多级萃取又分为多级错流萃取、多级逆流萃取和分馏萃取。

（1）单级萃取

单级萃取是液-液萃取中最简单的形式，一般用于间歇操作，也可以连续操作。单级萃取只需一个混合器和一个分离器。将料液 F 与萃取剂 S 加入萃取器内，通过搅拌器搅拌，使两种液体均匀混合，在萃取器（即混合器）内完成产物的相转移，由料液相进入有机溶剂相。萃取后的混合溶液在分离器中分离，得到萃取相

L 和萃余相 R。将萃取相 L 送入回收器，在回收器中使有机溶剂与目标产物进一步分离。回收后的溶剂仍可作为萃取剂循环使用，留下萃取的目标产物。单级萃取的流程示意图见图 5-4 所示。

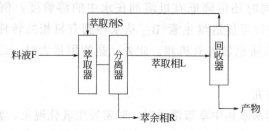

图 5-4　单级萃取流程示意图

萃取平衡后，溶质在萃取相与萃余相中质量的比值，称为萃取因子 E。

$$E = \frac{c_L V_L}{c_H V_H} = Km$$

式中，V_H 为料液体积；V_L 为萃取剂体积；K 为分配系数（两相浓度比 c_L/c_H）；m 为体积比 V_L/V_H。

萃取因子与溶质的分配系数 K 和两相体积比成正比。分配系数 K 较大时，溶质大部分会转移到萃取剂中，萃取因子大。使用大体积的萃取剂，萃取剂与料液体积比大时，萃取因子大。

用萃取率表示溶质的萃取效率。萃取率为溶质在萃取相中的质量与两相中总质量的比值。溶质在水相料液中的残留为萃余率。

$$萃取率 = \frac{c_L V_L}{c_L V_L + c_H V_H} = \frac{E}{1+E}$$

$$萃余率（水相残留）= \frac{1}{1+E}$$

单级萃取的萃取过程简单，只萃取一次。但是萃取效率低，萃余率高。而采用多级萃取可提高萃取效率。

（2）多级萃取

多级萃取是指对料液进行多次萃取。多次加入萃取剂，或增加萃取剂与料液的接触，可提高萃取效率。多级萃取采用错流和逆流方式。

① 多级错流萃取　多级错流萃取是将几个萃取器串联完成多次萃取。一次萃取后，在萃余液中再次加入萃取剂。如此反复进行多次萃取，相当于增加萃取剂体积。图 5-5 为示意图。几个萃取器串联成组，料液经第一级萃取（每级萃取由萃取器与分离器所组成）后分离成两相；将萃余相转入下一个萃取器，再加入新

鲜的萃取剂萃取；萃取相则分别由各级萃取器排出，混合后再进入回收器进行溶剂回收。回收的溶剂可作为萃取剂循环使用。

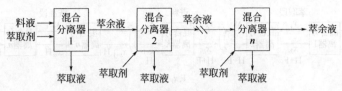

图 5-5 多级错流萃取流程示意图

多级错流萃取的萃取率和萃余率与萃取次数 n 有关。

$$萃取率 = \frac{(1+E)^n - 1}{(1+E)^n}$$

$$萃余率 = \frac{1}{(1+E)^n}$$

多级错流萃取属于多次萃取。大量萃取剂等量分批加入各级萃取器，萃取效果好。但是也因为分批加入了大量的溶剂，会使产品被稀释，浓度降低。同时需消耗较多能量回收大量的溶剂。

② 多级逆流萃取　多级逆流萃取也是对料液溶质的多次萃取。但萃取剂与料液分别从多个串联萃取器的两端加入，使萃取相与萃余相逆向流动，萃取过程连续进行。其流程见图 5-6 所示。

图 5-6 多级逆流萃取流程示意图

多级逆流萃取分别在左右两端连续通入料液和萃取液，二者逆流接触，萃取效率高，萃取率和萃余率分别为：

$$萃取率 = \frac{E^{n+1} - E}{E^{n+1} - 1}$$

$$萃余率 = \frac{E - 1}{E^{n+1} - 1}$$

③ 分馏萃取　分馏萃取是对多级逆流萃取的改进。如图 5-7 所示，萃取剂 L 从左端第一级通入，料液从中间 K 通入。右端第 n 级通入组成与料液相同的纯溶液（纯重相 H）。料液 F 与萃取剂 L 在 K 级的左段完成多级逆流萃取，溶质转入至萃取相。萃取相进入 K 级的右段，与纯重相（H）再完成逆流的洗涤和清洗，

进一步去除萃取相中的非目标产物。K 级的左侧为萃取段，右侧为洗涤段。与多级逆流萃取相比，分馏萃取可显著提高目标产物的纯度。

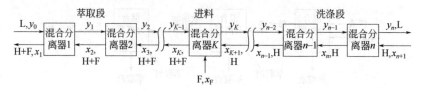

图 5-7 分馏萃取流程示意图

④ 微分萃取　将萃取剂和料液在塔式萃取设备中进行逆流接触。在两相的接触中，溶质从一相转移至另一相中。这种微分萃取方法不需考虑多级萃取中的沉降时间。与逐级接触萃取不同的是，塔内溶质在其流动方向的浓度变化是连续的，这类萃取过程需要用微分逆流萃取的计算方法。部分塔式萃取设备如图 5-8 所示。

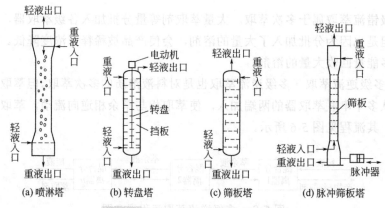

图 5-8 部分塔式萃取设备示意图

5.4 液–固萃取

利用有机溶剂从固体样品中提取目标产物为液-固萃取，又称溶剂浸取。溶剂从固体样品中浸取可溶性物质的过程包括以下步骤：①溶剂从溶剂主体传递到固体样品的表面；②溶剂扩散渗入固体内部和内部微孔隙内；③溶质溶解进入溶剂；④通过固体微孔隙通道中的溶液扩散到固体表面并进一步进入溶剂主体。常见的固体样品包括动物组织、植物、中草药、土壤、淤泥等，采用的液-固萃取方法包括传统的索氏提取、快速溶剂萃取、微波萃取、超声萃取等。

5.4.1 索氏提取

用有机溶剂将固体样品浸润，可将易溶解的物质浸取分离，但所需时间长、溶剂用量大、萃取效率不高。传统的索氏提取法利用索氏提取器（脂肪提取器）和溶剂回流及虹吸原理，可使固体物质连续不断地被纯溶剂萃取，既节约溶剂，萃取效率又高。现在，多通道全自动索氏提取器（4~6 个提取器并列）的应用很普遍。萃取可自动进行，萃取程序可设定，萃取速度快，常规萃取实验可在 1.5~2 h 完成。使样品前处理的萃取效率和萃取通量大大提高。

5.4.2　快速溶剂萃取

快速溶剂萃取法使用常规的有机溶剂，在高温和高压下萃取，可显著提高萃取效率，大大缩短萃取时间，并减少萃取溶剂的用量。快速溶剂萃取仪用于样品前处理，其可选的萃取温度为 50~200℃，萃取压力 500~3000 psi[●]。

快速溶剂萃取属于有机溶剂萃取。在高温下萃取，使目标物的溶解度提高，并降低样品基质与目标物之间的作用力，因此，目标物能快速从基质中解吸并进入萃取溶剂。高温下还使溶剂的黏度降低，有利于溶剂分子向基质中扩散。在高压下萃取，使溶剂在萃取过程中保持液态，保证样品与溶剂的有效接触。

快速溶剂萃取需要特定的耐高温和耐高压的萃取池，以及加热炉。其萃取过程为：①向萃取池中加入样品；②向萃取池中加入有机溶剂；③将萃取池加热并加压；④保持样品在设定的压力和温度下静态萃取；⑤将萃取池中的萃取液释放至收集瓶，并用氮气吹扫萃取池以获得全部萃取液；⑥将萃取液过滤，转移到收集瓶，得到萃取样品。

快速溶剂萃取可在 15~30 min 内完成。样品无需特别准备，固体样品可直接进行萃取。有机溶剂用量少，成本低且污染小。

快速溶剂萃取已广泛用于土壤、污泥、沉积物、大气颗粒物、粉尘、动植物组织、蔬菜和水果等样品中的有机污染物如多氯联苯、多环芳烃、有机磷（或氮）、农药、苯氧基除草剂、三嗪除草剂、柴油、总石油烃、二噁英、呋喃、炸药（TNT、RDX、HMX）等的萃取。

5.4.3　微波辅助萃取

（1）微波辅助萃取的原理

微波是电磁波谱，其波长介于红外线和无线电波之间，频率为 300 MHz~300 GHz。1986 年，第一篇微波技术用于有机物萃取的文章发表。90 年代初，由加拿大环境保护部开发了微波萃取系统。微波辅助萃取是利用微波能与被分离物质作用，基于样品中不同组分被微波能激活的差异，使其选择性地从样品基体中渗出，实现与基体的分离。

微波萃取原理：①高频电磁波穿透萃取介质，使细胞吸收微波能，内部温度

[●] 14.5 psi=0.1 MPa。

迅速上升。当胞内压力超过细胞壁膨胀承受力时则细胞破裂，目标成分流出；②电磁波加速被萃取成分向萃取溶剂界面的扩散速率，加速其热运动，使萃取速率提高。也有理论认为由于微波的频率与分子转动的频率相关，微波作用于分子时，可促进分子的转动运动。若分子具有一定的极性，即可在微波场的作用下产生瞬时极化，作极性变换运动，从而产生键的振动、断裂和粒子间的摩擦和碰撞，并迅速生成大量的热能，促使细胞破裂，使细胞液溢出并扩散到溶剂中。

按照与微波的作用方式不同，物质可分为吸收微波、反射微波和透过微波三类。玻璃、塑料和瓷器等材料不吸收微波，可使微波穿透；含水的物料吸收微波而使自身发热；金属类材料则会反射微波。微波萃取时，将萃取物料浸入萃取溶剂中，通过微波反应器发射微波能，使原料中的化学成分迅速溶出。

（2）微波萃取的影响因素

微波萃取的影响因素表现在以下六个方面：

① 萃取溶剂 微波萃取的选择性主要取决于目标物质与溶剂性质的相似性。不同的基质使用的溶剂可能完全不同。微波萃取的溶剂应满足介电常数较小、对目标组分溶解能力强、对后续的操作干扰小等要求。通常用于微波萃取的溶剂有：a. 有机溶剂，如甲醇、丙酮、乙酸、二氯甲烷、正己烷、乙腈、苯、甲苯；b. 无机溶剂，如硝酸、盐酸、氢氟酸、磷酸；c. 混合溶剂，如乙烷-丙酮、二氯甲烷-甲醇、水-甲苯。

② 萃取时间 微波萃取的时间与样品基质中目标组分的含量、萃取溶剂体积和萃取功率有关。一般萃取时间在 10~15 min 内。不同物质的最佳萃取时间不同。微波连续萃取的时间不能过长，应保证萃取中温度不超过溶剂的沸点，避免因溶剂的剧烈沸腾导致的溶剂大量损失，以及带走已溶解的部分溶质，影响提取效率。

③ 萃取温度 萃取效率随温度升高而增大的趋势仅在低温范围有效。实际萃取温度应低于萃取溶剂的沸点，不同物质的最佳萃取温度也不同。密闭容器中因内部压力可达十几个大气压，可达到常压下溶剂所不能达到的萃取温度，从而提高萃取效率，但又不使成分分解。

④ 物料含水量 介质吸收微波的能力主要取决于其介电常数、介质损失因子、比热和形状等。利用不同物质的介电性质的差异也可以达到选择性萃取的目的。水是吸收微波最好的介质。被萃取物应有一定湿度和含足够水分（或用容易吸收微波的萃取剂）。

⑤ 物料粉碎度 固体样品的物料粒度越小，萃取剂与样品接触越好，萃取效率越高。

⑥ 萃取方式 连续或间歇微波萃取对于萃取结果和萃取速率都有很大影响。连续萃取方式萃取速率快，但其温度上升不易控制。一般用间歇萃取方式，控制

加热与冷却速率获得优化的萃取效率。

采用封闭式萃取器和敞开式萃取器的效果也有不同。封闭式萃取器可达到较高的气压和温度，萃取效率高。而敞开式萃取器适合对热不稳定成分的萃取。

（3）微波萃取过程和设备

微波萃取的一般工艺流程为：选料→清洗→粉碎→微波萃取→分离→浓缩→干燥→粉化→产品。

用于微波萃取的设备主要有微波萃取罐和微波萃取装置，前者用于分批进行物料处理，类似多功能提取罐，而后者用于连续萃取。一般实验室研究用的微波设备可使用家用型微波炉，其微波频率为 2450 MHz。也有全自动微波萃取设备，微波频率一般为 2450 MHz 和 915 MHz，萃取时间可准确控制。

（4）微波萃取的特点

① 微波萃取一般只是物理过程，并不破坏样品基质；

② 微波加热是内加热，样品容器能被微波穿透但并不导热，故微波直接加热样品。微波萃取升温速度快、无热梯度、无滞后效应、萃取时间短、萃取效率高；

③ 微波萃取时的温度、压力、时间可控，可保证萃取过程中目标组分不被分解，保护其功能成分的活性和风味；

④ 微波萃取受溶剂的亲和力影响小，可供选择的溶剂种类多。溶剂萃取的选择性要优于传统萃取，还可萃取一些极性物质；

⑤ 微波萃取具有设备简单、适用范围广、重现性好、节省时间、溶剂用量少（较常规方法减少 50%~90%）、污染小、环境友好（电能无污染）等优点。

（5）微波萃取的应用

微波萃取大量应用于植物、土壤、种子、食品、饲料、矿物等样品的前处理和目标物提取。用微波萃取法已处理了上百种植物药物，萃取液经过 2 年的监测，活性物质的含量水平、稳定性、颜色和气味等均保持良好。实验室中已经完成了香料、调味品、天然色素、中草药、化妆品、保健食品、饮料制剂等产品的微波萃取工艺的研究。微波萃取法的萃取速度、萃取效率、目标物的品质均优于常规萃取工艺。此外，微波萃取技术已被列入我国 21 世纪食品加工和中药制药现代化的推广技术。

5.4.4 超声萃取

声波属于机械波，其频率范围为 16 Hz~20 kHz，是人耳可分辨的频率范围。声波的频率低于 16 Hz 时为次声波，高于 20 kHz 时为超声波。超声波可在气体、液体、固体、固熔体等介质中有效传播。其传递能量强，会产生反射、干涉、叠加和共振现象。高频的超声波带有强大的振动能，在液体介质中传播时，可在界面上产生强烈的冲击和空化现象。

超声波有助于样品中目标物的提取。超声波并不能使样品内的分子产生极化，而是在溶剂和样品之间产生声波空化作用，导致溶液内气泡的形成、增长和爆破压缩。超声波在溶液中有空化泡的形成、振动、膨胀、压缩、崩溃闭合的过程，该过程在短暂时间内完成。超声波还可使固体样品分散，增大样品与萃取溶剂之间的接触面积，提高目标物从固相转移到液相的传质速率。

（1）超声效应

超声波作用于两相或多相体系会产生多种效应，如空化效应、湍动效应、微扰效应、界面效应和聚能效应等。这些效应会引起传播媒质的特有变化，因而促进了固体样品中目标物组分的提取和分离。其中空化作用导致溶液内气泡的形成、增长和爆破压缩；湍动效应使边界层变薄，增大传质速率；微扰效应强化了微孔扩散；界面效应增大了传质表面积；聚能效应活化了目标物。

（2）超声萃取的影响因素

① 超声功率　反映超声波能量的大小，功率越大，空化作用越强，越有利于萃取。

② 超声频次　短时间（>2 s）、多频次超声有利于萃取。长时间、低频次超声使萃取效率降低。

③ 样品的细胞浓度　细胞浓度越大，液体黏度越大，不利于空化泡的形成及其膨胀和破裂，萃取效率低。

④ 超声时间　超声波对细胞的作用时间增加，萃取效率提高。但过长时间会导致萃取液温度升高，应进行控温。

（3）超声萃取的特点和应用

超声萃取无需高温水煮，可在 40~50℃进行，对热不稳定、易水解或易氧化特性的成分破坏小。超声萃取在常压下进行，操作安全，仪器简单。超声萃取时间短，试剂用量少。超声波强化萃取 20~40 min 可获最佳萃取率，萃取时间仅为水煮、醇沉法的 1/3 或更少。超声萃取能耗低，原材料的处理量大，可成倍或数倍提高，萃取工艺成本低，综合经济效益显著。

超声波能促使植物细胞破壁，萃取充分，萃取效率是传统方法的 2 倍以上。中药有效成分的萃取效率高，药物疗效高。超声萃取对溶剂的选择性要求不高。萃取剂的选择与目标物的性质（极性与否）关系不大。因此可供选择的萃取剂种类多。

超声萃取具有普适性，适用范围广，绝大多数的植物和中草药中的组分均可进行超声萃取。统计结果表明，超声波在 65~70℃的萃取效率非常高，此温度下中草药和植物的有效成分基本不会破坏。每批样品提取 3 次，可提取的有效成分大于 90%，超声萃取所需时间比传统方法缩短 3 倍以上。超声萃取已经广泛用于中草药和植物中有效成分如皂苷、生物碱、黄酮、蒽醌类、有机酸及多糖等的提取。

传统的中草药有效成分的水煮、醇沉提取方法，溶剂耗量大、萃取时间长、萃取温度高、工艺路线长、萃取效率低，且产品中残留溶剂含量高、有效成分含量低、药效不明显。我国的中草药产品价格低，国际市场竞争力不足，受制于高效萃取效率，也制约了我国中药现代化的进程。超声萃取在中草药成分提取中具有广阔的应用前景，有助于推动我国中药产业的发展。

5.5 超临界流体萃取

利用超临界流体为萃取剂是 20 世纪 70 年代发展起来的新型萃取分离技术。德国的 Zose 博士利用超临界流体从咖啡豆中成功地提取了咖啡因。超临界流体对物料有较高的渗透性和较强的溶解能力，并易受温度和压力的影响。将超临界流体作为萃取剂与物料接触，目标物溶出，再通过降压或升温，除去萃取剂，获得目标物。改变萃取温度或萃取压力可方便地调节组分的溶解度和萃取的选择性。利用超临界流体萃取剂可完成液-液萃取或固-液萃取。

5.5.1 超临界流体的概念及特点

任何物质都存在三种相态——气相、液相、固相，当三相成平衡态时共存的点叫三相点。当气、液两相成平衡态的点叫临界点。在临界点时的温度和压力称为临界温度和临界压力。当物质处于高于临界温度和临界压力时的状态称为超临界状态。此时的物质既非液体也非气体，是介于液体和气体之间的单一相态（超临界状态），故称为超临界流体。图 5-9 为 CO_2 的温度-压力关系示意图（CO_2 相图），图中的阴影部分是超临界流体区。

超临界流体具有与气体相当的高渗透能力和低黏度，其黏度接近气体，传质性能好，扩散系数为液体的 10~100 倍。超临界流体具有与液体相近的密度和良好的溶解和萃取能力。

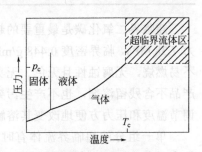

图 5-9 CO_2 的温度-压力关系示意图

5.5.2 超临界流体萃取剂

作为超临界流体萃取剂的必要条件是：①化学性质稳定，不与目标物发生化学反应，对设备腐蚀性小；②临界温度低，操作温度应低于提取物分解温度；③临界压力低，可节省动力；④纯度高，溶解度好，减少溶剂用量；⑤来源方便，价格低廉。

研究表明，当萃取的操作温度接近于气体临界温度时，对溶质的溶解度大；当超临界流体与溶质的化学性质（如极性）相似时，溶解度大。根据分离目的和目标物，可选择特定的超临界流体为萃取剂。表 5-1 为常用超临界流体萃取剂的临界温度、临界压力和临界密度。通常，萃取剂的极性越大，其临界温度和临界压力就越大。

表 5-1　部分超临界流体萃取剂的临界参数

物质	临界温度/℃	临界压力/10^5 Pa	临界密度/(g/mL)
CO_2	31.3	73.8	0.448
NH_3	132.3	114.3	0.236
N_2O	36.6	72.6	0.457
C_2H_6	32.4	48.3	0.203
C_3H_8	96.8	42.0	0.220
C_4H_{10}（正丁烷）	152.0	38.0	0.228
C_5H_{12}（戊烷）	196.6	33.7	0.232
C_2H_4	9.7	51.2	0.217
C_6H_6	289.0	49.0	0.306
C_7H_8（甲苯）	320.0	41.3	0.292
CH_3OH	240.5	81.0	0.272
$CClF_3$	28.8	39.0	0.580
SO_2	157.5	78.8	0.525
H_2O	374.2	226.8	0.344

超临界二氧化碳是最重要的超临界流体萃取剂。其临界温度 31.3℃，临界压力 7.38 MPa，临界密度 0.448 g/mL。其临界温度和临界压力适中，又是惰性分子，不易燃烧，无腐蚀性且无色、无臭、易挥发。使用超临界二氧化碳萃取剂分离的产品不含残留溶剂，也不产生污染。其在临界区范围内的密度变化较大，可通过调节温度和压力方便地改变其溶解性，实现选择性萃取分离。

单一组分的超临界流体有时具有局限性。如超临界二氧化碳对亲脂性物质能有效萃取，而对糖、氨基酸等极性物质，在合理的温度与压力下几乎不能萃取。有些萃取剂的选择性不高，分离效果不好。一些溶质的溶解度对温度和压力的变化不敏感，增加了溶质与超临界流体分离的难度。因此，可在超临界流体中加入少量与被萃取物有较强亲和力的物质，提高目标物的溶解度和萃取的选择性。所添加的物质称为改性剂或共溶剂，如甲醇、水、丙酮、乙醇、苯、甲苯、二氯甲烷、四氯化碳、正己烷和环己烷等。加入上述改性剂可改变超临界二氧化碳的极性，扩大萃取目标物的范围。改性剂的用量一般不超过超临界流体的 15%（摩尔比）。

5.5.3 超临界流体萃取方式

超临界流体与物料接触萃取后，对含有目标物的超临界流体可通过降压（等温法）或升温（等压法）的方式，使萃取物得到分离；也可以利用吸附剂进行选择性分离。

（1）等温法

等温法中保持体系的温度不变，降低压力，使萃取剂与目标溶质分离，并回收萃取剂。如图 5-10 所示，在恒定温度中，溶质在萃取槽中被高压（高密度）流体萃取。当流体经过膨胀阀减压后，溶质的溶解度降低，在分离槽中析出，萃取剂经过压缩机压缩后返回萃取槽循环使用。

（2）等压法

等压法中保持体系压力不变，萃取前升高温度，增加溶质的溶解度。萃取后再降低温度，溶质因溶解度降低而析出。如图 5-11 所示，超临界流体通过热交换器升高温度，在萃取槽中萃取。萃取后的溶剂再经过换热器降温，使溶质溶解度降低，在分离槽析出。萃取剂返回萃取槽循环使用。

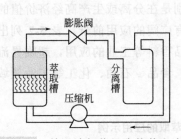

图 5-10 等温法超临界流体萃取流程

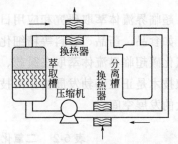

图 5-11 等压法超临界流体萃取流程

（3）吸附法

在萃取槽中完成萃取后的超临界萃取剂，再通过含有吸附剂的分离槽，利用吸附剂对目标物进行选择性吸附，使其与萃取剂分离。根据不同的目标物性质可选择不同的吸附剂，实现目标物的选择性分离。如图 5-12 所示，萃取剂经过萃取槽后进入含有吸附剂的分离槽进行吸附分离。

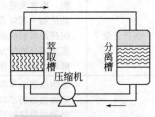

图 5-12 吸附法超临界流体萃取流程

5.5.4 超临界流体萃取的特点

超临界流体萃取作为一种分离过程，兼具精馏和液-液萃取的特点。超临界流体萃取剂对具有不同挥发性和蒸气压的溶质的亲和力和溶解能力不同，可依据不同物质间挥发度的差异和分子间作用力的差异进行选择性萃取分离。例如，超临界流体萃取时，组分被萃取的先后顺序与它们的沸点顺序有关；而非极性萃取剂对非极性或弱极性的物质具有较高的萃取能力。在目标物分离和溶剂回收方面，超临界流体萃取优于一般的精馏和液-液萃取。

超临界流体萃取的萃取效率和分离效率也与萃取剂的密度有关。萃取剂的密度很容易通过温度和压力的调节加以控制，达到选择性萃取和分离的目的。保持恒定压力，增加温度有利于提高物质的溶解度，提高萃取效率。保持恒定温度，可通过降低压力使流体的密度减小，物质的溶解度减小，有利于萃取物的分离。

超临界萃取的目标物回收过程简单方便，分离时不存在物料的相变过程，能耗低。萃取剂可以循环使用，节约成本。

二氧化碳超临界流体是最常用的萃取剂。它还特别适合于分离热敏性物质和高沸点物质。能将高沸点、低挥发度、易热解的物质在其沸点温度之下被萃取，有效地保护热敏性成分，防止热敏性物质降解，保持其生物活性。二氧化碳无毒无害，常态下为易挥发的气体，与萃取物分离时可完全挥发没有溶剂残留。利用二氧化碳超临界流体进行萃取分离是一种绿色环保的分离过程。

5.5.5　超临界流体萃取的应用

超临界流体萃取研究和应用日益广泛，特别是在分离或生产高经济价值的产品，如食品、药品、香料等精细化工产品方面有广阔的应用前景。表 5-2 列出了二氧化碳超临界流体萃取在医药、食品、化妆品香料等工业的应用。超临界流体萃取技术是正在蓬勃发展的分离技术，在医药、食品、石油、化工等工业领域有很大的发展空间。

表 5-2　二氧化碳超临界流体萃取的应用示例

应用领域	举　例
医药工业	酶、维生素等的精制回收 动植物中药效成分的萃取（生物碱、生育酚、EPA、DHA、鸦片、吗啡、精油等） 医药品原料的浓缩、精炼、脱溶剂 脂质混合物的分离、精制（甘油酯、脂肪酸、卵磷脂） 酵母、菌体产物的萃取
食品工业	植物油脂的萃取（大豆、向日葵、棕榈、可可豆、咖啡豆等） 动物油脂的萃取（鱼油、肝油等） 奶脂中脱除胆固醇等 食品脱脂（炸土豆片、油炸食品、无脂淀粉） 咖啡、红茶脱咖啡因、酒花萃取 香辛料萃取（胡椒、肉豆蔻、肉桂等） 植物色素的萃取（辣椒、栀子等） 共沸混合物分离（H_2O-C_2H_5OH），含醇饮料的软化 脱色、脱臭
化妆品及 香料工业	天然香料萃取，合成香料的分离和精制 烟草脱尼古丁 化妆品原料萃取、精制（表面活性剂、脂肪酸酯、甘油单酯等）

但是，由于超临界流体萃取的研究历史短，基础数据的积累少，对超临界流体自身尚缺乏透彻的理解，对热力学及传质理论的研究远不如传统的分离技术成熟。超临界流体萃取需要的高压设备价格昂贵，一次性投资大，在成本上还难以与传统萃取工艺竞争。此外，考虑商业利益所致的专利保护还制约着该项技术的快速发展。

5.6 双水相萃取

蛋白质和核酸等生物大分子不溶于有机溶剂，并且在有机溶剂中变性失活，因此它们不能用有机溶剂萃取。人们发现，溶液形成两相不完全依赖于有机溶剂的存在，一定条件下水相也可以形成两相，故有可能将水溶性的酶、蛋白质等生物活性物质从一个水相转移到另一水相中，完成生物物质非失活的萃取分离。

由一定浓度的两种高分子聚合物或高分子与盐互相混合形成的上下两相分隔的双水相，可用于细胞器、细胞膜、病毒等生物微粒和蛋白质、酶、核酸、多糖、生长素等生物分子的萃取分离，即双水相萃取。

5.6.1 双水相体系的发现

1896 年，Beijerinck 发现，当明胶与琼脂或明胶与可溶性淀粉溶液混合时，得到浑浊不透明的溶液，随后则分成上下两相。上相含有大部分明胶，下相含有大部分琼脂（或淀粉），两相中 98% 以上的成分是水。这种现象被称为聚合物的不相溶性，这就是双水相系统。双水相萃取技术始于 20 世纪 60 年代，虽然研究历史不长，但其条件温和，适合生物大分子，在生物大分子分离中有普适性，并随着生物技术的快速发展而受到关注。实验室研究的双水相萃取技术容易放大和规模化，也可连续操作，到目前为止，双水相萃取技术几乎在所有的生物物质的分离纯化中得到应用。

5.6.2 双水相体系的形成

两种不同的水溶性聚合物或聚合物与盐的水溶液混合时，当聚合物浓度达到一定值，体系会自然的分成上下互不相溶的两相。两相中水分都占很大比例，故称为双水相。

聚合物分子具有不相溶性，其聚合物线团结构无法相互渗透，即一种聚合物分子的周围聚集同种分子而排斥异种分子。当达到平衡时，则可形成分别富含不同聚合物的两相。

双水相体系能否形成，主要取决于两个因素，即体系熵的增加和分子间作用力。根据热力学定律，在混合过程中，体系熵的增加只与分子数量有关，而与分子大小无关，所以小分子和大分子混合，其熵的增量相同。分子间作用力则与分子量有关，分子量越大，分子间作用力也越大。因此，当两种大分子物质混合时，其混合结果主要由分子间作用力决定。两种高分子聚合物之间若存在相互排斥作用，它们的线团结构则无法相互渗透，由此产生强烈的相分离倾向，达到平衡时，就有可能分成两相。两种聚合物分别在其中一相占主导，并形成有分隔界面的两相，两相中水占主要比例。

5.6.3 双水相体系的组成

可形成双水相体系的主要有双聚合物体系和聚合物-无机盐体系（表5-3）。

表5-3　几种典型的双水相系统

类型	第一相	第二相
A	聚丙二醇	聚乙二醇 聚乙烯醇 葡聚糖（Dex） 羟丙基葡聚糖
A	聚乙二醇（PEG）	聚乙烯醇 葡聚糖 聚乙烯吡咯烷酮
B	硫酸葡聚糖钠盐 羧基甲基葡聚糖钠盐	聚丙烯二醇 甲基纤维素
C	羧甲基葡聚糖钠盐	羧甲基纤维素钠盐
D	聚乙二醇	磷酸钾 硫酸铵 硫酸钠 硫酸镁 酒石酸钾钠

注：A. 两种非离子型聚合物。
B. 其中一种为带电荷的聚电解质。
C. 两种都为聚电解质。
D. 一种为聚合物，一种为盐类。

双聚合物体系有聚乙二醇（PEG）/葡聚糖（Dex）、聚丙二醇/聚乙二醇、甲基纤维素/葡聚糖等。应用最多的是PEG/Dex，该体系的上相富含PEG，下相富含Dex。

PEG与多种无机盐可形成双水相，PEG/磷酸钾、PEG/磷酸铵、PEG/硫酸钠等是应用广泛的双水相体系。PEG/无机盐体系中，上相富含PEG，下相富含无机盐。

5.6.4 双水相体系的相图

双水相体系的形成条件和相平衡特性用相图表示。图5-13是PEG/Dex体系的相图。聚乙二醇含量（%，质量分数）为纵坐标，葡聚糖含量（%，质量分数）为横坐标。

图5-13中 *TCB* 线将均相区与两相区分开，称为双结点线，*T*、*B* 为结点。双结点线下方为均相区，此时 PEG 和 Dex 混溶在溶液中，不能形成双水相。当 PEG 和 Dex 的组成位于 *TCB* 双结点线上方时，PEG 和 Dex 不能混溶而形成两相，两相又有不同的组成和密度，即形成了双水相。

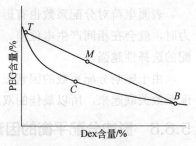

图 5-13 PEG/Dex 体系的相图

两相中的上相（轻相）组成用 T（Top）表示，下相（重相）组成用 B（Bottom）表示。图 5-13 中点 *M* 的体系由 T、B 所代表的两相组成，*TB* 称为系线。位于同一系线上的不同的点，总的体系组成不同，而上下两相的组成相同，只是两相体积 V_T、V_B 不同，但它们符合杠杆原理。

$$\frac{V_T}{V_B} = \frac{\overline{BM}}{\overline{MT}}$$

式中，V_T、V_B 分别表示上相、下相体积；$\overline{BM}$ 表示 B 点到 M 点的距离；$\overline{MT}$ 表示 M 点到 T 点的距离。

TB 系线的长短与体系总组成及上、下相浓度有关，反映了该线两端有关的两相密度差，以及相的分离速度。

当 *M* 点向 *C* 点移动时，*TB* 系线长度缩短，两相的差别变小。达到 *C* 点时，系线长度为 0，两相组成差别极小，密度差极小，两相组成和体积几乎相同。此时两相体系组成的微小变化，都会导致两相体系向单相体系的转变，故 *C* 点为双水相体系的临界点。

双水相系统的相图、系线和临界点均由实验测得。相图中双结点线的位置、形状与聚合物的分子量有关。聚合物的分子量越大，导致相分离所需的浓度越低。两种聚合物的分子量相差越大，双结点线的形状越不对称。

5.6.5 双水相中的分配平衡

双水相萃取与有机溶剂萃取的原理相似，都是依据物质在两相间的选择性分配而达到萃取分离的目的。当萃取体系的性质不同时，物质进入双水相系统后，由于表面性质、相互作用和各种结合力（如疏水键、氢键和离子键等）的存在，以及环境因素的影响，使其在上、下两相中的浓度不同。

影响物质在两相中的分配系数主要有两个因素，即表面自由能和表面电荷。溶质在溶液中分配时，总是选择进入两相中相互作用最充分或系统能量最低的那一相。当相系统固定时，分配系数 *K* 为常数，与被分离物质的浓度无关，只取决于被分离物质本身的性质和特定的双水相体系的性质。

表面电荷对分配系数也有影响。当一种盐的正、负离子对两相有不同的亲和力时，就会在相间产生电位差。电位差会对分配系数产生影响。电位差越大，分配的选择性越强。

由于影响分配系数的因素很多，目前还无法定量地将蛋白质的分子性质与分配系数关联起来，所以最佳的双水相操作条件需通过实验来确定。

5.6.6 影响分配平衡的因素

不仅溶质的分子量和表面性质影响其在双水相中的分配，组成双水相体系的因素也影响分配系数。这些因素包括成相聚合物的分子量、盐类、pH、温度、物质浓度和组成等。

（1）聚合物分子量

组成双水相的成相聚合物的分子量和浓度是构成双水相体系的关键，也是影响物质分配平衡的重要因素。成相聚合物的疏水性对亲水物质的分配有较大的影响，因同一聚合物的疏水性随着分子量的增加而增加，故聚合物分子量越大，蛋白质越容易被排斥而进入低分子量的水相。若聚合物的分子量降低，则蛋白质容易在富含该聚合物的相中分配。例如：PEG/Dex 体系的上相富含 PEG，若降低 PEG 的分子量，则分配系数增大；若降低葡聚糖的分子量，则分配系数减小。当 PEG 的分子量增加时，在质量浓度不变的情况下，其羟基数目相对减少，疏水性相对增加，亲水性的蛋白质不再向富含 PEG 相中聚集而转向另一相。这一规律适用于任何成相聚合物系统和生物大分子溶质，具有普遍意义。

（2）无机盐种类和浓度

盐的种类和浓度对分配系数的影响主要反映在相间电位和对蛋白质疏水性的影响。在双聚合物体系中，无机离子自身具有不同的分配系数。图 5-14 列出了各种离子在 PEG/Dex 体系中的分配系数。由于不同电解质的正负离子的分配系数不同，当双水相体系中含有这些电解质时，为保持两相的电中性，而产生离子在上下两相的不同分布并产生不同的相间电位。无机盐产生的相间电位不同，对蛋白质、核酸等生物大分子的相互作用不同，导致分配系数不同。

无机盐产生两相的相间电位。由图 5-14 可知，HPO_4^{2-} 和 $H_2PO_4^-$（$H_{1.5}PO_4^{1.5-}$）

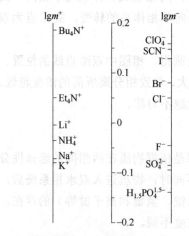

图 5-14 各种离子在 PEG/Dex 体系中的分配系数

8%PEG-3000~3700/8% Dex-500K，盐浓度 0.020~0.025 mol/L，25℃

离子在 PEG/Dex 体系的分配系数很小，主要存在于体系的下相。因此利用 pH>7 的磷酸盐缓冲液很容易改变相间电位差，使带负电荷的蛋白质被带负电荷的下相排斥，而分配于富含 PEG 的上相中，产生较大的分配系数。

无机盐影响蛋白质的疏水性。无机盐对蛋白有盐析作用，盐浓度增加则蛋白质表面疏水性增大，使其与疏水性 PEG 作用增强，易分配在富含 PEG 的上相，产生较大的分配系数。

无机盐还影响双水相的两相体积，进而影响两相浓度和分配系数。

通过调节双水相体系中盐的种类和浓度，可调节溶质的分配系数，增加双水相萃取的选择性。

（3）体系 pH

溶液 pH 会影响蛋白质表面基团的解离，通过调节 pH 值来改变蛋白质表面电荷性质和电荷数，继而影响分配系数。溶液 pH 值与蛋白质的分配系数之间具有一定相关性。同一蛋白在不同种类的盐和不同 pH 值下分配系数不同。

此外，pH 影响磷酸盐的解离，改变体系的离子组成及 $H_2PO_4^-$ 与 HPO_4^{2-} 的比例，进而影响相间电位差，从而影响蛋白质的分配系数。对某些蛋白质，pH 值的很小变化会使分配系数改变 2~3 个数量级。

理论上，在相间电位为零的双水相体系中，蛋白质的分配系数不受 pH 值的影响。实际上，对于很多蛋白质而言，相间电位为零时，其分配系数也会随着 pH 值的变化而变化，因为溶液 pH 值的变化必然影响蛋白质的表面电荷及性质（如结构和疏水性）。

（4）体系温度

双水相体系的温度影响其相图，也影响蛋白质的分配系数。但一般来说，当双水相体系在临界点附近时，温度对分配系数影响很大。当远离临界点温度时，其影响较小，1~2℃的温度变化不影响目标产物的萃取分离。

大规模双水相萃取操作一般在室温下进行，不需冷却。这是基于以下原因：

① 成相聚合物对蛋白质有稳定和保护作用，常温下蛋白一般不会发生失活或变性；

② 常温下溶液黏度低，容易相分离；

③ 常温操作节省冷却费用。

（5）细胞浓度和组成

在同一种双水相体系，细胞浓度会影响体系的上下相的体积比以及胞内蛋白质在体系的分配系数。因不同细胞的细胞壁和细胞膜有不同的化学组成和结构，浓度改变会导致其分配在上下相比例的变化，继而影响蛋白质的分配系数。

5.6.7　双水相萃取分离的优势

与传统的液-液萃取相比，双水相萃取具有以下特点：

① 体系含水量高，可达 80%以上，蛋白质易溶在其中且不易变性，保持了酶活性。

② 两相界面张力远远低于有机溶剂-水两相体系，有助于强化相际间的质量传递。

③ 双水相萃取体系的相混合能耗低，达到相平衡所需时间短。两相形成时间一般只需 5~15 min。

④ 双水相萃取分配系数和相体积比重复性好，易于放大和进行连续性操作（10 mL 离心管内的实验结果即可放大到处理 200 kg 细胞匀浆液的产业化规模）。

⑤ 萃取环境温和，可常温操作，生物相容性高。聚合物对蛋白质的结构有稳定和保护作用。

⑥ 可方便地除去细胞碎片。

5.6.8　双水相萃取的工艺

双水相达到相平衡所需时间较短，双水相萃取法容易实现连续操作，这在蛋白质类生物大分子的下游加工过程的各种单元操作中具有优势。双水相萃取技术已应用于细胞器、细胞膜、病毒、蛋白质、酶、核酸、糖、生长素等生物物质的分离与纯化。应用最多的是胞内酶的提取，可以从细胞液中直接提取酶，同时去除细胞碎片。

图 5-15 是双水相三步萃取法提取和纯化酶的典型流程。流程分为三步：①将细胞破碎得到匀浆液，通过双水相萃取使目标产物分配在上相（PEG 相），而细胞碎片、大部分杂蛋白和核酸、多糖等一些发酵副产物分配在下相（盐相）；②将上相分离，再向上相中加入适量的盐（也可同时加入少量 PEG），可实现第二步双水相萃取，此步主要可以除去亲水性较强的核酸、多糖和杂蛋白，而目标产物保留在 PEG 相中；③继续在上相中加入适量的盐，蛋白质在双水相中分配在无机盐相，并与主体 PEG 分离。主体 PEG 可循环使用，而无机盐相中的蛋白质则可用超滤法去除残余的 PEG 以提高产品的纯度。

在双水相萃取过程中，当达到相平衡后可采用连续离心法进行相分离。图 5-16 为两步双水相萃取法连续分离胞内酶的流程示意图。研究结果表明，连续萃取法中目标产物的收率和纯化因子与间歇萃取过程的结果相同。

双水相萃取可采用多级分离以提高分离效率。溶剂萃取中的多级萃取方法，如多级逆流萃取、多级错流萃取和微分萃取也可用于双水相萃取。原理上，多级双水相萃取过程的设计与一般的溶剂萃取相同。因双水相萃取体系的诸多特殊

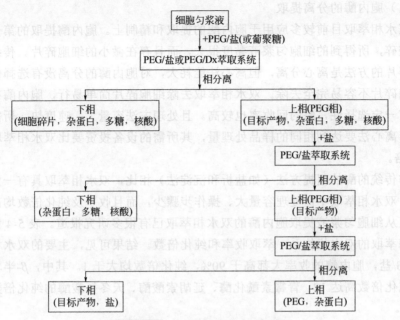

图 5-15 三步萃取流程示意图

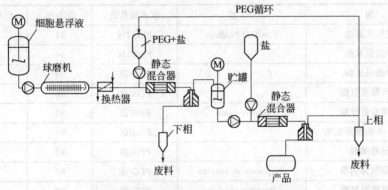

图 5-16 连续双水相萃取流程示意图

性质（如表面张力极低、黏度高、相间密度差小），影响分配平衡的因素复杂，加之聚合物材料来源有限等因素，对其多级萃取过程，特别是微分萃取过程及设备的研究很少。

5.6.9 双水相萃取的应用

双水相萃取的优势在于对生物物质活性的保持和无变性萃取。其最重要的应用是蛋白质的分离和纯化，但在干扰素、生长素、核酸、病毒以及细胞组织等的分离中也有广泛的应用。

（1）胞内酶的分离提取

双水相萃取目前较多应用于胞内酶的提取和精制上。胞内酶提取的第一步是细胞破碎，所得到的细胞匀浆液黏度很大，而且存在微小的细胞碎片。传统去除细胞碎片的方法是离心分离，但离心法能耗大，对胞内酶的分离没有选择性，并且细胞碎片不容易完全去除。双水相萃取去除细胞碎片简单易行，胞内酶在双水相中有一定选择性，酶的回收率也较高。且处理方法容量大、速度快、所需设备简单。离心法要达到相同的样品处理量，其所需的设备投资要比双水相萃取法高3~10倍。

与传统的酶的粗提方法（如盐析和沉淀法）相比，双水相萃取具有一定的优越性。双水相萃取不但处理容量大、操作步骤少，而且收率及纯化倍数均高于沉淀法。从细胞匀浆液提取胞内酶的双水相萃取已有很多研究报道。表 5-4 为一些胞内酶萃取的双水相体系、萃取收率和纯化倍数。结果可见，主要的双水相体系是 PEG/盐，胞内酶的收率大都高于 90%，纯化倍数均大于 1。其中，β-半乳糖苷酶的纯化倍数高达 12，青霉素酰化酶、延胡索酸酶、天冬氨酸酶的纯化倍数可达6~8 倍。

表 5-4　双水相萃取从细胞匀浆液中提取胞内酶

酶	细　胞	双水相系统	收率/%	纯化倍数
过氧化氢酶	*Candida boidinii*	PEG/Dx	81	—
甲醛脱氢酶		PEG/Dx	94	—
甲酸脱氢酶		PEG/盐	94	1.5
异丙醇脱氢酶		PEG/盐	98	2.6
α-葡萄糖苷酶	*S. cerevisiae*	PEG/盐	95	3.2
葡萄糖-6-磷酸脱氢酶		PEG/盐	91	1.8
己糖激酶		PEG/盐	92	1.6
葡萄糖异构酶	*Streptomyces* species	PEG/盐	86	2.5
亮氨酸脱氢酶	*Bacillus* species	PEG/盐	98	1.3
丙氨酸脱氢酶		PEG/盐	98	2.6
葡萄糖脱氢酶		PEG/盐	95	2.3
β-葡萄糖苷酶	*Lactobacillus* species	PEG/盐	98	2.4
D-乳酸脱氢酶		PEG/盐	95	1.5
延胡素酸酶	*Brevibacterium* species	PEG/盐	83	7.5
苯丙氨酸脱氢酶		PEG/盐	99	1.5
天冬氨酸酶	*E. coli*	PEG/盐	96	6.6
青霉素酰化酶		PEG/盐	90	8.2
β-半乳糖苷酶		PEG/盐	75	12.0
支链淀粉酶	*Klebsiella pneumoniae*	PEG/Dx	91	2.0

（2）其它物质和生物微粒的分离提取

双水相体系可用于核酸的分离纯化。用 PEG/Dex 提取 DNA 时，盐组成的微小变化会引起分配系数的急剧变化。DNA 与失活的 DNA 分配系数差别较大，可将其分离。

双水相用于人生长激素（hGH）的提取。从 *E. Coli* 碎片中，用 6.6% PEG-4000+14%磷酸盐体系，pH 7，可提取 hGH。

双水相体系特别适用于不稳定的、在超滤或沉淀时易失活的蛋白质的提取和纯化（如 β-干扰素）。β-干扰素是合成纤维细胞或小鼠体内细胞的分泌物。培养基中蛋白浓度为 1 g/L，而干扰素浓度仅为 0.1 mg/L。一般的 PEG/Dex 体系不能分离其与主要杂蛋白。若使用含带电基团或亲和基团的 PEG-磷酸酯/盐体系，可使干扰素分配在上相，杂蛋白完全分配在下相，其分离的纯化系数可达 350，萃取率达 97%。双水相中若使用特定基团修饰的聚合物还可大大提高萃取的选择性。

双水相体系不仅能用于生物分子的萃取分离，还可用于细胞、细胞器、细胞膜、病毒等生物微粒的分离纯化、分级分离。例如，病毒在双水相体系的上相和下相间进行选择性分配，表现出一定的分配系数。控制不同的 NaCl 浓度可以使病毒全部分配在上相或下相，或彼此分开。在 0.5% PEG-6000、0.2%硫酸葡聚糖和 0.3 mol/L NaCl 条件下，使脊髓灰质盐浓缩 80 倍，活性收率大于 90%。

（3）免疫分析和细胞数检测

双水相萃取已经成功应用于免疫分析和细胞数的测定。该方法中，需要加入可与目标分子结合并形成定量复合物的免疫试剂。由于目标分子与形成的复合物在双水相体系中有不同的分配系数，甚至完全分配在不同的上下两相，因此可分别分析检测。例如，双水相萃取体系可用于黄毒苷的免疫测定。首先用 ^{125}I 标记的抗体与含有黄毒苷的血清样品混合，反应后的混合物加入双水相中。混合物在双水相中有不同的分配，抗体分配在下相，黄毒苷-抗体复合物分配在上相，通过测定上相的放射性就可以定量分析血清中黄毒苷的含量。

5.6.10 双水相萃取技术的发展

双水相萃取技术的广泛和高效应用还取决于聚合物双水相体系的研究开发。如廉价双水相体系、新型双水相体系、功能双水相体系以及双水相体系与其它分离体系的联用。

（1）廉价双水相体系

双水相萃取与传统方法相比有许多优点，具有技术可行性，但其广泛性和实用性还取决于经济成本。双水相萃取所需的原料随生产规模增大而成比例增加。由于其原料成本占总成本的 90%，明显高于一般的离心法和沉淀法，因此规模增加导致的成本增加使其技术优势反而降低。其一次性设备投资费用较传统方法低，但传统方法随着批处理次数的增加，平均成本反而降低。因此降低双水相萃取的原料成本才可能发挥其技术优势，故廉价双水相体系的开发非常必要。目前主要集中研究一些廉价的聚合物来取代现用的昂贵聚合物，如采用变性淀粉、麦芽糊精、阿拉伯树胶等取代葡聚糖，用羟基纤维素取代 PEG 等都获得一定成功。

（2）新型双水相体系

常用的双水相体系是 PEG/Dex 体系和 PEG/磷酸盐体系。葡聚糖是医疗上的血浆代替品，价格很高，用粗品代替精制品又会造成葡聚糖相黏度太高，使分离难以进行。研究应用最多的 PEG 也并非双水相体系最适合的聚合物，且磷酸盐不仅带来环境问题，还因为高浓度的盐中无法实现亲和分配，并会破坏某些生物物质的活性，而使其应用范围受到限制。目前可用于双水相的聚合物或盐类还较少，价格低廉、性能好且无毒的聚合物或盐很缺乏。解决双水相体系中聚合物的重复利用以及开发新型的双水相体系是该技术应用中亟待解决的问题。

新型功能双水相体系的研发中，使用智能聚合物（温敏、酸敏、光敏等），利用这些聚合物对温度变化、酸度变化和光的敏感，通过加热、调节 pH 和光照等简单易行的方法，使双水相体系的高聚物分子结构发生变化，从而影响相分离而实现目标物的萃取和聚合物的回收。

Alred 采用环氧乙烷与环氧丙烷的共聚物和 PEG 形成温敏性双水相体系。Kula 等人开发了表面活性剂和水形成的温敏性双水相体系。还有阴阳离子表面活性剂双水相体系，即将阴离子表面活性剂十二烷基硫酸钠（SDS）和阳离子表面活性剂十二烷基三乙基溴化铵（$C_{12}NE$）以一定浓度和比例混合，在无其它外加物质的条件下，可以形成互不相溶、平衡共存的两相。两相中均含有极低浓度的表面活性剂（其总质量分数在 1%以下）。

使用非离子型表面活性剂的双水相萃取适合分离具有一定疏水性的水溶性蛋白质。该系统属于温度依赖性的双水相体系。当温度高于某点（浊点）时，包含有蛋白质的表面活性剂就会从水相中分离出来，同时水相中还留有少量的表面活性剂和蛋白质。与其它双水相体系相比，在表面活性剂的浓度很低（质量分数 1%左右）时就会产生相分离，而且不需要有机溶剂。Triton X-114 是一种常用的非离子型表面活性剂，它的浊点低，不使蛋白质变性，而且分离细胞膜蛋白质的效率较高。

离子液体是在室温或接近室温下以液体状态存在的有机熔融盐，是完全由离子组成的液态盐。它呈液体状态，与有机溶剂相比，具有温度范围宽、良好的物理化学稳定性、几乎没有蒸气压、无可燃性的特点，对大量无机和有机物都有良好的溶解能力，具有溶剂和催化剂的双重功效。离子液体与盐也可构成双水相体系，如用[C_4min][BF_4]·NaH_2PO_4双水相体系可萃取青霉素。在优化条件下的萃取率可达 93.7%，同时降低了青霉素的降解率，萃取过程也不会发生乳化现象。

（3）耦合双水相萃取技术

随着生物技术的不断发展和生物活性物质高效分离的需求，越来越多的研究涉及开发新型双水相萃取体系、优化萃取工艺，研究分相技术、萃取设备以及它们的基础理论，并使其不断完善并实用化。

① 亲和双水相萃取　近年来，为了提高双水相萃取的选择性，发展了亲和双水相聚合物。对常规的成相聚合物进行修饰，将亲和配基（如离子交换基团、疏水基团、染料配基、金属螯合物配基以及生物亲和配基等）通过化学交联或分配的方法结合到成相聚合物上，该聚合物可有选择地将某种蛋白萃入该相中，而杂蛋白保留在另一相。亲和双水相萃取不仅具有样品处理量大、放大简单等优点，而且对目标物具有特异性识别、萃取的选择性高、分离效率高。目前，利用亲和双水相萃取技术已成功实现了β-干扰素、甲酸脱氢酶和乳酸脱氢酶等多种生物制品的大规模提取。

与亲和色谱相比，亲和双水相萃取不需固相填料，可直接处理发酵液及细胞破碎液。亲和色谱中的传质一般为扩散过程，而亲和双水相萃取中的分配一般是对流传质控制，传质阻力小得多，故传质速率比亲和色谱快，萃取时间短。亲和双水相萃取有较高的样品处理容量，也易于放大。

② 双水相与膜分离结合　利用中空纤维膜传质面积大的特点，将膜分离与双水相萃取相结合，可以大大加快萃取传质的速率。并且利用纤维膜将双水相体系隔开，还可避免由双水相体系的界面张力小而产生的乳化作用以及生物大分子在两相界面的吸附。将膜分离与双水相萃取技术结合，是解决一些双水相体系的易乳化问题以及加快萃取速率的有效手段。

③ 与生物转化过程结合　在生物转化过程中，转化产物量的增加，常常会对一系列转化过程有所抑制。快速移走下游的转化产物有利于上游生物转化过程的进行。将酶催化的生物转化过程、微生物的发酵过程设计在双水相萃取体系中的某一相中进行，使转化产物可分配于另一相中，则既可避免或削弱产物对生物转化过程的抑制，又可避免目标产物与反应物及生物体或酶的混合，便于产物分离。此外，分布在下相的细胞（酶）可以进一步应用。研究结果表明，在双水相萃取体系中进行生物转化，其生产能力、回收率及分离效率均优于单一双水相萃取体系。

5.7　液膜萃取

20 世纪 60 年代出现了液膜分离技术，又称液膜萃取法。它是以液膜为分离介质、以浓度差为推动力的膜分离操作。它与溶剂萃取机理有所不同，但都属于液-液系统的传质分离过程。液膜的厚度小，分子在液膜中的扩散系数大、透过液膜的速度快，并可实现选择性迁移。与固体膜相比，液膜具有较高的萃取选择性和萃取通量。

具有分离选择性的人造液膜是 Martin 在 20 世纪 60 年代初研究反渗透脱盐时发现的。由于在盐水中加进了百万分之几的聚乙烯甲醚，使固膜（醋酸纤维膜）和盐溶液之间的表面形成了一张液膜（支撑液膜），它使盐的渗透量略微降低，但选择透过性却显著增大。

20 世纪 60 年代中期，美籍华人黎念之博士在测定表面张力的实验中，发现了不带固膜支撑的新型液膜——界面膜。它是一种悬浮在待分离的混合液中的乳化液膜，其膜很薄且表面积极大，故处理能力比固膜及带支撑的液膜大得多。这是一次重大的技术突破。

20 世纪 70 年代初，E. L. Cussler 又成功研制了含流动载体的液膜，使液膜分离技术得到进一步发展。所谓流动载体，是指膜中加入的可溶性载体化合物，它能够在液膜内往返传递待分离的物质，使其在膜相两侧选择性迁移。流动载体的加入也大大提高了分离的选择性。利用促进迁移的传质机理可进一步提高液膜分离的选择性，能够从含有多种分离产物的发酵液中高效分离目标产物，并使萃取和反萃取同时进行，显著提高分离和浓缩效果。

液膜分离可连续进行，不需要特殊和大量的样品预处理，过程设计和放大均基于典型的液-液萃取理论，易于实现工业化。液膜分离的能耗低、分离材料费用低廉，不产生二次污染，经济效益较好，是生化产品提取分离中具有应用前景的技术之一。目前液膜技术在冶金、环保、医药、生物等领域的应用已日趋成熟。

5.7.1 液膜的概念及分类

液膜是从生物膜奇妙的选择性输送功能上得到启发而设计的一种人工膜。它是由水溶液或有机溶剂（油）构成的液体薄膜，可将与之不能互溶的液体隔开，并使其中一侧液体中的溶质选择性地透过液膜进入另一侧,实现溶质之间的分离。当液膜为水溶液时（水型液膜），其两侧的液体为有机溶剂；当液膜由有机溶剂构成时（油型液膜），其两侧的液体为水溶液。因此，液膜萃取可同时实现萃取和反萃取，分离过程简单、分离速度快，设备投资和操作成本低。

具有实际应用价值的液膜主要有三种：乳状液膜、支撑液膜和流动液膜。

（1）乳状液膜

乳状液膜是黎念之博士发明专利中使用的液膜。它是悬浮在液体中的一层很薄的乳液微粒，既可以是水溶液，也可以是有机溶液。微粒内含有可接受被分离组分的液体，称为内水相。微粒外是含有被分离组分的料液，称为外水相。处于两种液体之间的成膜的液体为膜相。膜相与内外水相三者组成液膜分离体系。

乳状液膜根据成膜液体不同分为（W/O）/W（水油水）和（O/W）/O（油水

油）两种。在生物分离中主要应用（W/O）/W 型乳状液膜（图 5-17），膜相为有机溶剂。

① 乳状液膜的膜相组成　乳状液膜的膜相由膜溶剂、表面活性剂和添加剂（流动载体）组成。其中膜溶剂（高分子烷烃，异烷烃类）是膜相的基体物质，含量占 90%以上；表面活性剂（乳化剂）占 1%~5%，是液膜中稳定油水界面的组分，与液膜的稳定性、渗透速度、分离效率和膜相与内水相分离后的循环使用密切相关；添加剂（流动载体）占 1%~5%，是液膜选择性分离的关键，对目标物具有选择性输送功能。

② 乳状液膜的制备　向含有表面活性剂和添加剂的油中加入水溶液，进行高速搅拌或超声波处理，即可制成 W/O（油包水）乳化液。将该乳化液分散到待分离的料液水相中，缓慢搅拌，可制成 W/O/W 型乳状液膜。W/O 乳化液直径一般为 0.1~2 mm，内部包含直径为数微米的许多微水滴，液膜厚度为 1~10 μm。

③ 乳状液膜特性　乳状液膜是三相体系。内水相与互不相溶的有机溶剂形成乳滴，料液（外水相）中的目标物经液膜进入膜的内水相。乳状液膜具有高比表面积、高传质速度和高选择性。其操作简便，成本低，可使提取和浓缩同时进行。

④ 乳状液膜分离过程　液膜分离过程中，外水相（料液相）的目标物通过膜相扩散转移到内水相，目标物选择性富集在内水相中。分离结束后，可将乳液与外水相沉降分离，再通过破乳回收乳液中的内水相，膜相则可以循环使用。

（2）支撑液膜

支撑液膜是将多孔高分子固体膜浸润在膜溶剂（有机溶剂）中，使膜溶剂充满固体膜的孔隙而形成的液膜（图 5-18）。用支撑液膜分隔料液相和反萃相，实现目标物的选择性萃取回收或去除。使用油相液膜时，常用聚四氟乙烯、聚乙烯和聚丙烯等高疏水性聚合物为固体支撑膜。

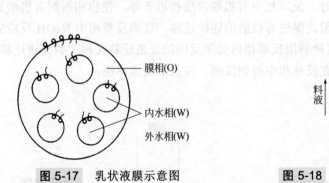

图 5-17　乳状液膜示意图　　　　图 5-18　支撑液膜示意图

与乳状液膜相比，支撑液膜结构简单，容易放大。但膜相仅靠表面张力和毛细管作用吸附在多孔固体膜的孔内，使用过程中液膜容易流失，造成分离性能下降。因此，需通过定期停止操作，从反萃相一侧加入膜相溶液，补充膜相的损失。

（3）流动液膜

流动液膜也是一种支撑液膜，是为弥补上述支撑液膜中膜相易流失的缺点而设计改进的。在双层固体多孔膜中通入膜相，膜相可在固体膜中循环流动，故可自动补充膜相流失，无需停止萃取操作。双层膜外，一侧为料液相，目标物进入液膜。另一侧为反萃液，使液膜内的目标物转移出来，同时使液膜直接再生（图 5-19）。液膜相的强制流动，或降低液膜厚度均可以降低液膜相的传质阻力，提高分离效率。

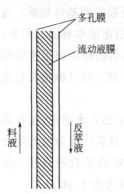

图 5-19　流动液膜示意图

5.7.2　液膜的分离机理

液膜分离机理主要分为单纯迁移、反萃取化学反应促进迁移和膜相载体输送迁移三种类型。

（1）单纯迁移

单纯迁移又称物理渗透，是根据料液中各种溶质（A、X）在膜相中的溶解度（分配系数）和扩散系数不同进行萃取。一般溶质间的扩散系数差别不大，因此主要是基于溶质 A、X 的分配系数差别实现分离。A 的分配系数大于 X，A 的迁移速率大于 X。当料液和反萃液中溶质 A、X 浓度不再改变时，萃取达到平衡，溶质 A、X 不再迁移（图 5-20）。这种萃取机理的液膜分离无浓缩效果。

（2）反萃相化学反应促进迁移

对有机酸等弱酸性物质分离时，可利用强碱 NaOH 溶液作为反萃相。如图 5-21 所示，反萃相 [（W/O）/W 型乳状液膜的内水相] 中含有 NaOH，可与料液中的有机酸发生不可逆化学反应，生成不溶于膜相的盐。在膜相以传质速率为控制步骤，酸碱反应速率很快时，反萃相中有机酸浓度接近于零，使膜相两侧有机酸始终保持最大的浓度差，因此促进有机酸的连续迁移，直到反萃相中 NaOH 反应完全，有机酸迁移停止。这种利用反萃相内化学反应的促进迁移又称 I 型促进迁移。与单纯迁移相比，溶质在反萃相中得到浓缩，并且萃取速率快。

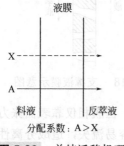

图 5-20　单纯迁移机理

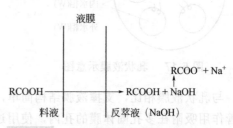

图 5-21　反萃相化学反应促进迁移机理

（3）膜相载体输送迁移

在膜相中加入可与目标产物发生可逆化学反应的萃取剂 C，目标产物与该萃取剂 C 在膜相的料液一侧发生正向反应生成中间产物。此中间产物在浓差作用下扩散到膜相的另一侧，并释放出目标产物。因此，目标产物通过萃取剂 C 的输送从料液一侧通过膜相转入到反萃相。在浓度差作用下，萃取剂 C 又从膜相的反萃液一侧扩散回到料液相一侧，萃取剂 C 在膜相的迁移过程反复进行，实现了目标产物的跨膜输送。加入的萃取剂 C 称为液膜的流动载体。利用膜相中流动载体的选择性输送作用的传质机理称为载体输送，又称为 II 型促进迁移。流动载体有离子型和非离子型两类，分别可形成反向迁移和同向迁移。

1）反向迁移

反向迁移是指膜相中含有离子型载体时，载体离子的迁移方向与目标离子的迁移方向相反。如图 5-22 所示，膜相左侧（料液端）含有目标离子 A^-，膜相中的流动载体为阳离子型载体氯化季铵盐（C^+Cl^-，用上划线表示膜相 $\overline{C^+Cl^-}$），膜相的右侧（反萃相端）含高浓度氯离子（Cl^-）。

在膜相的料液端，A^- 与膜相流动载体 $\overline{C^+Cl^-}$ 中的 Cl^- 交换，进入膜相，形成配合物 $\overline{C^+A^-}$，并释放 Cl^- 进入料液相。料液侧的膜相中发生如下反应：

$$A^- + \overline{C^+Cl^-} \longrightarrow \overline{C^+A^-} + Cl^-$$

生成的 $\overline{C^+A^-}$ 在浓度差作用下扩散到膜相的右侧（反萃相端），再与反萃相中 Cl^- 交换，释放 A^- 进入反萃相。反萃相一侧的膜相中发生如下反应：

$$\overline{C^+A^-} + Cl^- \longrightarrow A^- + \overline{C^+Cl^-}$$

生成的 $\overline{C^+Cl^-}$ 在浓度差作用下再扩散回到膜相的左侧料液端，进一步与料液相中的 A^- 交换。上述过程的反复进行，使料液中 A^- 浓度不断下降，反萃相中 A^- 的浓度不断增加，实现 A^- 从低浓度区向高浓度区的逆浓度迁移。此过程中，A^- 从低浓度区向高浓度区的迁移伴随着 Cl^- 从高浓度区向低浓度区的迁移，Cl^- 为载体输送提供了能量，为供能离子。由于供能离子 Cl^- 与目标离子 A^- 的迁移方向相反，这种载体输送方式称为反向迁移。反向迁移常用的离子交换型萃取剂有季铵盐和磷酸烃酯等。向膜相内加入离子型流动载体，使目标离子沿浓度梯度增加的方向迁移的液膜称为离子泵。

2）同向迁移

同向迁移是指膜相中含有非离子型载体，载体可携带中性盐，可以与料液中的阳离子和阴离子同时配位形成离子对，故阳离子和阴离子与载体共同迁移，从料液相一侧迁移至反萃取相一侧，并同时交换进入反萃相。如图 5-23 所示。膜相中流动载体（C）为萃取剂二苯并-18-冠-6（DBC），料液中为高浓度的 KCl 溶液，反萃取相为水。在膜相的料液一侧，K⁺和 Cl⁻与流动载体 C 反应缔合生成 $\overline{CKCl}$。

$$C + K^+ + Cl^- \longrightarrow \overline{CKCl}$$

当$\overline{CKCl}$扩散到膜相的反萃相端，由于反萃取相水中的 K⁺和 Cl⁻浓度很低，浓度差作用则将它们转移进入水中，而载体 C 扩散回到膜相的料液端。载体 C 与 K⁺和 Cl⁻的反应缔合及迁移过程反复进行，一定时间后，料液相中的 K⁺和 Cl⁻浓度不断降低，而反萃相中的 K⁺和 Cl⁻浓度不断升高。由于 K⁺和 Cl⁻迁移方向相同，这种载体输送方式称为同向迁移。同向迁移中，载体输送的物质为中性盐，而非反向迁移中的单一离子。同向迁移常用的流动载体为大环多元醚和叔胺等。

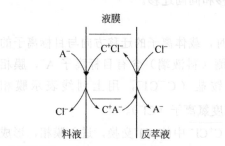

图 5-22 载体输送（反向迁移）机理   图 5-23 载体输送（同向迁移）机理

5.7.3 液膜的组成及对萃取的影响

液膜体系由膜溶剂、表面活性剂和流动载体组成，它们是影响液膜萃取分离的关键因素。

（1）膜溶剂

生物分离中所用的液膜主要是油膜，其中有机溶剂（膜溶剂）占 90%以上。膜溶剂的种类和性质对液膜的性能和液膜萃取分离的影响很大，必须根据实际的目标物选择合适的膜溶剂。研究表明，膜溶剂的黏度是影响乳状液膜稳定性、液膜厚度和液膜传质性能的重要参数。高黏度的膜溶剂和较厚的液膜，可提高液膜的稳定性，但可能使溶质透过液膜的传质阻力增大，不利于溶质的快速迁移。对于黏度较低的膜溶剂和较薄的液膜，物质的传质系数大，但液膜不够稳定，在操作中易破损，影响分离效果。因此，需要选择合适的溶剂黏度和液膜厚度。此外，膜溶剂还应对流动载体有较大的溶解度，从而可在较宽的范围内调节流动载体的浓度，优化萃取条件。

常用的膜溶剂有：辛烷、异辛烷、癸烷等饱和烃，辛醇、癸醇等高级醇，煤油、乙酸乙酯、乙酸丁酯或它们的混合液。

（2）表面活性剂

表面活性剂在液膜的组成中极为重要，不可缺少。表面活性剂的类型和浓度影响着液膜的稳定性、溶胀性及液膜乳液的破乳和油相回收利用等，而且它对目标物通过液膜的扩散速率也有显著影响。

表面活性剂的选择主要依赖实验经验。在液膜体系中加入的表面活性剂能否形成稳定的乳状液，取决于表面活性剂的亲水性参数 HLB 值，可理解为表面活性剂分子中的亲水基与憎水基的占比。非离子型表面活性剂的 HLB 值可按下式计算：

$$HLB = \frac{亲水基部分的相对分子量}{表面活性剂的相对分子量} \times \frac{100}{5}$$

由上式可见，HLB 越大，表面活性剂的亲水性越强。通常使用 HLB 为 3~6 的油溶性表面活性剂配制（W/O）/W 型乳状液膜，使用 HLB 为 8~15 的水溶性表面活性剂配制（O/W）/O 型乳状液膜。

此外，还要考虑表面活性剂的类型。要根据具体情况采用阴离子、阳离子和非离子型表面活性剂。非离子型表面活性剂在液膜中普遍采用，其易制成液状物并在低浓度时乳化性能良好。常用于配制（W/O）/W 型乳状液膜的非离子型表面活性剂为 Span80（失水山梨醇单油酸酯）。

表面活性剂不仅可稳定液膜，还对目标物在液膜中的渗透性有明显的影响。合适的表面活性剂可提高目标物溶质在液膜中的扩散速率。合适的表面活性剂浓度可保证液膜的稳定和萃取效率。使用高浓度的表面活性剂，液膜稳定性更好，但液膜的厚度和黏度将增加，也可能使萃取效率下降。故液膜中表面活性剂的浓度需要优化。

（3）流动载体（萃取剂）

液膜萃取技术中最显著的特点是流动载体的促进迁移作用，即对目标分子的特异性选择输送作用，流动载体的应用使液膜具有了生物膜的相似功能。液膜的流动载体可使用溶剂萃取中的一些萃取剂，如季铵盐、胺类、磷酸酯类和冠醚类等。

5.7.4 影响液膜萃取效率的其它因素

针对特定的分离目标物，除了选择合适的膜溶剂、表面活性剂和流动载体外，优化料液相和反萃取相的 pH、搅拌速度（乳状液膜）和流速（支撑液膜）、温度、萃取时间等，也可提高萃取效率。

① 料液 pH 对含氨基酸和有机酸碱等弱电解质的料液，其溶液 pH 影响弱电解质的解离程度以及它们的不同荷电形态所占的比例，从而影响萃取效率。根据料液中溶质及共存杂质的性质选择合适的流动载体并适当调节 pH 值，可提高目标物的萃取速率及选择性。不同等电点的氨基酸可通过调节料液 pH 值实现液膜萃取分离。

② 搅拌速度（流速） 对于乳状液膜萃取，搅拌速度影响乳化液的分散和液

膜的稳定性。搅拌速度低，乳状液分散不好，相间接触比表面积小，所需的萃取时间长。搅拌速度过高，液膜易破损，引起内外水相混合，造成萃取率降低。一般优化的最佳搅拌速度，应使乳状液膜萃取在最短时间达到最大萃取率为宜。

利用支撑液膜萃取时，料液的流速对液-固表面传质系数有直接影响，从而影响萃取速率。

③ 萃取温度　提高液膜体系的温度，可使溶质扩散系数增大，有利于萃取速率的提高。但较高温度下，将使液膜黏度降低，膜相挥发速度加快，甚至造成表面活性剂的水解，不利于液膜稳定。一般液膜分离在常温下进行，可保持较好萃取效率并节省热能消耗。

④ 萃取时间　乳状液膜为高度分散体系，相间接触比表面积大。且液膜厚度很小，传质阻力小，故在短时间内可萃取完全。若萃取时间过长反导致液膜被破坏，降低分离效率。

⑤ 共存杂质的影响　料液中与目标物共存的杂质有可能被流动载体同时输送。如果离子型流动载体的选择性较低，相同电荷的杂质、目标物与载体发生竞争反应，使流动载体对目标物的输送量降低，并引起杂质的共同输送，影响目标物溶质的透过通量，使萃取效率降低。

⑥ 反萃相组成和浓度　对于反萃相化学反应促进迁移和膜相流动载体促进迁移的萃取过程，反萃相的组成和浓度影响膜相中的浓差扩散、目标物的输送速度以及萃取速率和选择性。

总之，液膜的结构独特，影响萃取的因素较多。实际应用中需平衡各种影响因素，设计合理的液膜萃取操作。

5.7.5　液膜萃取操作

液膜分离操作分为四个步骤：制乳、萃取、分离和破乳，如图 5-24 所示。

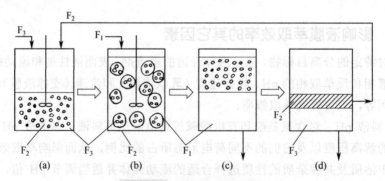

图 5-24　液膜分离流程图
（a）乳状液的制备；（b）乳状液与待处理溶液混合萃取；（c）分离去除萃余液；
（d）破乳后分离膜相与内水相
F₁—待处理溶液；F₂—液膜；F₃—内水相

（1）制乳

制备（W/O）/O型乳状液膜是较成熟的技术。先将表面活性剂溶于油相，之后向其中加入反萃相（内水相），激烈搅拌使其乳化。一般采用2000 r/min搅拌速度可制备稳定的乳状液（含反萃相）。

（2）萃取

将乳状液加入待处理的料液相，温和搅拌，使乳状液充分分散，形成（W/O）/O型乳状液膜，并使料液相中的目标物通过液膜萃取进入反萃相（内水相）。

（3）分离

液膜萃取完成，借助重力或其它澄清器将液膜与料液分层，收集液膜，去除萃余的料液。

（4）破乳

对乳状液-液膜实施破乳，将膜相与反萃相（内水相）分离。从反萃相中回收目标物，膜相可回收利用。破乳方法主要有化学破乳和静电破乳。化学破乳是利用极性表面活性剂吸附乳化液中的表面活性剂，降低乳化液膜的稳定性，实现破乳。化学破乳法使用范围有限。静电破乳法则利用高压电场（千万伏）的作用，使乳状液滴带电，并在电场中泳动。在交变电场中泳动的乳状液滴因受到不同方向的剪切作用而被破坏。静电破乳设备简单，操作方便，破乳效果好，适应范围广，是应用最多的破乳方法。

利用搅拌槽的乳状液膜连续萃取过程如图5-25所示。乳状液膜萃取过程中，将W/O乳化液以一定流速加入搅拌萃取槽。萃取完成后，从萃取槽流出的（W/O）/W液体经澄清器使水乳分离。W/O乳状液破乳后使油水分离，得到含目标物的水溶液和液膜油相。液膜油相可重复用于W/O乳化液的制备，其在操作过程中的损失可通过外加油相进行补充。

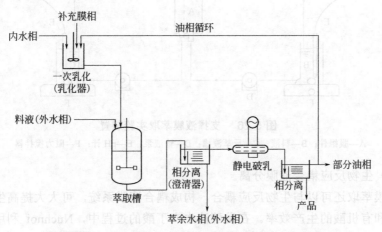

图 5-25 利用搅拌槽的乳状液膜连续萃取过程示意图

5.7.6 液膜萃取的应用

（1）乳化液膜萃取分离有机酸

利用液膜萃取有机酸已有大量实际应用。柠檬酸是利用微生物代谢生产的重要的有机酸，广泛应用于食品、饮料、医药、化工、冶金、印染等领域。传统的柠檬酸提取采用钙盐法，其生产工艺流程长、产品收率低、原材料消耗大，且对环境造成污染。液膜分离可用于分批或连续萃取柠檬酸发酵产物。Boey 等利用乳状液膜［载体为 TOA（三辛胺），内水相为 Na_2CO_3］体系从黑曲霉发酵液中萃取柠檬酸。结果表明，利用 200 g/L Na_2CO_3 作为反萃取剂，仅仅 10 min 的萃取操作可回收 80%的柠檬酸（原液质量浓度为 100 g/L），且菌体的存在不影响萃取速率。

（2）支撑液膜分离萃取氨基酸

大多数氨基酸均可利用微生物发酵法生产。传统的方法主要利用离子交换法分离提取氨基酸，但该方法的周期长、收率低，产生严重的三废污染。采用液膜法萃取分离效果更好。Deblay 等使用孔径为 0.45 μm 的聚四氟乙烯支撑液膜，应用癸醇为膜溶剂，10%三辛基甲基氯化铵（TOMAC）为萃取剂的输送载体，1 mol/L NaCl（pH 1.65）为反萃相的支撑液膜体系（图 5-26），从发酵液中纯化缬氨酸。结果表明，对未除菌的蔗糖发酵液（外加糖蜜），反萃相中缬氨酸收率大约为 50%。而对除菌后的糖蜜发酵液，收率可达 75%。两组实验中，反萃相内的糖浓度均很低，并且色素含量下降约 80%。该萃取装置包括膜组件、反萃液槽、输液泵以及在线 pH 计和磁力搅拌器。

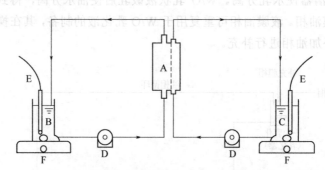

图 5-26　支撑液膜萃取实验装置
A—膜组件；B—料液；C—反萃液槽；D—输液泵；E—pH 计；F—磁力搅拌器

（3）生物反应耦合液膜分离

液膜萃取还可以与生物反应耦合，构成耦合液膜系统，可大大提高生物反应的速率和有机酸的生产效率。在发酵液生产丁酸的过程中，Nuchnoi 利用支撑液膜［聚四氟乙烯膜，煤油膜溶剂，TOPO（氧化三辛基膦）输送载体］，在发酵反应的同时萃取回收发酵液中的丁酸，使发酵液中的丁酸生产速率大大提高。乙酸的生产速率也有一定提高（图 5-27）。

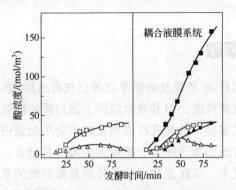

图 5-27 利用支撑液膜的萃取发酵过程
■ 萃取的丁酸；□ 发酵液中的丁酸；▲ 萃取的乙酸；△ 发酵液中的乙酸

（4）支撑液膜脱盐

利用双液膜可实现溶液的脱盐，其原理如图 5-28 所示。两个支撑液膜两侧分别为高浓度的 H_2SO_4 和 NaOH，两个支撑液膜内分别含有不同的流动载体（如 D_2EHPA 和 TOMAOH），两个支撑液膜中间通入盐溶液（NaCl）。Na^+ 和 Cl^- 将在两个支撑液膜作用下，分别得到选择性萃取。Na^+ 和 Cl^- 的反向迁移的供能离子分别为 H^+ 和 OH^-，它们进入料液后形成 H_2O。萃取分离后，两个支撑液膜中间为酸碱反应形成的 H_2O，达到脱盐的目的。而 Na^+ 和 Cl^- 分别进入两个支撑膜的两侧。该方法可进行海水脱盐，也可以用于氨基酸等生物产品的脱盐。所选的输送载体需对盐离子 Na^+ 和 Cl^- 有很高的选择性，否则氨基酸分子也可能解离，并发生跨膜迁移，导致目标物损失。

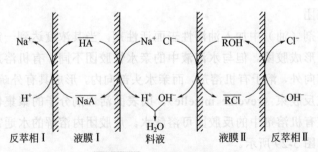

图 5-28 液膜脱盐原理
HA=D_2EHPA [二(2-乙基己基)磷酸酯]；ROH=TOMAOH（氢氧化三辛基甲铵）

（5）液膜的医学应用

在生物反应过程中，还可以将酶包埋于液膜中，如液膜中包埋胰凝乳蛋白酶用于氨基酸的合成，液膜中包埋尿素水解酶用于去除人体中的尿素（人工肾），液膜中包埋尿嘧二磷酸葡萄糖醛转移酶可去除血液中的酚（人工肝）。此外，利用可溶解 O_2 和 CO_2 制备的 W/O 乳状液膜可用作人工肺。利用液膜包封解毒剂可用于中毒患者的解毒治疗。

5.8 反胶团萃取

传统的有机溶剂液-液萃取及液膜萃取等已在有机酸、抗生素等的生产中广泛应用，具有良好的分离性能。但其难以应用于蛋白质的提取分离，因为绝大多数蛋白质都不溶于有机溶剂，其与有机溶剂接触也会引起蛋白质变性。此外，蛋白质表面带有电荷，普通的离子缔合型萃取剂也难与其结合。20 世纪 70 年代始，发展了反胶团萃取技术，其在生物大分子特别是蛋白质的萃取分离方面取得了很大进展。

与有机溶剂萃取不同，反胶团萃取是利用表面活性剂在有机相中形成反胶团，从而在有机相内形成大量分散的亲水微环境，使蛋白质可存在于反胶团的亲水微环境中，避免了蛋白质类生物活性物质难于溶解在有机相或在有机相中发生不可逆变性。反胶团萃取的本质仍是液-液有机溶剂萃取。反胶团萃取研究历史较短，技术尚不成熟。

5.8.1 胶团与反胶团

（1）胶团

向水中加入水溶性表面活性剂，水溶液的表面张力随表面活性剂浓度增大而降低，当表面活性剂浓度达到一定值后，会发生表面活性剂分子的缔合或自聚集，形成水溶性胶团或胶束（micelle）。水溶液中胶团的表面活性剂亲水头部向外，与水相接触，疏水尾部包埋在胶团内部。

（2）反胶团

向有机溶剂（油）中加入油溶性表面活性剂，当其浓度达到一定值时，也会在有机溶剂中形成胶团。但与水溶液中的亲水性胶团不同，有机溶剂中的油溶性胶团疏水尾部向外，溶于有机溶剂，而亲水头部向内，形成具有外疏水性的胶团，称为反胶团或反胶束（reverse micelle）。因表面活性剂分子的聚集使反胶团内形成极性核，使有机溶剂中的反胶团可溶解水。反胶团内溶解的水通常称为微水相或微水池，如图 5-29 所示。

（3）反胶团的性质

反胶团不是刚性球体，而是热力学稳定的聚集体。其在有机相中高速生成和破灭，交换其构成分子（表面活性剂和水）。

① 临界胶团浓度　反胶团形成时所需的最低表面活性剂浓度称为临界胶团浓度（critical micelle concentration，CMC）。其与表面活性剂的自身化学结构、

有机溶剂、温度、压力、水相中离子强度等因素有关。实验方法不同，测得的CMC值略有差异。通常，需要说明胶束的形成是在何种溶剂中。例如，十二烷基硫酸钠（SDS）在水中的CMC约为0.008 mol/L；AOT（2-乙基己基琥珀酸酯磺酸钠）在异辛烷中的CMC在0.1~1 mmol/L之间。

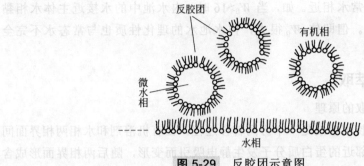

图 5-29 反胶团示意图

② 反胶团的含水率 W_0 　反胶团中的水与表面活性剂的摩尔浓度比为反胶团的含水率 W_0。

$$W_0 = \frac{c_{水}}{c_{表}}$$

反胶团的大小受含水率 W_0 的影响。含水率越大，反胶团的半径越大（如图 5-30 所示）。反胶团的尺寸一般为 5~20 nm。

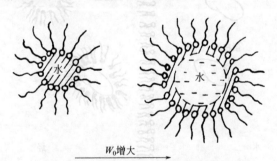

图 5-30 不同大小的反胶团示意图

③ 反胶团的大小　反胶团的大小还与有机溶剂、表面活性剂的种类和浓度，以及温度、离子强度等因素有关，其内水池的直径 d 可用下式测定。

$$d = \frac{6W_0 M}{a_{surf} N_a \rho}$$

式中，W_0 为含水率；M 为水的分子量；ρ 为水分子密度；a_{surf} 为一个表面活性剂分子的面积；N_a 为阿伏伽德罗常数。

④ 反胶团中水的理化性质　反胶团中水的理化性质与正常水不同。反胶团含水率 W_0 越低，内水池越小，其含有的水与正常水的理化性质差异越大。例如，AOT 为表面活性剂时，当 $W_0<6\sim8$，反胶团内水池的水分子受表面活性剂亲水基团的强烈束缚，表观黏度上升达 50 倍，疏水性极高。随 W_0 逐渐增大，内水池水的理化性质与正常水相近。如，当 $W_0>16$ 时，内水池中的水接近主体水相黏度，与常态水接近。但即使 W_0 很大，内水池水的理化性质也与常态水不完全相同。

5.8.2　反胶团萃取

（1）反胶团萃取的原理

蛋白质进入反胶团溶液是一个协同转移过程。在有机溶剂和水相两相界面间的表面活性剂层与邻近的蛋白质分子发生静电吸引而变形，随后两相界面形成含有蛋白质的反胶团，并扩散到有机相中，从而实现蛋白质的萃取。改变水相条件（如 pH 值、离子种类或离子强度）又可使蛋白质从有机相回到水相，实现反萃取过程。图 5-31 所示的是蛋白质从主体水相向溶解于有机溶剂相中纳米级的、均一稳定的、分散的反胶团微水相（内水池）中的分配萃取。形式上，反胶团萃取可视为一种特殊的"液膜"分离操作。

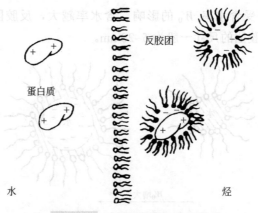

图 5-31　反胶团萃取示意图

（2）反胶团萃取模型

反胶团内水池溶解蛋白质的形式有四种模型，如图 5-32 所示。图 5-32（a）为水壳模型，蛋白质位于水池的中心，周围的水层将其与反胶团壁（表面活性剂）隔离；图 5-32（b）中蛋白质分子表面的部分强疏水区直接与有机相接触，其它区域与反胶团壁接触；图 5-32（c）中蛋白质部分表面吸附在反胶团内壁；图 5-32（d）中蛋白质表面有多处疏水区与有机溶剂接触，其余部分与表面活性剂接触。

一个蛋白质与几个反胶团的表面活性剂疏水端发生相互作用，被几个小反胶团"溶解"。不同的蛋白质表面性质不同，可能以不同形式溶解在反胶团中。但对于亲水性蛋白质，普遍接受的是水壳模型，即图 5-32（a）。

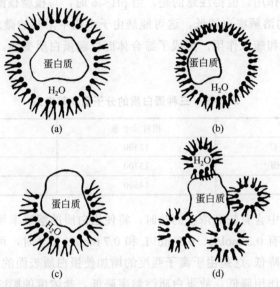

图 5-32　蛋白质在反胶团中溶解的可能模型

（3）反胶团萃取蛋白质的作用力

蛋白质溶入反胶团相的主要推动力是表面活性剂与蛋白质的静电作用、反胶团与蛋白质的空间排阻作用以及疏水作用。

① 静电作用　反胶团萃取一般采用离子型表面活性剂制备反胶团相，其中应用最多的是阴离子型表面活性剂 AOT，阳离子型表面活性剂主要有三辛基甲基氯化铵（TOMAC）、十六烷基三甲基溴化铵（CTAB）等季铵盐。这些表面活性剂所形成的反胶团内表面带有负电荷（如 AOT）或正电荷（如 TOMAC 和 CTAB）。因此，当水相 pH 值偏离蛋白质等电点时，蛋白质带正电荷（pH<pI）或负电荷（pH>pI），故可与离子型表面活性剂发生静电相互作用。当蛋白质表面电荷与表面活性剂电荷相反时，静电作用越强，蛋白质越容易溶于反胶团，进入反胶团的蛋白质越多，溶解率越大。反之，蛋白质则不能溶解到反胶团相。静电作用影响蛋白质在反胶团相的萃取率，即在两相间的分配系数。

细胞色素 C、核糖核酸酶和溶菌酶的相对分子量相近而等电点有明显差异（表5-5）。它们在 AOT 的反胶团中溶解率明显受 pH 的影响（图 5-33）。三种蛋白质在各自等电点附近，溶解率急剧降低。pH 小于 7 时，核糖核酸酶带正电荷，其溶解率达到 100%；当 pH 等于 7 时，其溶解率下降 50%；pH 为 8~10 时，细胞色素

C 和溶菌酶溶解率达 100%；当 pH 为 10.6 和 11 时，在两种蛋白的等电点附近，它们的溶解率直线降低。说明溶液 pH 显著影响蛋白质的表面电荷，也显著影响它们与反胶团的静电作用，进而影响萃取效率。这说明静电作用对蛋白质的反胶团萃取起决定性作用。值得注意的是，当 pH<6 时，与核糖核酸酶不同，细胞色素 C 和溶菌酶的溶解率也较低，这可能是由于水相中溶解的微量 AOT 与后两者发生了静电作用和疏水作用，形成了缔合体而引起蛋白质变性，故不能正常溶解在反胶团相中。

表 5-5　三种蛋白质的分子量和等电点

蛋白质	相对分子量	等电点
细胞色素 C	12400	10.6
核糖核酸酶	13700	7.8
溶菌酶	14300	11.1

　　反胶团体系中含有较高浓度的盐时，将使蛋白质的溶解率明显降低。图 5-34 可见，体系中含有 0.3 mol/L、0.5 mol/L 和 0.7 mol/L KCl 时，可分别使三种蛋白质的溶解率急剧降低。这是由于离子强度的增加使蛋白质表面的双电层厚度降低，与反胶团的静电作用降低，故蛋白质溶解率降低。盐浓度的影响也从另一方面反映了静电作用是反胶团萃取的主要作用力。

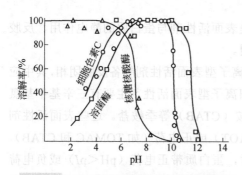

图 5-33　pH 值对蛋白质溶解度的影响
AOT=50 mmol/L

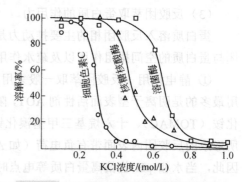

图 5-34　盐浓度对蛋白质溶解率的影响
AOT=50 mmol/L

　　② 空间排阻作用　反胶团中的"水池"W_0 大小也影响蛋白质大分子的溶解。W_0 大时，可容纳蛋白质进入，增加溶解率；W_0 过小，则排斥蛋白质，产生空间排阻作用。因此，调节 W_0 大小，可选择性萃取不同分子量的蛋白质。如图 5-35 所示，盐浓度增大可导致反胶团的含水率 W_0 降低，使反胶团直径减小，空间排阻作用增大，蛋白质的萃取率降低。

　　在蛋白质的等电点处进行反胶团萃取时，蛋白质表面静电荷为零，排除了静电作用的影响。其溶解率则受蛋白质的分子量大小的影响。随蛋白质分子量的增大，其分配系数（溶解率）降低（图 5-36）。因此，也可根据蛋白质间分子量的差别选择性地进行蛋白质的反胶团萃取。

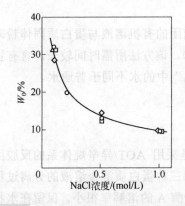

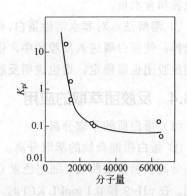

图 5-35　盐浓度对反胶团含水率的影响　　　图 5-36　蛋白质分子量对分配系数的影响

AOT 浓度：○ 50 mmol/L；△ 100 mmol/L；

□ 200 mmol/L；◇ 300 mmol/L

③ 疏水作用　蛋白质的氨基酸残基的疏水性有差异，不同蛋白质其组成不同，也影响蛋白质在反胶团中的分配系数。如前述萃取模型图 5-32（b）和（d），蛋白质的疏水性强，则影响其在反胶团中的溶解形式，使溶解率增加，分配系数增大。

5.8.3　反胶团萃取的方式

制备反胶团体系和萃取分离的方法主要有以下三种：

① 液-液接触法　与普通溶剂萃取相似，将含酶或蛋白质等目标物的水相与含表面活性剂的有机相接触，缓慢搅拌，使部分蛋白质转入有机相，图 5-37（a）。此过程缓慢，但最终形成的反胶团体系处于稳定的热力学平衡状态。这种方式可

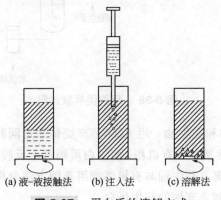

(a) 液-液接触法　(b) 注入法　(c) 溶解法

图 5-37　蛋白质的溶解方式

在有机溶剂相中获得较高的蛋白质浓度。

② 注入法 将含蛋白质的水溶液直接滴注到含表面活性剂的有机溶剂中,搅拌直至形成透明的溶液,图 5-37(b)。该过程较快并可以较好地控制反胶团的平均直径和含水量。

③ 溶解法 对非水溶性蛋白,可将含反胶团的有机溶液与蛋白质固体粉末一起搅拌,使蛋白质进入反胶团中,图 5-37(c)。该方法所需时间较长,含有蛋白质的反胶团也很稳定,这也说明反胶团"水池"中的水不同于普通水。

5.8.4 反胶团萃取的应用

(1)蛋白质的萃取分离

① 蛋白质混合物的萃取分离 图 5-38 是采用 AOT/异辛烷体系的反胶团萃取法分离核糖核酸酶 A、细胞色素 C 和溶菌酶三种蛋白质混合溶液的分离过程示意图。在 pH=9 和 0.1 mol/L KCl 时,核糖核酸酶 A 的溶解率很小,保留在水相而与其它两种蛋白质分离;经过相分离后得到的反胶团相(含细胞色素 C 和溶菌酶)中加入 0.5 mol/L 的 KCl 水溶液后,细胞色素 C 被反萃取到水相,而溶菌酶仍保留在反胶团相中;此后,将含有溶菌酶的反胶团相与 2.0 mol/L KCl,pH=11.5 的水相接触,溶菌酶被反萃取回收到水相中。

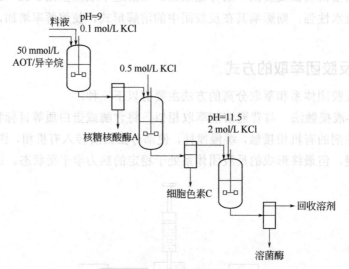

图 5-38 反胶团萃取过程

② 提取花生蛋白和花生油 用 AOT-异辛烷体系可同时萃取分离花生蛋白和花生油。花生油被直接萃取入有机相,而蛋白质则进入反胶团的微水池极性核中。再以离心方法将其分离,花生油与有机溶剂用蒸馏方法分离,对含蛋白的反胶团层进行反萃取,可得到未变性的花生蛋白。

③ 发酵液中提取胞外酶　用 AOT-异辛烷反胶团体系从芽孢杆菌全发酵液中提取和提纯碱性蛋白酶。通过优化工艺过程，酶的提取率可达 50%。

④ 直接提取胞内酶　利用 CTAB/己醇-辛烷体系反胶团溶液从棕色固氮菌细胞悬浮液中直接提取纯化胞内脱氢酶。菌体细胞在表面活性剂作用下破裂，释放出的胞内酶进入反胶团微水池，通过反萃取获得胞内酶。

（2）氨基酸和抗生素的萃取分离

① 氨基酸的萃取分离　氨基酸可通过静电或疏水作用溶解在反胶团中。例如采用 TOMAC/己醇-正庚烷反胶团体系，对三种氨基酸：天冬氨酸（pI=3.0）、苯丙氨酸（pI=5.76）和色氨酸（pI=5.88）进行反胶团萃取。结果表明，即使等电点十分相近的苯丙氨酸和色氨酸，也可以完全分离。

② 抗生素的萃取分离　反胶团体系也可以萃取分离抗生素类。例如，利用 AOT-异辛烷反胶团体系可分离红霉素、土霉素和青霉素等。

思考题

1. 简述有机溶剂萃取概念、分配系数和萃取选择性。
2. 什么是化学萃取？影响溶剂萃取的因素有哪些？
3. 什么是萃取因子、萃取率、萃余率？
4. 简述多级萃取的方式和比较。
5. 常用的液-固萃取方法有哪些？简要描述其原理及实际应用。
6. 超临界流体的定义和特点是什么？
7. 简述超临界流体萃取的特点和实际应用。
8. 简述双水相体系的组成。
9. 影响物质在双水相体系分配的因素有哪些？
10. 简述双水相萃取的特点。
11. 简述双水相萃取的实际应用。
12. 简述液膜的构成。
13. 简述液膜分离原理及应用（举例说明）。
14. 简述液膜分离的操作过程及影响因素。
15. 简述反胶团的形成及反胶团的特性。
16. 简述反胶团的萃取原理及主要影响因素。
17. 比较超临界萃取、双水相萃取、液膜萃取和反胶团萃取法的异同。

第 6 章　膜分离

膜分离是利用具有一定选择透过特性的介质，分离不同尺度物质的分离纯化方法，也是人类最早应用的分离技术之一。近代工业膜分离技术的应用始于 20 世纪 30 年代，利用半透性纤维素膜分离回收苛性碱。20 世纪 60 年代以后，不对称膜制造技术取得长足进步，各种膜分离技术迅速发展，膜分离在生物物质分离中也得到越来越广泛的应用。膜分离具有节能、高效、简单、成本低、易于操作的特点，可部分替代传统的精馏、蒸发、萃取、结晶等方法，是当今最重要的分离技术之一。膜分离是对传统分离方法的一次革命，被公认为 20 世纪末至 21 世纪中期最有发展前景的高新技术之一。

用于分离的膜可分为高分子膜、液体膜（液膜）和生物膜（细胞膜）。高分子膜是通过化学方法合成而来，分为非带电膜（反渗透膜、纳滤膜、超滤膜和微滤膜）和含有带电基团的阳离子膜与阴离子膜。

6.1　膜分离概述

6.1.1　膜分离技术发展历史

1748 年，A. Nelkt 发现水能自动地扩散到装有酒精的猪膀胱内，开创了膜渗透研究。1854 年，Graham 发现了透析现象。1861 年，A. Schmidt 首先提出了超过滤的概念。他提出，用比滤纸孔径更小的棉胶膜或赛璐酚膜过滤时，若在溶液侧施加压力，使膜的两侧产生压力差，即可分离溶液中的细菌、蛋白质、胶体等微小粒子，其精度比滤纸高得多。这种过滤可称为超过滤，即微孔过滤。1863 年，Dubrunfaut 研制了第一个膜渗析器，从此开创了膜分离的新纪元，但其所用的天然膜存在局限性。1864 年，Traube 成功地研制了第一张人造膜—亚铁氰化铜膜，由此结束了科学家利用天然膜分离的时代。1950 年，W. Juda 研制出具有选择透过性能的离子交换膜，奠定了电渗析的实用化基础。真正意义上的分离膜出现在 20 世纪 60 年代。A. S. Michealis 等用不同比例的酸性和碱性的高分子电解质混合物，以水-丙酮为溶剂，加入溴化钠，制成了可截留不同分子量的膜，这种膜是真正意义上的超过滤膜。美国 Amicon 公司最先将这种膜商品化，从海水或苦咸水中获取淡水，开始了反渗透膜的研究。Loeb 和 Souriringan 首次研制出具有历史意义的非对称反渗透膜，使膜分离技术进入了大规模工业化应用的时代。1967 年，DuPont 公司研制成功了以尼龙-66 为膜的中空纤维反渗透膜组件。同一时期，丹麦 DDS 公司研制成功平板式反渗透膜组件，自此商业化的反渗透膜开始用于工业化生产。20 世纪六七十年代，先后出现了超过滤膜、微孔过滤膜和反渗透膜等固体膜，同时液膜也获得很大的发展。Martin 在60 年代初研究反渗透时发现具有分离选择性的人造液膜，这种液膜覆盖在固体膜之上，则为支撑液膜。60 年代中期，美籍华人黎念之博士发现含有表面活性剂的水和油能形成界面膜，从而发明了不需固体膜支撑的新型液膜，并于 1968年获得液膜的第一项专利。70 年代初，Cussler 又成功研制了含流动载体的液膜，使液膜分离技术具有更高的选择性。80 年代，气体分离膜的研制成功，使功能膜的应用进一步推广。

随着不同高分子材料如聚酰胺类、芳香杂环类、聚砜类、聚烯烃类、硅橡胶类、尼龙、含氟高分子等制成的有机膜的发展以及由陶瓷、金属、金属氧化物和玻璃等材料制成的无机膜的持续问世，膜分离技术（如微滤、超滤、纳滤和反渗透）和耦合膜技术（如膜萃取、膜蒸馏、膜色谱、渗透蒸发、膜反应器等）实现了工业化应用，并在生物医药、食品、中药等领域，产生了重大的经济效益。随着膜科学和膜技术的快速发展，也导致生物分离科学和分离工程的重大变革。21世纪的膜科学与技术还在进一步发展完善，不断探索和开拓新的膜材料与分离工程，不断扩展其应用领域，膜分离技术必将发挥更大的作用。

6.1.2 膜分离的概念及特点

膜分离过程是指利用选择透过性的天然或合成薄膜为分离介质，在膜两侧的推动力（如压力差、浓度差、电位差、气压差等）作用下，原料液中的混合物或气体混合物中的某些特定组分可选择性地透过膜，使混合物达到分离、分级、产物浓缩、纯化、杂质去除的过程。通常将膜的原料侧称为膜上游侧，将透过侧称为膜下游侧。分离后，原料液将分为截留液（物）和渗透液（物）或透过液。透过液含有溶剂和分子量小的物质，截留液含有分子量大的物质。由于截留液中溶剂量较少，膜分离具有浓缩效应。

发酵液中含有生物体、生物大分子和电解质等复杂组分。从发酵液中分离提纯有用成分（如酶、多糖或其它蛋白等），可通过膜分离实现，也可将生物反应过程的发酵与膜分离过程相结合，提高产物的生产效率。

膜在分离过程中具有以下功能：①尺寸识别与透过；物质的尺寸识别与透过是使混合物中各组分依据不同尺寸的选择透过实现分离的内在因素；②相界面，膜作为界面将透过液和原料液隔离为互不混合的两相；③反应场，膜表面及孔内表面含有与特定组分产生相互作用的官能团，它们基于物理作用、化学作用或生化反应提高膜分离的选择性和分离速度。

膜分离技术的优点：①通常无相变，能保持物料原有的风味，能耗极低，其费用为蒸发浓缩或冷冻浓缩的 1/8~1/3；②可在室温或低温条件下操作，特别适用于热敏性物质，如抗生素、果汁、酶、蛋白的分离与浓缩；③是物理分离过程，无化学变化，不需使用化学试剂和添加剂，产品不受污染，节约资源和绿色环保；④分离的选择性好，在分离和浓缩的同时达到部分纯化目的；⑤膜的化学强度高、机械损害小，选择合适的膜和操作参数，可得到较高回收率；⑥工艺简单，操作方便，设备易于放大；⑦可进行小规模和大规模的样品分离，可连续分离也可间歇分离；⑧膜系统易于与其它分离过程结合，实现过程耦合和集成，大大提高分离效率。

6.2　膜分离法及原理

6.2.1　透析

透析是指小分子溶质从半透膜的一侧透过膜至另一侧的迁移过程，透析可使小分子与生物大分子分离。一定孔径的半透膜将含有大分子溶质和小分子溶质的混合溶液与纯水（或缓冲液）分隔。因膜两侧的溶质浓度不同，在浓度差作用下，溶液中的小分子溶质（如无机盐）将透过膜，向纯水（或缓冲液）侧迁移。

透析膜一般为孔径 5~10 nm 的亲水膜，如纤维素膜、聚丙烯腈膜、聚酰胺膜等。生化实验室经常使用直径为 5~80 mm 的透析袋，将料液装入透析袋中，封口后浸入到透析液中，一定时间后即完成透析。必要时，透析中间要更换透析液。料液处理量较大时，为提高透析速度，常使用比表面积较大的中空纤维透析装置。

透析法在临床上常用于肾衰竭患者的血液透析（俗称人工肾），是一种血液净化技术，通过半透膜分离移出体内的代谢废物和毒素。在生物分离方面，透析法主要用于生物大分子溶液的脱盐。透析分离以浓度差为传质动力，膜的透过通量很小，不适合大规模的生物分离，而在实验室应用较多。

6.2.2　反渗透

当盐溶液和纯水被半透膜隔离时，纯水将自发透过半透膜进入盐溶液一侧。当两种不同浓度的溶液用半透膜隔离，稀溶液中的溶剂分子将通过半透膜扩散到浓溶液中。这种由纯溶剂通过半透膜渗入溶液，或纯溶剂由稀溶液渗入浓溶液的扩散过程称为渗透。若在膜的盐溶液或浓溶液侧施加压力，溶剂的自发渗透将受到抑制而减慢。当施加的压力足够大时，溶剂的迁移方向逆转，盐溶液向纯水侧迁移，实现反渗透迁移。

半透膜存在时，因浓度差促使溶剂发生渗透的推动力，称为渗透压。半透膜内溶液中的溶质浓度越高，渗透压越大。当施加的压力大于渗透压时，就会发生溶剂逆流迁移，这种操作称为反渗透。反渗透的原理如图 6-1 所示。

图 6-1　渗透与反渗透

半透膜内溶液中溶质的浓度越高，渗透压越大，反渗透操作所需的压力就越大。提高反渗透操作压力，可使溶剂逆流流量增加，也使溶液相中溶质浓度升高，实现了溶质的浓缩。反渗透分离溶质的分子量一般小于 500，操作压力为 1~10 MPa。用于反渗透操作的膜为反渗透膜。反渗透膜无明显的孔道结构，其透过机理尚不十分清楚。

反渗透分离的特点：可从溶液中获得纯水，并对溶质进行浓缩；常温下操作，能耗低，但所需压力高，因此比其它膜分离方法能耗高；被截留组分大小为 0.1~1 nm，可以去除全部悬浮物和胶体等，并可去除无机盐和各类有机物杂质，杂质去除的范围广。反渗透技术的应用十分广泛，可用于海水淡化、苦咸水脱盐、超纯水生产、废水处理等。商用和家用纯水机已普遍使用反渗透技术。

6.2.3　纳滤

20 世纪 80 年代，在反渗透复合膜基础上开发了纳滤膜，它是超低压反渗透技术的发展分支。纳滤膜含有纳米级孔径，孔径大小介于反渗透膜和超滤膜之间。纳滤膜的表层较反渗透膜的表层疏松得多，但较超滤膜则要致密得多。其制膜的关键是合理调节膜表层的疏松程度，以形成大量具纳米级的表层孔。纳滤膜主要截留粒径在 0.1~1 nm，分子量为 1000 左右的物质，并可以使一价盐和小分子物质透过，具有较小的操作压力 0.5~1 MPa。

纳滤过程的主要特点：①纳米孔径过滤介于超滤和反渗透之间，弥补了超滤与反渗透之间的空白。被分离物质的尺寸介于反渗透膜和超滤膜之间，但有所交叉；②操作压力低，无机盐可通过纳米滤膜而透析。渗透压低，故所需的外加压力低，节约动力；③在过滤分离过程中，能截留小分子的有机物并可同时透析出盐，集浓缩与透析为一体；④纳滤膜大多为荷电膜，对离子具有静电作用，分离具有选择性。其对不同价态离子的截留效果不同，对单价离子的截留率低（10%~80%），对二价及多价离子的截留率明显高于单价离子（大于90%）。

纳滤膜可用于海水及苦咸水的淡化。由于该技术对低价离子与高价离子具有选择性分离，因而在硬度高和有机物含量高、浊度低的原水处理及高纯水制备中具有优势；在食品行业中，纳滤膜可用于果汁生产后的澄清分离；在医药行业，可用于氨基酸生产、抗生素回收等；在石化行业，可用于催化剂的分离回收。

纳滤膜已有广泛的应用，但对纳滤膜的制备、性能表征、传质机理等的研究还不够系统、全面。进一步改进纳滤膜的制作工艺，研究膜材料改性，将极大提高纳滤膜的分离效果，延长膜的清洗周期。

6.2.4 超滤和微滤

超滤和微滤膜分离也是利用膜的筛分性质，以压力差为传质推动力。但与反渗透膜不同，超滤膜和微滤膜都具有明显的孔道结构，主要用于截留高分子溶质或固体微粒。

超滤膜的孔径较微滤膜小，主要用于处理含有无固形成分的原料液，可使分子量较小的溶质和水透过膜，而分子量较大的溶质组分被截留。因此，超滤是根据溶质组分的分子量不同进行分离的方法。超滤分离过程中，膜两侧的渗透压较小，故所需操作压力比反渗透操作低，一般为 0.1~1.0 MPa。

超滤技术的应用非常广泛，既可以作为预处理过程与其它分离过程结合，也可以单独作为分离过程。纳滤主要用于溶液的浓缩精制、小分子的分离和大分子溶质的分级等，可以去除溶液中的蛋白质、酶、病毒、微生物、淀粉等。超滤分离可用于反渗透前的预处理、工业废水处理、饮用水处理、制药分离、色素提取等。此外，无机超滤膜的研究正向非水溶液体系的分离应用方向发展。

微滤一般用于悬浮液的过滤（微粒粒径为 0.1~10 μm），广泛用于菌体细胞的分离和浓缩。微滤膜孔径较大，膜两侧的渗透压可忽略不计，故操作压力比超滤更低，一般为 0.05~0.5 MPa。

微滤在压力驱动膜分离技术中应用最广，已应用于制药行业的过滤除菌；饮用水生产中的颗粒和细菌的滤除；食品工业中各种饮料的除菌及果汁澄清过滤；废水处理中悬浮物、微粒和细菌的去除；生物工程中，用于发酵产品的分离和浓缩。目前各种微滤膜的总销售额最大。

图 6-2 为反渗透、超滤、微滤和过滤分离法与适用的分离物质的分子尺度。反渗透法适合于水分子和 1nm 以下小分子的分离浓缩；超滤法适用于 1~50 nm 的生物大分子（蛋白质、病毒等）的分离或浓缩；微滤法适用于细胞、细菌

和微粒的分离，目标物尺度为 10 nm~10 μm；普通的过滤分离，目标物的尺度
更大。

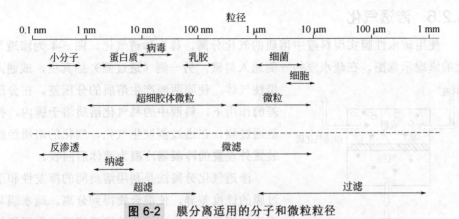

图 6-2 膜分离适用的分子和微粒粒径

6.2.5 电渗析

在电场驱动下，含有带电基团的膜（阴离子交换膜、阳离子交换膜）对荷电
性质和分子大小不同的溶质的分离，称为电渗析。电渗析所用的离子交换膜材料
是在膜表面和孔内共价键合了大量的阴阳离子交换基团。如含有酸性磺酰基
（$-SO_3^-$）的阳离子交换基团的膜和含有碱性季铵盐（$-N^+R_3$）的阴离子交换基团
的膜，分别称为阳离子交换膜和阴离子交换膜。在电场驱动下，阳离子可透过
$-SO_3^-$ 膜，阴离子可透过 $-N^+R_3$ 膜。

图 6-3 为交替装配了阴离子（A）和阳离
子（C）交换膜的电渗析分离器示意图。由两
组阴阳离子交换膜将分离器隔离成 5 个分室。
在分离器的两侧与膜垂直的方向加电场。以溶
液脱盐为目的时，将料液置于脱盐室(1、3、5)，
浓缩室（2、4）含有低浓度的电解液。在电场
作用下，料液中的电解质分别向其电荷相反的
电极方向移动，由于离子交换膜的选择性透过
特性，将使脱盐室（1、3、5）中的正负离子分

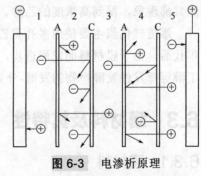

图 6-3 电渗析原理
A—阴离子交换膜；C—阳离子交换膜

别进入含有低浓度电解液的浓缩室（2、4）。导致脱盐室的溶液脱盐，而浓缩室的
盐浓度增大。电渗析过程也可连续操作，此时料液连续流过脱盐室（1、3、5），
而低浓度电解液连续流过浓缩室（2、4）。从脱盐室出口得到脱盐的溶液，从浓缩
室出口得到浓缩的盐溶液。

电渗析在工业上多用于海水和苦咸水的淡化以及废水处理。发酵工业中，可

用于氨基酸和有机酸等生物小分子的分离纯化。电渗析还可与生物反应过程耦合，生物反应-电渗析分离耦合过程的应用研究是电渗析技术的发展方向之一。

6.2.6　渗透气化

使用疏水性膜实现料液中溶质的气化分离，称为渗透气化。图 6-4 为渗透气化的原理示意图。在疏水膜的一侧通入料液，另一侧（透过侧）抽真空，或通入惰性气体，使膜两侧产生溶质的分压差。在分压差的作用下，料液中的易气化溶质溶于膜内，扩散通过膜，在透过侧发生气化。气化的溶质经膜装置外设置的冷凝器冷凝为液体后回收。

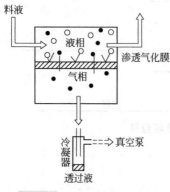

图 6-4　渗透气化示意图

渗透气化分离法是利用溶质间的挥发性和透过膜的速度差异，使混合物得到分离。疏水膜与溶质的相互作用决定溶质的渗透速度，根据相似相溶原理，疏水性较大的溶质易溶于疏水膜，因此渗透速度快，在透过侧得到浓缩。

与反渗透膜分离相比，在渗透气化分离过程中，溶质发生了相变，透过膜后的溶质将以气态存在，消除了渗透压作用，从而使渗透气化可在较低压力下进行，适合于高浓度混合物的分离。渗透气化法利用溶质之间对膜的透过性差异，特别适用于共沸物和挥发度相差较小的双组分溶液分离。例如，利用渗透气化法浓缩乙醇，由于膜对乙醇的选择性透过特性，可消除共沸现象，得到高浓度的乙醇。因此，渗透气化又称为膜蒸馏。

渗透气化膜主要使用多孔聚乙烯膜、聚丙烯膜和含氟多孔膜等。20 世纪 80 年代后，由于膜材料的发展进步，渗透气化技术实现了产业化应用。其在乙醇、丁醇等挥发性发酵产物的发酵-分离耦合过程的应用研究非常活跃。

6.3　膜材料及其特性

6.3.1　膜材料

（1）膜材料的性能

生物分离中常用的膜分离技术为超滤和微滤，其分离效率由膜的性能决定。要求膜材料具有以下特点：

① 有效膜厚度小，超滤和微滤膜的开孔率高，过滤阻力小；

② 膜材料为惰性，不吸附溶质，膜不易污染，膜孔不易堵塞；

③ 膜适应的 pH 范围宽，耐酸碱清洗，耐高温灭菌。稳定性高，使用寿命长；

④ 具有生物相容性,可对菌体细胞截留、对生物大分子有通透性或截留作用,可满足不同组分分离需要;

⑤ 膜易清洗再生恢复通透性,使用成本低。

膜材料可包括来源广泛的天然高分子材料、人工合成的有机高分子材料以及无机材料。原则上,凡能成膜的高分子材料和无机材料均可用做分离膜。实际上,真正能成为工业化应用膜的膜材料并不多。这主要受限于膜的分离效率、分离速率以及膜的较高制备技术要求。

（2）天然高分子材料膜

主要是纤维素的衍生物,如醋酸纤维、硝酸纤维和再生纤维素等。其中醋酸纤维膜的载盐能力强,常用作反渗透膜,也可用作超滤膜和微滤膜。但醋酸纤维素膜使用的最高温度和适用 pH 范围有限,一般要求使用温度不高于 45~50℃,耐受 pH 在 3~8 之间。再生纤维素可用于制造透析膜和微滤膜。

（3）合成高分子材料膜

商品化膜主要是合成高分子膜,种类很多,分为聚砜类、聚丙烯腈、聚酰亚胺、聚酰胺、聚烯类和含氟聚合物等。其中聚砜类是最常用的膜材料之一,主要用于制造超滤膜。聚砜膜的特点是耐高温（一般为 70~80℃,有些可高达 125℃）,适用 pH 范围广（pH 1~13）,耐氯能力强,可调节的孔径范围宽（1~20 nm）。但聚砜膜耐压能力较低,一般平板膜的操作压力极限为 0.5~1.0 MPa。聚酰胺膜的耐压能力较强,对温度和 pH 都有很好的稳定性,使用寿命较长,常用于反渗透膜。

（4）无机材料膜

无机材料膜主要由金属氧化物、多孔玻璃和陶瓷制成。其中陶瓷材料的微滤膜最为常用。陶瓷材料膜主要由氧化铝、硅胶、氧化锆和钛等陶瓷微粒烧结而成。其优点是机械强度极高,耐高温,耐酸碱和有机试剂;缺点是加工成本高。

6.3.2　膜结构及膜特性

（1）孔道结构

膜具有弯曲的孔道结构,在膜表面上可见不均匀的弯曲孔道。膜的孔道结构对分离效率影响很大,是影响膜的透过通量、耐污染能力的主要因素。膜因所用材料和制备方法不同,会产生不同的弯曲孔道结构（图 6-5）。早期的膜多为对称膜,即膜截面在膜厚方向上的孔道分布均匀。对称膜因孔道分布均匀,容易污染,传质阻力大,透过通量低,且清洗困难。

20 世纪 60 年代开发的不对称膜克服了对称膜的弊端,推动了膜分离技术的应用发展。不对称膜指膜截面在膜厚方向的孔道分布不均匀,图 6-6 为不对称膜的截面结构示意图。不对称膜在膜截面的膜厚方向分有不同孔径的两层，即起膜分离作用的表面活性层（0.2~0.5 μm）和起支撑强化作用的惰性层（50~100 μm）。惰性层的孔径很大，对流体透过无阻力，且可阻止大颗粒流过，避免其堵塞表面活性层。表面活性层很薄，孔径细微，主要起分离作用。受惰性层的隔离和保护作用，表面活性层的分离效率大大提高，膜孔不易堵塞，因而透过通量大且容易清洗。目前的超滤和反渗透膜多为不对称膜。高分子微滤膜以对称膜为主，而新型无机陶瓷微滤膜则多为不对称膜。另一种微滤膜是采用电子技术制造的核孔微滤膜。其孔型规整，孔道直通呈圆柱形结构。这种微滤膜的孔径均一，孔径分布范围小，在透过通量、分离性能及耐污染方面均优于弯曲孔道型微滤膜，但造价很高。

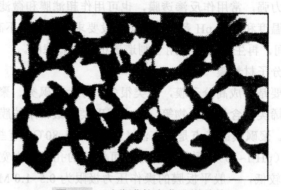

图 6-5 对称膜的弯曲孔道结构

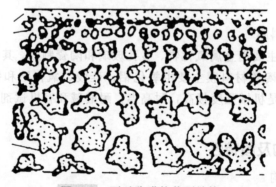

图 6-6 不对称膜的截面结构

（2）孔道特性

膜的孔道特性是膜的重要性质，包括孔径、孔径分布和孔隙率。膜的孔径可分为最大孔径和平均孔径，它们在一定程度上反映了膜孔的大小。孔径分布是指膜中一定孔径大小的孔道的体积占总孔体积的百分数。由孔径分布可以评价膜的性能质量。孔径分布范围窄的膜比孔径分布范围宽的膜的孔道分布相对均匀。孔隙率是指整个膜中孔隙总体积与滤膜总体积的比值。

（3）膜的水通量

膜的另一特性是其对纯水的透过通量，称为水通量，即单位时间内通过单位膜面积的纯水的体积流量，用符号 J_v 表示。

膜的通量取决于膜的特性和操作条件。由于实际分离的料液并非纯水体系，故水通量不能用来衡量和预测实际料液的透过通量，而仅作为膜的性能指标，可用于不同膜的性能比较。实际的膜分离操作中，溶质的吸附、膜孔的堵塞以及浓度极化或凝胶极化等现象的产生等都会造成对膜的透过通量的显著影响，使膜的实际透过通量大幅度降低。通常，在菌体或蛋白质的膜分离浓缩过程中，透过通量会急剧下降，在 5~20 min 即降至最低点。一些研究表明，膜孔径越大，通量下降速度越快，因此大孔径微滤膜的稳定通量比小孔径微滤膜小。例如微滤膜的稳定通量比超滤膜还小，主要是由于料液中的微粒更易进入孔径较大的膜孔中而造成膜孔堵塞。

（4）膜的截留率

膜的截留率表示膜对一定分子量的物质的截留能力，可用膜分离前后溶质的浓度变化与原浓度之比表示。测定分子量不同的球形蛋白质或水溶性聚合物的截留率，可获得膜的截留率与溶质分子量间的关系曲线，即截留曲线（见图 6-7）。通常将在截留曲线上截留率为 0.90（90%）的溶质的分子量定义为膜的截留分子量（molecular mass cut-off）。

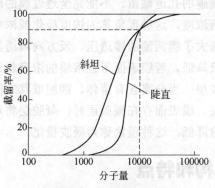

图 6-7　截留曲线

膜孔径具有一定的分布范围。孔径分布范围较小时，则截留曲线较陡直，反之则斜坦。具有斜坦的截留曲线的膜对不同分子量溶质分离的选择性低，可能造成不同分子量的溶质之间的不完全分离。较好的膜应呈陡直的截留曲线，截留溶质的分子量范围窄，对不同分子量的溶质的分离选择性高。

不同厂商生产的膜、不同的膜产品的截留曲线不同。即使生产同样截留分子量的膜，因厂商不同，其产品对同一溶质的截留率也存在差异。此外，同一厂商生产的不同批号的同种膜，对同一溶质的截留也很难保持完全一致。所以，截留分子量相同的超滤膜可能表现出明显不同的截留曲线。因此，截留分子量只是表征膜特性的一个参数，不能作为选择膜的唯一标准。膜的优劣评价需从多方面（如孔径分布、透过通量、耐污染能力等）进行考量。

膜的截留率不仅与溶质分子的大小有关，还受到下列因素影响：

① 分子形状　线形分子的截留率低于球形分子；

② 吸附作用　膜对溶质的吸附对截留率有很大影响,若溶质分子吸附在孔道壁上，会降低孔道的有效直径，使截留率增大；

③ 其它共存高分子溶质的影响　一般说来，两种高分子溶质要相互分离，其分子量须相差 10 倍以上；

④ 其它因素　料液的温度升高和浓度降低，将使吸附作用减弱，使溶质分子的透过通量增大，截留率降低。料液的流动方向影响截留率。当错流速度增大，膜表面的浓度差极化作用减小，溶质的透过通量增大，截留率降低。料液的 pH、离子强度等会影响生物大分子（如蛋白质、核酸）的构象和形状，继而影响透过量和截留率。

（5）膜的浓度（差）极化和凝胶极化

反渗透、纳滤、超滤和微滤等膜分离操作的透过通量均可用浓度极化或凝胶极化模型描述。浓度极化或凝胶极化模型的要点是：膜分离操作中，所有溶质均被传送到膜表面上，受膜的孔道截留。不能完全透过膜的溶质在膜表面附近的浓度升高，高于主体料液浓度，这种现象称为浓度极化或浓差极化。由于膜表面附近溶质的浓度升高，增大了膜两侧的渗透压。反方向渗透压的存在使膜表面的有效压差减小，透过通量降低。若膜表面附近溶质的浓度超过溶解度时，溶质会析出，在膜表面形成凝胶层。当分离含有菌体、细胞或其它固形成分的料液时，也会在膜表面形成凝胶层。膜表面存在凝胶层时，凝胶层将对溶质的透过产生额外的传质阻力，使通透量降低，这种现象称为凝胶极化。

6.4　膜组件结构和特点

膜需要组装成膜组件才能用于分离。膜组件由膜、固定膜的支撑材料、间隔物以及收纳这些部件的容器构成一个单元。膜组件是膜分离装置的核心部分。膜组件的结构及形式取决于膜的形状。实际应用的膜组件主要有管式、平板式、螺旋卷式和中空纤维式。管式和中空纤维式组件还分为内压式和外压式两种。

6.4.1　管式膜组件

管式膜组件是将膜固定于一个内径 10~25 mm，长约 3 m 的圆管状多孔支撑体内。其中，10~20 根管式膜并联或用管线串联，收纳在筒状容器内，构成管式膜组件（图6-8）。管式膜组件的内径较大，结构简单，适合处理悬浮物含量较高的料液。分离操作后，膜组件容易清洗。管式膜组件的缺点是，单位体积的过滤表面积（比表面积）在各种膜组件中最小，分离效率最低。

6.4.2 平板式膜组件

平板式膜组件（图6-9）由多组圆形或长方形平板膜以1mm左右的间隔重叠加工而成。平板膜的间衬设多孔薄膜，可供料液或滤液流动。平板式膜组件比管式膜组件的比表面积大得多，分离效率也高。

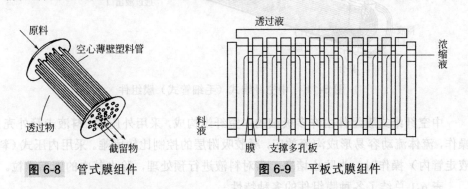

图6-8 管式膜组件　　　图6-9 平板式膜组件

6.4.3 螺旋卷式膜组件

螺旋卷式膜组件将多张平板膜固定在多孔性滤液隔网上，隔网作为滤液的流路，两端密封。膜上下分别衬设一张滤液隔网，卷绕在空心管上，空心管用于滤液的回收（图6-10）。螺旋卷式膜组件的比表面积大，结构简单，价格便宜。缺点是处理悬浮物浓度较高的料液时易堵塞。

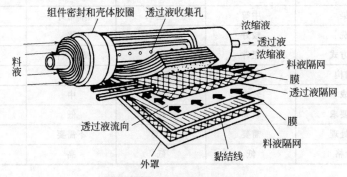

图6-10 螺旋卷式膜组件

6.4.4 中空纤维式（毛细管式）膜组件

中空纤维式膜组件由数百至数百万根中空纤维（毛细管）膜固定在圆筒型容器内构成（图6-11）。严格地讲，内径为40~80μm的膜称为中空纤维膜，内径为

0.25~2.5 mm 的膜称为毛细管膜。这两种膜组件的结构基本相同，一般将这两种装置统称为中空纤维式膜组件。毛细管膜的耐压能力低于 1 MPa，主要用于超滤和微滤。中空纤维膜的耐压能力高，主要用于反渗透。

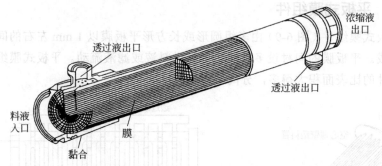

图 6-11　中空纤维式（毛细管式）膜组件

中空纤维式膜组件由许多极细的中空纤维构成，采用外压式（料液走管外壳）操作，流体流动容易形成沟流效应，凝胶吸附层的控制比较困难。采用内压式（料液走管内）操作时，为防止堵塞，需对料液进行预处理，除去其中的固形微粒。

表 6-1 总结了各种膜组件的多种特性。

表 6-1　四种膜组件的特性比较

比较项目	螺旋卷式	中空纤维	管式	板框式
填充密度/(m²/m³)	200~800	500~30000	30~328	30~500
料液流速/[m³/(m²·s)]	0.25~0.5	0.005	1~5	0.25~0.5
料液侧压降/MPa	0.3~0.6	0.01~0.03	0.2~0.3	0.3~0.6
抗污染	中等	差	非常好	好
易清洗	较好	差	优	好
膜更换方式	组件	组件	膜或组件	膜
组件结构	复杂	复杂	简单	非常复杂
膜更换成本	较高	较高	中	低
对水质要求	较高	高	低	低
料液预处理	需要	需要	不需要	需要
相对价格	低	低	高	高

6.5　影响膜分离速度的主要因素

6.5.1　液流方向和流速

传统的过滤操作主要用滤布作为过滤介质。过滤时料液流向与膜面垂直，使膜表面容易形成滤饼，产生较大的过滤阻力，故透过通量很低。随着新型膜材料和膜组件的研发进步，目前的超滤和微滤操作主要采用错流过滤（图6-12）。错流过滤中，料液流动方向与膜面平行，流动的剪切作用可大大减轻浓度极化现象或凝胶层厚度，使透过通量保持较高水平。

料液流速影响传质系数。不同组件，不同料液，液流的流速对透过通量的影响程度不同。总体上，流速增大则透过通量增大。

6.5.2 压力

透过通量（J_V）与膜表面的施加压力（Δp）也相关（图6-13）。施加压力较低时，膜表面尚未形成浓差极化层，透过通量与压力成正比。随分离时间增加，出现浓差极化现象，透过通量的增长速率减慢。此时可进一步增加压力，当压力继续增大到一定值时，出现完全的凝胶层阻碍膜孔道，透过通量不再随压力而增大，达到该流速下的透过通量的极限值（J_{lim}），膜的分离作用丧失，需对分离膜进行清洗恢复。

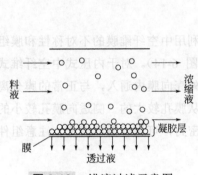

图 6-12 错流过滤示意图

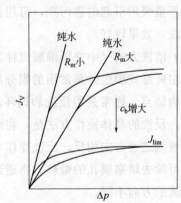

图 6-13 透过通量与施加压力和浓度的关系
R_m—膜阻力；c_b—料液浓度

6.5.3 料液浓度

由图6-13可见，料液浓度（c_b）增加，透过通量降低。当料液成分复杂，含多种蛋白质时，总蛋白质浓度升高，膜的透过通量与单组分溶液相比明显下降。此外，由于其它蛋白质共存在膜面上，形成了高黏度层，阻止蛋白质的透过，也使目标蛋白质的截留率上升。

6.6 膜污染与清洗

6.6.1 膜污染的原因和危害

膜分离过程中遇到的最大问题是膜污染。其来源主要有：膜表面因凝胶极化产生的凝胶层；溶质在膜表面的吸附层；膜孔道被堵塞；溶质在膜孔内的吸附。膜污染不仅造成了溶质透过通量和分离效率的大幅度降低，而且影响目标产物的回收率和质量。

6.6.2 膜污染的清洗

为保证膜分离操作高效稳定地进行，必须对膜进行定期清洗，以除去膜表面及膜孔内的污染物，恢复膜的透过性能。

（1）选择清洗剂

清洗膜时通常选择水、盐溶液、稀酸、稀碱、表面活性剂、络合剂、氧化剂和酶溶液等为清洗剂。针对特定膜的性质（耐化学试剂的特性）和污染物的性质采用适宜的清洗剂。选择合适的清洗剂和清洗方法不仅能恢复膜的透过性能，而且可延长膜的使用寿命，降低使用成本。清洗剂应去污力强，且不损坏膜的过滤性能。如果能用清水清洗就可恢复膜的透过性能，则不需使用其它清洗剂。对于蛋白质严重吸附引起的膜污染，可用蛋白酶（如胃蛋白酶、胰蛋白酶）溶液进行消化清洗，效果较好。

（2）清洗方式（中空纤维膜组件）

中空纤维式膜组件是常用的膜分离设备。利用中空纤维膜的不对称性和膜组件的结构特点，通常采用反洗和循环清洗（见图 6-14）。对于内压式中空纤维式膜组件，反洗的具体操作方法是，将清洗液从外壳向膜内通入，与正常的膜分离操作时液流透过方向相反。反洗操作中清洗液从膜孔较大的一侧透向膜孔较小的一侧，可除去堵塞膜孔的微粒。将透过液出口密封，可进行循环清洗。注意组件上下液流的方向不同。

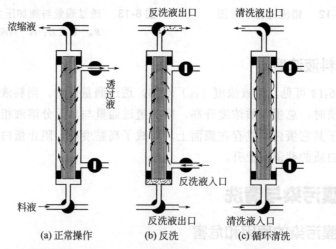

图 6-14 内压式中空纤维膜组件的操作和清洗

膜的清洗操作是膜分离过程中不可缺少的步骤，也是造成膜分离成本增加的重要原因。因此，膜分离前和膜分离时需采取必要的措施防止或减轻膜污染，降低分离成本。例如，选用高亲水性的膜，或者对膜进行适当的预处理（如聚砜膜用乙醇溶液浸泡，醋酸纤维膜用阳离子型表面活性剂处理），均可降低膜的污染程度，增加膜组件的有效使用时间。此外，对料液进行适当的预处理（如进行预过滤、调节 pH），也可减轻污染程度或避免污染发生。

6.7　膜分离的应用

膜分离应用发展迅速，是生物产物分离纯化过程必不可少的技术之一，如菌体细胞分离、小分子发酵产物的回收、蛋白质的浓缩和纯化，以及膜分离与生物反应耦合的膜生物反应器。

6.7.1　菌体细胞分离

利用微滤或超滤操作进行菌体的错流过滤是膜分离的重要应用之一。但膜分离的最大问题是膜污染导致透过通量大幅下降。如果能合理地解决膜污染和清洗问题，保持较高的透过通量，错流过滤将会替代传统的过滤技术和离心分离技术，成为菌体分离的重要手段。

6.7.2　小分子物质的回收

氨基酸、抗生素、有机酸等分子量小（＜2000）的发酵产品，可选用截留分子量为 10000~30000 的超滤膜，滤去发酵液中的大分子，回收这些小分子，然后利用反渗透进行浓缩和除去分子量更小的杂质。

抗生素等发酵产物中常含有超过药检允许量的致热源，制成药剂前需进行除热源处理。致热源一般由细菌细胞壁产生，主要成分是脂多糖、脂蛋白等，分子量较大。如果目标产品的分子量在 1000 以下，使用截留分子量为 10000 的超滤膜可有效除去热源，并且不影响目标产品的回收率。

6.7.3　蛋白质的回收、浓缩与纯化

胞外产生的蛋白质产物在微滤除菌后即可从滤液中直接回收，再进一步分离纯化。蛋白质的透过通量与其分子量、浓度、带电性质以及膜表面的吸附层结构、膜孔径和结构、溶液的 pH 值和离子强度等有关。对特定的蛋白质目标物，需根据其分子特性，选择合适的滤膜，并对料液进行适当的预处理（如调节 pH 值和离子强度等），以提高目标产物的回收率。一般来说，胞外产物的回收率较高。而胞内产物需从细胞的破碎物中回收，由于菌体碎片微小，容易对膜造成污染

和形成吸附层，并阻滞蛋白质的透过，因此回收率较低。根据蛋白质的分子量，选择合适的超滤膜，可进行蛋白质的浓缩和去除其中的小分子物质，收率可达95%以上。

利用超滤浓缩和分级分离酶、生产部分纯化的酶制剂已经实现了工业化生产。其存在的问题是如何抑制酶的失活和控制膜对酶的吸附，以保证回收的酶具有高活性，且回收率高。

6.7.4　功能膜过滤

超滤膜上还可通过修饰化学基团，衍生出亲和超滤膜和荷电超滤膜。亲和超滤膜是传统膜分离技术与亲和分离技术的集成，是一种选择性高的有效分离方法。其主要利用亲和配基修饰可溶性高分子物质，以便特异性地吸附目标蛋白质，不吸附杂蛋白，使目标蛋白与杂蛋白分离。荷电超滤膜是利用膜上修饰的带电基团与氨基酸或蛋白质间的静电吸附，选择性地吸附分子量相近而带电性不同的蛋白，如等电点不同的氨基酸和蛋白质。

6.7.5　膜生物反应器

膜生物反应器是膜分离与生物反应耦合的生物反应及分离装置，可应用于动物和植物细胞的高密度培养、微生物的发酵和酶反应等。图 6-15 为中空纤维膜生物反应器，可用于动物细胞的培养并生产单克隆抗体。中空纤维膜反应器培养细胞时，将动物细胞生长于中空纤维膜组件的壳层，目标产物和小分子产物（废弃物）不断产生，而新鲜培养基则可连续灌注壳层，以保证细胞生长，并高速生产目标产物。利用中空纤维膜反应器培养杂交瘤细胞是工业生产单克隆抗体的主要方法之一。

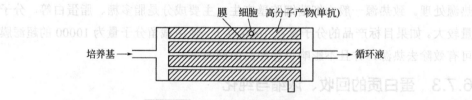

图 6-15　中空纤维膜生物反应器

图 6-16 为脂肪酶的膜生物反应器。利用脂肪酶合成或水解油脂时，通过疏水性微孔膜截留或固定脂肪酶。将膜的一侧供应亲水性底物，另一侧供应亲油性底物。以油脂合成为目的时，将酶溶于甘油溶液中，促进合成。以油脂水解为目的时，将酶固定在膜表面，促进水解。

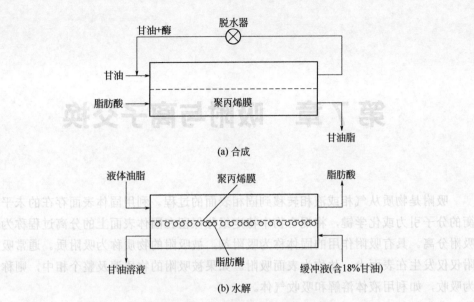

(a) 合成

(b) 水解

图 6-16 脂肪酶的膜生物反应器

思考题

1．简述膜分离法的类型及适用范围。
2．膜分离法的比较。
3．请说明膜材料类型、结构及特性。
4．请说明常用的膜组件及结构特点。
5．举例说明膜分离的应用。

第 7 章　吸附与离子交换

　　吸附是物质从气相或液相转移到固相表面的过程。利用固体表面存在的未平衡的分子引力或化学键，将混合物中特定组分保留在固体表面上的分离过程称为吸附分离。具有吸附作用的固体称为吸附剂，被吸附的物质称为吸附质。通常吸附仅仅发生在表面上，故称为表面吸附。如果被吸附的物质遍及整个相中，则称为吸收，如利用液体溶解和吸收气体。

　　在人们的生活和生产中，固体吸附早有应用，如除臭、脱色、吸湿、防潮以及生物大分子的分离纯化。广泛应用的色谱分离即是溶质在吸附剂固定相和洗脱液流动相之间的连续动态的吸附和解吸附过程。

　　工业生产中，吸附分离专指用固体吸附剂处理流体混合物，使其中所含的一种或几种组分吸附在固体表面，从而分离混合物组分，是一种基于传质分离过程的单元操作。

　　吸附分离在生物制药、化工、食品、石化和环境等领域具有广泛的应用。吸附分离的优点是：操作简便、设备简单、成本低廉；不用或少用有机溶剂，吸附和洗脱过程受 pH 影响小，不易引起生物物质活性变化等。其缺点是：从大量流体混合物中提取少量吸附质，处理能力较低；选择性低、收率低，不适合连续操作，劳动强度大。

7.1　吸附的分类

　　根据吸附质与吸附剂表面分子间不同的作用力，吸附可分为物理吸附、化学吸附和离子交换吸附。

7.1.1　物理吸附

　　当吸附剂与吸附质之间的吸附作用力是分子间作用力（即范德华力）时，则为物理吸附。由于分子间作用力的普遍存在，吸附剂的整个表面都可以产生吸附，故物理吸附没有选择性。在物理吸附过程中，吸附质在吸附剂表面可以是单分子层吸附，也可以是多分子层吸附。通常物理吸附的吸附速率和解吸附速率都较快，容易达到吸附平衡状态。吸附质在吸附剂上的吸附量主要取决于吸附质与吸附剂的极性相似性和溶剂的极性。物理吸附在常温或低温下即可发生，不需要较高的活化能，一般为 $(2.09\sim4.18)\times10^4$ J/mol。

7.1.2　化学吸附

当吸附剂与吸附质之间发生了化学反应，吸附剂表面的活性位点与吸附质分子间有电子转移并形成化学键时，则为化学吸附。化学吸附中形成了化学键，因而是单分子层吸附，其吸附与解吸过程缓慢。但此吸附过程具有选择性，仅对能发生化学反应的某种或特定的几种物质有吸附作用。化学吸附的过程需要较高的活化能，一般为 $(4.18\sim41.8)\times10^4$ J/mol，高于物理吸附。化学吸附需要在较高温度下进行，可通过测定吸附热来判断吸附过程是物理吸附还是化学吸附。

7.1.3　离子交换吸附

当吸附剂表面含有极性分子或带电基团时，将通过静电作用吸引溶液中带相反电荷的离子。这种静电作用导致的吸附质的吸附，可通过合适的洗脱剂将带电吸附质从吸附剂上洗脱下来，达到分离的目的。这种吸附为离子交换吸附，吸附剂为离子交换吸附剂。吸附过程中，吸附剂表面基团的电荷和吸附质的离子电荷是吸附强弱的决定因素。吸附质所带电荷越多，其与离子交换吸附剂表面的相反电荷静电作用越强，则吸附能力越强。含相同电荷的离子，其水化半径越小，电荷密度越大，越容易被吸附。离子交换吸附的过程是可逆的，通过吸附和解吸完成吸附质的分离。离子交换吸附的吸附量与吸附剂表面的电荷密度有关，对吸附质是等摩尔吸附。这种吸附是对带相反电荷的吸附质的吸附，具有一定的选择性。

7.2　吸附分离介质

7.2.1　吸附剂

吸附剂种类繁多，不同的吸附剂适用于不同溶质的吸附分离。作为吸附剂，通常应具备对被分离的物质具有较强的吸附能力和较高的吸附选择性、机械强度高、性能稳定、容易再生且价格低廉等特点，才能有效地用于被分离物质的分离，并被广泛应用。

吸附剂按照化学结构可分为两大类：一类是有机吸附剂，如活性炭、纤维素、大孔吸附树脂、聚酰胺等；另一类是无机吸附剂，如氧化铝、硅胶、人造沸石、磷酸钙等。生物分离中常用的多孔吸附剂列于表 7-1。

活性炭是最普遍使用的一种非极性吸附剂，具有吸附力强、来源容易、价格低廉等优点，常用于生物产物的脱色和除臭等过程，还可用于糖、氨基酸、多肽及脂肪酸等的分离提取。硅胶是应用较为广泛的一种极性吸附剂，薄层色谱分离用硅胶具有多孔性网状结构。其主要优点是化学惰性，具有较大的吸附量，容易制备不同类型、孔径、表面积的多孔性硅胶，可用于萜类、固醇类、生物碱、酸性化合物、磷酯类、脂肪类、氨基酸类等的吸附分离。有机高分子吸附剂中多孔聚苯乙烯和多孔聚酯等树脂具有大网格细孔结构，此类吸附剂机械强度高，使用寿命长，选择性吸附性能好，吸附质容易脱附，并且流体阻力小，常用于抗生素（如头孢菌素等）和维生素 B_{12} 等的分离浓缩过程。

表 7-1　生物分离中常用的多孔吸附剂

吸附剂	平均孔径/nm	比表面积/(m²/g)	吸附剂	平均孔径/nm	比表面积/(m²/g)
活性炭	1.5~3.5	750~1500	多孔聚苯乙烯树脂	5~20	100~800
硅胶	2~100	40~700	多孔聚酯树脂	8~50	60~450
活性氧化铝	4~12	50~300	多孔醋酸乙烯树脂	约 6	约 400
硅藻土	—	约 10			

7.2.2　离子交换剂

离子交换剂也是最常用的吸附剂之一，它是含有若干活性基团的不溶性高分子。在不溶性高分子骨架上引入了大量酸性或碱性基团（活性基团）实现离子交换吸附。常见的离子交换剂有人工高分子为载体的离子交换剂（常称为离子交换树脂）和多糖基离子交换剂。

（1）离子交换剂的分类

离子交换剂按活性基团可分为阳离子交换剂和阴离子交换剂。前者含有酸性基团，对阳离子有吸附能力；后者含有碱性基团，对阴离子有吸附能力。根据离子吸附能力强弱，又分为强酸型阳离子交换剂和弱酸型阳离子交换剂、强碱型阴离子交换剂和弱碱型阴离子交换剂。强酸型和强碱型离子交换剂的基团离子化率 f 基本不受溶液 pH 的影响，故离子交换剂适用的 pH 值范围大。弱酸型和弱碱型离子交换剂的离子化率受溶液 pH 的影响很大，离子交换剂适用的 pH 值范围较小。如图 7-1 所示，弱酸型阳离子交换剂主要在中性和碱性 pH 值范围内使用，当 pH 值降低时，其离子化率 f 降低，离子交换能力减弱。弱碱型阴离子交换剂主要在中性和酸性 pH 值范围内使用，当 pH 值升高时，离子交换能力丧失。

（2）离子交换剂性能参数

离子交换剂高分子骨架的孔径、孔径分布、比表面积和孔隙率是评价离子交换剂性能的重要参数。此外，离子交换剂的特性常用交换容量和滴定曲线表征。

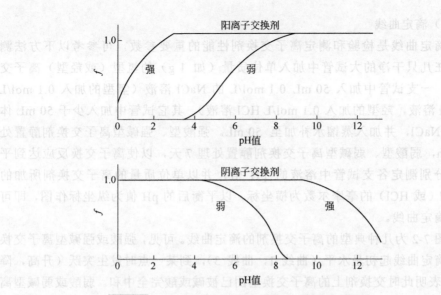

图 7-1　离子交换剂的离子化率与 pH 值的关系

1）交换容量

交换容量是指单位质量干燥的离子交换剂或单位体积完全溶胀的离子交换剂所能吸附的一价离子的毫摩尔数，它是表征离子交换剂吸附能力的参数。

对于阳离子交换剂，先用盐酸将其处理成氢型（R⁻H⁺，R⁻表示离子交换基）后，抽滤得抽干阳离子交换剂，称取一定质量抽干阳离子交换剂于 105℃下烘干至恒重，测其含水量；另称取一定质量的抽干阳离子交换剂，加入过量已知浓度的 NaOH 溶液，发生下述离子交换反应：

$$R^-H^+ + NaOH \Longleftrightarrow R^-Na^+ + H_2O$$

待反应平衡后（强酸型阳离子交换剂需静置 24 h 左右，弱酸型阳离子交换剂需静置数日），测定剩余的 NaOH 的物质的量（摩尔数），就可求得阳离子交换剂的交换容量。

对于阴离子交换剂，不能利用与上述相对应的方法，即不能用碱将其处理成羟型后测定交换容量。这是因为，羟型离子交换剂在高温下容易分解，含水量不易准确测定，并且用水清洗时，羟型离子交换剂易吸附水中的 CO_2 而使部分转变成为碳酸型。所以，一般将阴离子交换剂转换成氯型后测定其交换容量。取一定量的氯型阴离子交换剂装入柱中，通入硫酸钠溶液，柱内发生下述离子交换反应

$$2R^+Cl^- + Na_2SO_4 \Longleftrightarrow R_2^+SO_4^{2-} + 2NaCl$$

用铬酸钾为指示剂，用硝酸银溶液滴定流出液中的氯离子，从而可根据洗脱交换下来的氯离子量，计算交换容量。

2）滴定曲线

滴定曲线是检验和测定离子交换剂性能的重要参数，可参考以下方法测定：在几只干净的大试管中加入单位质量（如 1 g）的氢型（或羟型）离子交换剂，一支试管中加入 50 mL 0.1 mol/L 的 NaCl 溶液（氢型的加入 0.1 mol/L NaOH 溶液，羟型的加入 0.1 mol/L HCl 溶液），其它试管中加入少于 50 mL 体积的 NaCl，并加入蒸馏水补充至 50 mL。强酸型、强碱型离子交换剂静置处理 24h，弱酸型、弱碱型离子交换剂静置处理 7 天，以使离子交换反应达到平衡。分别测定各支试管中溶液的 pH 值，并以单位质量的离子交换剂所加的 NaOH（或 HCl）的毫摩尔数为横坐标，以平衡后的 pH 值为纵坐标作图，即可得到滴定曲线。

图 7-2 为几种典型的离子交换剂的滴定曲线。可见，强酸或强碱型离子交换剂的滴定曲线起初呈水平（曲线 1，曲线 3），到某一点时发生突跃（升高，降低），表明此时交换剂上的离子交换基团已被碱或酸完全中和。弱酸或弱碱型离子交换剂的滴定曲线则处于逐渐上升或下降变化（曲线 2，曲线 4），并无水平部分。

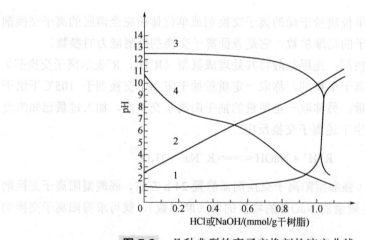

图 7-2　几种典型的离子交换剂的滴定曲线
1—强酸性树脂 Amberlite IR-120；2—弱酸性树脂 Amberlite IRC-84；
3—强碱性树脂 Amberlite IRA-400；4—弱碱性树脂 Amberlite IR-45

（3）离子交换基团的分子结构

常用的离子交换树脂（表 7-2）有强酸型阳离子交换树脂（活性基团是磺酸基和次甲基磺酸基）、弱酸型阳离子交换树脂（活性基团有 $-COOH$，$-OCH_2COOH$，$-C_6H_5OH$ 等弱酸性基团）、强碱型阴离子交换树脂（活性基团为季铵基团，如三甲氨基或二甲基-β-羟基乙氨基）和弱碱型阴离子交换树脂（活性基团为伯胺或仲胺，碱性较弱）。

表 7-2　主要离子交换基团及其分子结构

	离子交换基团	结构式
强酸性基	磺酸基（sulphonate）	$—SO_3^-$
	磺丙基（sulphopropyl，SP）	$—(CH_2)_3SO_3^-$
	膦酸基（phosphate，P）	$—PO_3^{2-}$
弱酸性基	羧甲基（carboxylmethyl，CM）	$—CH_2COO^-$
	羧基（carboxylate）	$—COO^-$
强碱性基	三甲氨基（trimethyl amine）	$—N^+(CH_3)_3$
	二甲基-β-羟基乙胺（dimethyl-β-hydroxyl ethylamine）	$—\overset{\displaystyle N^+(CH_3)_2}{\underset{\displaystyle C_2H_4OH}{\mid}}$
	季铵乙基（quaternary aminoethyl，Q）	$—(CH_2)_2—\overset{\displaystyle C_2H_5}{\underset{\displaystyle C_2H_5}{\overset{\mid}{N^+}}}CH_2\overset{\displaystyle OH}{\overset{\mid}{C}}HCH_3$
	三乙氨基乙基（triethyl aminoethyl，TEAE）	$—(CH_2)_2—N^+(C_2H_5)_3$
弱碱性基	二乙氨基乙基（diethyl aminoethyl，DEAE）	$—(CH_2)_2—\overset{\displaystyle C_2H_5}{\underset{\displaystyle C_2H_5}{\overset{\mid}{\underset{\mid}{N^+H}}}}$
	二乙氨基（diethylamine）	$—NH^+(C_2H_5)_2$
	氨基（amino）	$—NH_3^+$

7.3　吸附与离子交换的基本原理

7.3.1　吸附等温线

吸附分离是一种平衡分离法，根据不同吸附质在液-固两相间分配平衡的差异实现分离。吸附质的吸附平衡能力既是评价吸附剂性能的重要指标，又是吸附分离的理论依据。

吸附质在固体吸附剂与溶液两相间达到吸附平衡时，吸附剂上的平衡吸附质浓度（吸附量）q 是溶液中游离吸附质的浓度 c 和温度 T 的函数，即

$$q = f(c, T)$$

当温度恒定时，吸附量 q 与浓度 c 的函数关系称为吸附等温线。因不同吸附剂的表面状态不同，吸附剂与吸附质间的作用力不同，吸附等温线也不同。q 和 c 之间的关系表现为如下几种吸附平衡类型（图 7-3）。

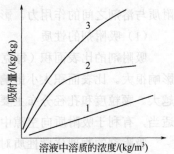

图 7-3　吸附等温线

1—亨利型；2—朗缪尔型；
3—弗罗因德利希型

（1）亨利（Henry）型吸附等温线

如图 7-3 中曲线 1，其吸附函数为

$$q=Kc$$

式中，K 为吸附平衡常数。此类吸附平衡表明平衡吸附质浓度与游离相吸附质浓度呈线性关系，一般在低浓度范围内成立。

（2）朗缪尔（Langmuir）型吸附等温线

单分子层吸附时，朗缪尔型吸附等温线能很好地解释此类吸附现象。该理论认为吸附剂上具有许多活性位点，每个活性位点具有相同的能量，只能吸附一个分子，且被吸附的分子之间没有相互作用，如图 7-3 中曲线 2 所示。据此理论推导出朗缪尔吸附平衡方程，即

$$q=\frac{q_0 c}{K+c}$$

式中，q_0 为饱和吸附容量；K 为吸附平衡常数，可用实验来确定。

朗缪尔吸附平衡模型的应用范围非常广。一般情况下，蛋白质的吸附不满足朗缪尔单分子吸附理论的前提条件，但其吸附等温线仍可用朗缪尔方程描述。

（3）弗罗因德利希（Freundlich）型吸附等温线

当吸附质浓度较高时，吸附平衡常为非线性，如图 7-3 中曲线 3 所示，经常利用弗罗因德利希经验方程来描述此类吸附平衡。

$$q=Kc^n$$

式中，K 为吸附平衡常数，n 为指数，可通过实验来测定。抗生素、类固醇、甾类激素等在溶液中的吸附分离通常符合此类吸附等温线。

7.3.2 影响吸附的主要因素

溶液中的吸附质在固体吸附剂表面的吸附过程比较复杂，主要考虑三种作用力：①界面上吸附剂与吸附质间的作用力；②吸附剂与溶剂之间的作用力；③吸附质与溶剂之间的作用力。影响吸附的主要因素有以下几个方面。

（1）吸附剂的性质

吸附剂的比表面积（每克吸附剂的表面积）、颗粒度、孔径、极性等对吸附的影响很大。比表面积大小影响吸附容量，比表面积越大，孔隙度越高，吸附容量越大。颗粒度和孔径分布主要影响吸附速度，颗粒度越小，吸附速度越快；孔径适当，有利于吸附质向空隙中扩散，加快吸附。

吸附剂的物理化学性质对吸附有很大的影响，而吸附剂的性质又与其合成的原料、方法和再生条件有关。一般要求吸附剂容量大、吸附速度快和机械强度高。

（2）吸附质的性质

① 能使表面张力降低的物质，容易为表面所吸附，所以吸附剂容易吸附使其

表面张力减小的液体；

② 吸附质在溶剂中的溶解度较大时，吸附量较少，故对吸附质溶解度大的溶剂，适合作为洗脱剂；

③ 极性吸附剂容易吸附极性吸附质，非极性吸附剂容易吸附非极性吸附质，因而极性吸附剂适宜于从非极性溶剂中吸附极性吸附质，非极性吸附剂适宜于从极性溶剂中吸附非极性吸附质；

④ 对于同系物，吸附量的变化有一定规律。如按照极性减小的次序排列，次序在后的物质极性较小，越容易被非极性吸附剂吸附，而较难被极性吸附剂吸附。

（3）温度

吸附过程一般是放热过程，故只要达到了吸附平衡，升高温度将会降低吸附量。但在低温时，达到吸附平衡的过程较慢，适当升温会加快吸附速度、增加吸附量。蛋白质或酶类等生物大分子吸附时，大分子通常处于伸展状态，因此吸附是吸热过程，升温会增加吸附量。但升温促吸附要考虑温度对其稳定性的影响，避免其变性或失活。

（4）溶液 pH

溶液的 pH 通常会影响吸附剂或吸附质的解离，进而影响吸附量。一般来说，有机酸在酸性条件、胺类在碱性条件下容易保持分子形态，故容易被非极性吸附剂吸附。蛋白质或酶等两性物质，处于其等电点附近的 pH 溶液中，吸附量最大。不同吸附质最佳吸附的 pH 条件须通过实验来确定。

（5）溶液中其它溶质的影响

当溶液中存在两种以上的溶质时，由于溶质性质不同，可能对吸附产生互相促进、相互干扰或互不干扰等影响。一般吸附剂对混合组分中溶质的吸附比单一组分溶质的吸附性差。当溶液中存在其它溶质时，可能存在吸附质的竞争吸附，使不同吸附质的吸附量均有降低。

7.3.3　离子交换平衡过程

（1）离子交换吸附过程

离子交换剂表面的离子基团结合了溶液中带相反电荷的离子，二者达到静电平衡。这些带相反电荷的离子，称为反离子，它们可在溶液中移动。溶液中的反离子和吸附质离子均可在离子交换剂骨架中进出，与正负离子基团发生离子交换。

若溶液中没有吸附质离子时，吸附剂表面的离子基团或可离子化的基团 R（R$^+$ 或 R$^-$）将吸附溶液中的反离子，达到静电平衡。若溶液中含有吸附质离子，吸附质离子也与表面基团发生静电作用，并与反离子进行交换。

阴阳离子交换剂中的离子交换表示如下：

阳离子交换　　　　　　　　$R^-B^+ + A^+ \Longleftrightarrow R^-A^+ + B^+$

阴离子交换 $$R^+B^- + A^- \Longleftrightarrow R^+A^- + B^-$$

式中，R^+ 及 R^- 分别表示阳离子交换基团和阴离子交换基团；B^+ 及 B^- 分别为反离子；A^+ 及 A^- 分别为带电荷的吸附质。

阴阳离子交换反应的平衡常数 K_{AB} 分别为：

$$K_{AB}(+) = \frac{[RA][B^+]}{[RB][A^+]}$$

$$K_{AB}(-) = \frac{[RA][B^-]}{[RB][A^-]}$$

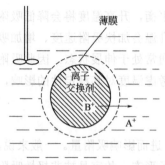

图 7-4　离子交换过程示意图

图 7-4 为离子交换过程的示意图。离子交换过程可分解为五个步骤：①吸附质离子 A^+ 自溶液扩散到离子交换剂表面；②A^+ 从离子交换剂表面进入内部的活性中心；③A^+ 与 RB 的反离子 B^+ 进行交换，B^+ 解离下来；④解离的 B^+ 自离子交换剂内部扩散到树脂表面；⑤B^+ 从离子交换剂表面扩散到溶液中。其中，步骤①和⑤、②和④互为可逆过程，扩散速度相同，而扩散方向相反。也将步骤①和⑤称为外部扩散，而步骤②和④称为内部扩散，步骤③称为交换反应步骤。离子交换速度的快慢由离子的扩散速度决定，不同的分离体系可能分别由内部扩散或者外部扩散步骤所决定。

（2）影响离子交换速度的因素

① 吸附剂的粒度　离子交换速度与吸附剂的粒度成反比。吸附剂的粒度小，离子的内部扩散速度或外部扩散速度加快，有利于交换速度的提高。

② 吸附剂的交联度　吸附剂的交联度低，树脂更易膨胀，有利于离子在离子交换剂内的扩散。降低吸附剂的交联度，有利于交换速度的提高。

③ 溶液的搅拌速度　使用特定的吸附剂时，增加溶液的搅拌速度，可增加离子的扩散速度，有利于交换速度的提高。但搅拌速度达一定时，离子的扩散速度达到最大，继续增加搅拌速度不再使交换速度提高。

④ 溶液的温度　吸附过程中，溶液的温度越高，离子的扩散速度越快，交换速度越快。但过高的温度，可能也会影响吸附剂的性能。

⑤ 吸附离子的大小　吸附过程中，小离子的交换速度较快。例如，用氨基型磺酸基苯乙烯离子交换剂去交换下列离子时，达到半饱和吸附的时间分别为：Na^+, 1.25 min；$^+N(C_2H_5)_4$, 1.75 min；$C_6H_5(CH_3)_2N^+CH_2C_6H_5$，则需要一周。大分子在离子交换剂中的扩散速度特别慢，因为大分子会与离子交换剂骨架碰撞，甚至使骨架变形。

⑥ 吸附离子的电荷数　离子在离子交换剂中扩散时，与离子交换剂骨架间存在静电引力。离子的电荷数越高，静电引力越大，扩散速度就越小。

（3）影响离子交换选择性的因素

离子交换剂的选择性是指离子交换剂对不同离子具有不同的吸附能力。影响离子交换选择性的因素主要体现在以下几方面：

① 水合离子半径　无机离子在水溶液中都要与水分子发生水合作用形成水合离子，水合离子的半径才是离子在溶液中的大小。离子水合半径越小，离子与交换基团的结合力越强，越容易被吸附。

② 离子价态　离子交换剂总是优先吸附高价态离子。

③ 溶液 pH　溶液的酸碱度直接影响离子交换剂的交换基团及交换离子的解离程度，影响交换容量。

④ 离子强度　溶液中的高浓度离子必然与目标离子竞争结合交换基团，使有效交换容量减少。因此溶液中尽量采用低离子强度。

⑤ 有机溶剂　当有机溶剂存在时，离子交换剂对有机离子的吸附降低，更容易吸附无机离子。

7.4　生物分子的吸附类型

利用不同吸附剂进行吸附分离是生物分子分离的主要方法之一。蛋白质、核酸、氨基酸、多肽、抗生素等均可采用不同的吸附剂，基于不同吸附原理进行分离。离子交换吸附、疏水作用吸附和亲和吸附是生物分子吸附分离的主要类型。

（1）离子交换吸附

离子交换吸附是针对蛋白质、核酸以及可离子化的生物分子最普遍使用的分离方法。如前所述，调节溶液酸碱度可使蛋白质带正负电荷，采用阴阳离子交换吸附剂进行吸附分离。核酸分子带负电荷，可采用阴离子交换吸附剂进行吸附分离。其它有机分子可根据其电荷性质，分别选择阴阳离子交换吸附剂进行分离。

（2）疏水作用吸附

疏水作用吸附主要用于具有一定疏水性的蛋白质和具有较强疏水性的分子的分离。蛋白质表面的疏水区域和疏水性分子与具有疏水性的吸附剂表面发生疏水性相互作用而吸附在吸附剂上。吸附质的疏水性越强，吸附剂及表面基团的疏水性越强，二者的相互作用越强，对吸附质的吸附量越大。

溶液中的盐浓度影响疏水作用强弱。高盐浓度将降低蛋白质表面的水化层厚度，也降低蛋白质表面的双电层厚度，并使蛋白质的疏水基团暴露，因此有利于与吸附剂的疏水作用。在高盐浓度下，大部分蛋白质可与吸附剂的疏水性基质和疏水性基团产生吸附。当溶液的盐浓度降低时，蛋白质则按其疏水性强弱不同被依次洗脱。疏水性越强的蛋白质，与吸附剂疏水作用越强，所需洗脱的时间也越长。故依据不同蛋白质的疏水性差异可实现分离。

（3）亲和吸附

生物分子之间具有的专一性识别和结合作用称为亲和作用。亲和作用包括了静电作用、疏水作用、范德华力、氢键、金属配位键等多种作用力。吸附质分子与吸附剂间产生了特定的空间结构匹配，是多点位共同结合的"锁和钥匙"的结合方式，其结合具有很强的专一性和选择性，如抗原与抗体的识别、抗原与细胞或病毒表面受体的识别、酶与底物的识别等均属于亲和作用。亲和吸附是利用吸附质分子与吸附剂间的亲和作用实现吸附分离。

用于亲和吸附分离的吸附剂包括基质和配基两部分。基质是吸附剂的骨架，基质上通过共价键或离子键偶合大量的亲和配基，亲和配基则与吸附质分子产生特异性识别和结合。一些商品化的亲和吸附剂可用于特定蛋白质的亲和分离纯化。与离子交换吸附剂和疏水作用吸附剂相比，亲和吸附剂对目标物的吸附具有很高的选择性（专一性），针对特定目标物，需要合成相应的亲和吸附剂。由于亲和吸附对大量目标物的吸附没有普适性，并且在基质上键合特异性亲和配基相对困难，故亲和吸附剂较难获得，且其商品价格明显高于离子交换和疏水作用吸附剂。

7.5 吸附分离工艺

7.5.1 分批式与连续式吸附

吸附剂分离可分批进行。如在有搅拌器的反应罐中，先注入混合物溶液，再加入吸附剂。边搅拌边混匀的过程中，结合力较强的目标分子优先吸附在吸附剂上，其余分子保留在溶液中。离心分离吸附剂与溶液后，向吸附剂中再加入洗脱剂，则可将吸附的目标分子从吸附剂上解吸附。再次离心，去除吸附剂，得到含有目标分子的溶液。对混合物溶液中的不同目标分子，可分别多次加入不同吸附剂，进行分批式吸附分离，提高分离的选择性。分批式吸附的样品处理量大、吸附分离速度快，但分离的选择性较难控制，解吸附目标分子时需要加入合适的洗脱剂。分批式吸附可针对目标物进行吸附富集，也可针对杂质组分或污染物进行吸附去除。

通常在柱状容器中装填满吸附剂。将混合物溶液定量注入吸附剂柱，并在柱顶端连续加入洗脱溶液，实现目标物在吸附剂柱的连续吸附和解吸附。在柱底端用收集器分别收集不同时间的馏分，实现连续的吸附分离。也可以将混合溶液从柱顶端连续通入吸附剂柱，在柱底端分别收集不同时间的馏分，实现不间断进样的吸附分离。填充柱式吸附分离的选择性好，但溶液需要过滤去除颗粒物，分离速度较慢，需要流动相进行在线洗脱，导致溶液中目标物被稀释。

7.5.2　固定床吸附

固定床吸附法是填充柱式的吸附分离形式。固定床是指将吸附剂紧密填充在直立型管柱内固定，柱两端有筛板封堵。固定床用的柱管可以由玻璃、高分子或不锈钢等材料制成。

固定床吸附分离时，溶液从柱顶部经液体分布器均匀流经吸附剂层，流体在吸附柱中呈平推流移动。填充紧密的吸附剂返混小，吸附柱的分离效率高。但固定床吸附柱不能处理含有颗粒的料液。颗粒会堵塞吸附柱，造成柱压力剧增，不能持续进行分离。因此在固定床吸附分离前，必须对分离溶液进行去颗粒等预处理。

将含目标物的溶液从柱顶端通入，溶液中各组分流经吸附剂时，吸附剂对不同组分的吸附能力不同，导致各组分在吸附剂上保留时间不同。所有组分将从柱管的底端流出，不同组分的流出时间不同，收集不同时间的馏分可实现组分的分离。当吸附剂达到吸附饱和时，则吸附能力消失，目标物溶液直接流出柱管，无分离作用。

初始通入溶液时，吸附剂的吸附能力最强，可吸附大部分溶质，故流出液中溶质的浓度几乎为零。随着吸附过程的进行，流出液中溶质的浓度逐渐升高，随后加速升高，在某一时间点，流出溶质的浓度急剧增大。此时可称为固定床吸附剂的"穿透"，表明吸附剂达到饱和，吸附能力丧失。记录填充柱出口溶质浓度与流出时间的曲线称为穿透曲线，如图 7-5 所示。填充柱出口处溶质浓度开始上升的点称为穿透点，达到穿透点的时间为穿透时间。由于穿透点难以准确测定，通常将出口浓度达到入口浓度 5%~10% 的时间定为穿透时间。当吸附柱达到穿透点，出现溶质流出时则应立即停止操作。随后转入对吸附柱中杂质的清洗、目标溶质的洗脱，以及吸附剂的再生操作。这个完整的过程即是利用固定床的吸附分离过程。

相同吸附剂填充的固定床对含有不同组分的溶液的穿透曲线不同，不同吸附剂填充的固定床对含有相同组分的溶液的穿透曲线也不同。这是因为不同组成的溶液在不同吸附剂填充柱的吸附能力不同所致。

利用固定床吸附的穿透曲线可以测定溶质的平衡吸附量。如图 7-6 所示，以流出体积替换流出时间，不发生吸附的溶质，穿透曲线为曲线 1，其流出体积应为固定床的空隙体积和吸附剂的有效孔隙体积之和（V_0）。被吸附的溶质，在吸附剂中滞留而使流出时间延长，流出体积增加为 V，穿透曲线滞后，为曲线 2。吸附剂对溶质的平衡吸附量为图 7-6 中阴影部分的面积，或近似等于 $c_0(V-V_0)$。

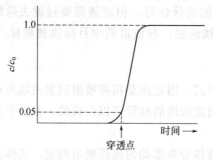

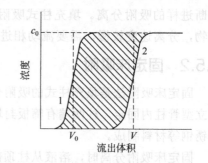

图 7-5　穿透曲线　　　　　图 7-6　动态吸附法测定平衡吸附量（斜
线部分面积为平衡吸附量）

7.5.3　流化床吸附

流化床吸附分离能直接处理含颗粒的溶液。将吸附剂注入反应罐中，将溶液从反应罐底部以较高流速循环输入，使吸附剂固相被液流冲击产生流化效果，溶质同时在吸附剂上动态吸附。流化床中，吸附剂不需紧密填充，其允许含颗粒溶液进入吸附剂并可从顶部流出，吸附时也无需搅拌器。流化床的优点是吸附柱不会堵塞，吸附柱内的压力小，也不需搅拌装置；缺点是固体吸附剂与溶液反混剧烈，吸附平衡难以保持，故吸附分离的效率低。

7.5.4　膨胀床吸附

膨胀床吸附是在流化床吸附基础上发展而来的，其可保持吸附剂在非紧密装填下实现溶液的平推型流动以及对吸附溶质的有效吸附。

膨胀床的吸附剂非紧密填充，而是依据颗粒大小稳定有序分级排列在柱中。流体可保持平推流形式流过吸附剂，吸附剂颗粒间也有较大的空隙，可使溶液中的固体颗粒顺利通过吸附剂层而不堵塞填充柱（图 7-7）。膨胀床吸附分离可直接从含颗粒的溶液中完成目标分子的吸附。

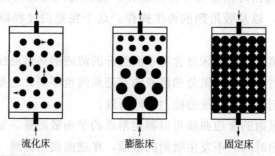

　　　　流化床　　　　　　膨胀床　　　　　　固定床

图 7-7　膨胀床与固定床、流化床操作状态的比较

（1）膨胀床吸附流程

完整的膨胀床吸附分离过程包括五个步骤，如图 7-8 所示。

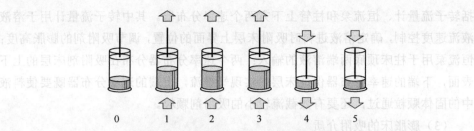

图 7-8　膨胀床吸附分离过程示意图

0—未膨胀的柱床；1—床膨胀；2—加样吸附；3—清洗吸附剂；
4—溶液停流、吸附剂床沉降和目标物洗脱；5—吸附剂床再生

① 床膨胀　从柱底部泵入缓冲液，柱床开始扩张，柱塞上升，缓冲液流速与介质颗粒沉降速度平衡，形成膨胀床。

② 加样吸附　从柱底部泵入溶液，目标分子在吸附剂上吸附保留，不被吸附的杂质和颗粒穿过吸附剂层的空隙，从柱顶部流出膨胀床。

③ 清洗吸附剂对溶液流过后的吸附剂层，继续从底部泵入缓冲液进行清洗，进一步除去吸附剂层中的颗粒以及不保留的杂质。

④ 溶液停流、吸附剂床沉降和目标物洗脱　停止底部的缓冲液泵入，使吸附剂颗粒在柱内自然快速沉降。吸附剂沉降完毕后，柱塞下降至吸附剂表面，改由柱顶端缓慢通入洗脱溶液。洗脱溶液对吸附的目标分子解吸附，获得含有大量目标分子的溶液，实现目标分子的初步分离纯化。加入的洗脱溶液体积较原溶液体积少时，可使目标分子浓缩。收集目标分子溶液，可直接进行下一步的固定床和吸附色谱分离纯化。

⑤ 吸附剂床再生　目标分子洗脱完毕后，保持吸附剂的沉降状态，再由柱顶端自上而下泵入吸附剂的再生溶液，进一步除去吸附剂上保留的强吸附的杂质，使吸附剂得到清洗和再生，恢复到未膨胀的初始状态。

膨胀床吸附兼具固定床吸附和流化床吸附的优点，尤其是它可用于含有颗粒料液的直接分离，使分离步骤简化。但需要注意的是，直接处理含有细胞碎片的料液时，料液中的核酸、细胞碎片等复杂成分可能与吸附剂产生相互作用，造成吸附剂颗粒的聚集。特别是当料液浓度较高时，吸附剂颗粒的聚集现象更严重，会形成流体沟流甚至吸附剂层塌陷，严重影响分离效果，甚至分离失败。因此，膨胀床吸附分离时，必须控制料液在适当的浓度范围。此外，由于复杂料液含有大量的细胞碎片、脂类和核酸等成分，会对吸附剂产生严重污染，故需要严格的清洗和吸附剂再生操作。膨胀床吸附分离的操作较为复杂和繁琐，需要一定的手工控制，要求操作人员有一定的经验和操作技能。

（2）膨胀床的设备及结构

膨胀床设备中包括可填充吸附剂介质的柱管、在线检测装置和收集器。还包

括转子流量计、恒流泵和柱管上下方两个速率分布器。其中转子流量计用于溶液液流速度控制，确定溶液进料时吸附床层上界面的位置，调节吸附剂的膨胀高度；恒流泵用于柱床顶底两端溶液的输入；两个速率分布器分布在吸附剂床层的上下表面，下端的速率分布器保证床层中实现平推流，上端的速率分布器既要使料液中的固体颗粒通过，还要有效截流较小的吸附剂颗粒。

（3）膨胀床的吸附介质

膨胀床中使用的吸附剂不仅要考虑其组成基质和表面吸附基团，还要求其具有一定的尺寸和密度分布。吸附剂的尺寸必须在一定范围内从小到大都有分布，以保证吸附剂在液流冲击下可形成具有一定粒度分布的、稳定的膨胀床，避免吸附剂颗粒的无序流化。

吸附剂颗粒应具有适宜的膨胀性，在一定范围的流速下（100~300 cm/h），柱床能够扩张到预期程度，达到 2~3 倍吸附剂沉降时的高度。工业生产中要求较高的流速，以获得高生产效率。膨胀床中吸附剂颗粒要求有适当的密度（1.2 g/cm³）和尺寸大小（100~300 μm，平均 200 μm），以达到高流速下柱床的合适扩张高度（300 cm/h）。市售的交联琼脂糖凝胶类吸附剂，均有一定的粒径分布。但由于多糖凝胶与水溶液密度差很小，形成膨胀床的扩张速度很低（10~30 cm/h）。Pharmacia 生物技术公司开发的膨胀床专用的高密度吸附剂 Streamline 系列，在交联琼脂糖凝胶内包埋晶体石英，以提高吸附剂的密度，其扩张速度可达 100~300 cm/h。

（4）膨胀床的扩张高度

膨胀床的扩张高度受吸附剂的粒径大小、与原料液的密度差以及原料液的黏稠度等因素影响。粒径越大，密度越高，达到相同扩张程度所需要的溶液流速越高。使用相同吸附剂的膨胀床，原料液的密度越大，黏稠度越高，溶液流速的变化引起的柱床扩张度变化也越大。由图 7-9 可见，乙酸溶液流速增加所引起的柱床高度变化很小。体积分数 25%的甘油溶液随流速增加时，柱床高度明显增大；32%的甘油溶液可进一步增加柱床高度。因此，为了增加柱床扩张高度，可在溶液中加一定比例的惰性甘油，使相同液流速度下的柱床高度显著增大。

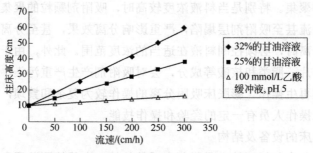

图 7-9　原料液密度和流速对柱床高度的影响

原料液为基因工程菌发酵液或细胞匀浆液时，其成分复杂，含有不溶性颗粒物、细胞碎片以及蛋白、核酸、多糖等大小分子。因溶液的黏稠度和密度都较高，将对柱床扩张产生影响。在高流速（300 cm/h）的液流下，柱床可能会过度膨胀，使上层吸附剂堆积在柱塞滤网上形成屏障，阻碍原料液中颗粒物穿过，最终导致柱床堵塞。此时可由柱顶部向下加几秒钟的周期性反流，以冲散堆积的吸附剂，随后恢复流向保持柱床膨胀。

7.6 膨胀床技术的应用

近年来，由于蛋白质类生物大分子分离的需要，膨胀床吸附分离技术得到了进一步发展和推广。无论是大肠杆菌还是酵母菌，作为宿主细胞的培养液，都可使用膨胀床分离技术，从它们的匀浆或发酵液中直接提取基因表达产物。例如可从酵母细胞匀浆中吸附分离磷酸果糖激酶、葡萄糖-6-磷酸脱氢酶、苹果酸脱氢酶等；从大肠杆菌匀浆液中分离重组人胎盘抗凝蛋白 Aannexin V 等；由骨髓瘤细胞培养液中直接提取老鼠的 IgG1。

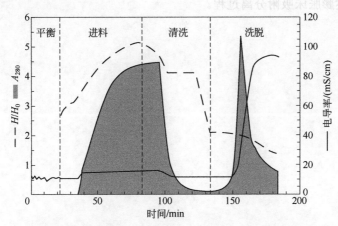

图 7-10　膨胀床分离 IgG1 步骤和紫外/电导检测图

图 7-10 为从骨髓瘤细胞培养物中提取老鼠 IgG1（中试级别）的步骤和检测过程图，其左纵坐标轴分别记录了膨胀床分离过程柱床体积变化 H/H_0 和柱出口紫外检测吸光度 A_{280}，右纵坐标轴记录了柱出口检测的电导率。IgG1 提取的操作条件如下。

原料：骨髓瘤细胞培养收获液。

原料量：100 L。

柱：STREAMLINE^{TM}200（200 mm×1000 mm）。

介质：STREAMLINE^{TM} SP XL。

流速：300 cm/h 平衡、进料和清洗，100 cm/h 洗脱。

平衡液和清洗液：20 mmol/L 乙酸缓冲液，pH 4.6，含有 150 mmol/L NaCl。

洗脱液：20 mmol/L 乙酸缓冲液，pH 4.6，含有 1 mol/L NaCl。

洗脱方法：平衡、流洗和洗脱分别使用 10 个、5 个和 5 个沉降床体积。

膨胀床吸附分离技术在现代生物大分子的大规模工业纯化中占有举足轻重的地位。比起传统的工业纯化模式，大大简化了原料液的初步纯化过程，极大地提高了工业生产的效率。

思考题

1. 简述吸附的概念和本质。
2. 简述离子交换吸附剂的组成、分类和性能评价。
3. 生物分子吸附的主要类型有哪些？
4. 吸附等温线、Langmuir 吸附等温线和穿透曲线。
5. 比较固定床、流化床、膨胀床的吸附分离。
6. 简述膨胀床吸附分离过程。

第 8 章 液相色谱

色谱法是重要的混合物分离分析方法。常用的有气相色谱、高效液相色谱、超高效液相色谱、逆流色谱、超临界色谱等。各种色谱法又有不同的系统和特定的相关技术。本章主要介绍液相色谱。

液相色谱法已有百年的发展历史。1903 年，俄国植物学家 Tswett 将叶绿素的石油醚提取液加入填充了 $CaCO_3$ 的玻璃管柱中，并用石油醚持续从柱端进行冲洗。随着冲洗的进行，填充 $CaCO_3$ 的玻璃管柱中出现了不同颜色的分层谱带。他将这种过程命名为 chromatography，意为有颜色的分层谱带（有颜色的图谱），如今的色谱法已无"颜色"的实质含义。chromatography 翻译为中文有色谱和层析两种提法。化学家习惯使用"色谱"一词，特别是用在小分子和大分子的分析检测时，如液相色谱和气相色谱，也会用在大小分子的分离制备时。而生物化学家则偏爱使用"层析"，主要用在蛋白质和药物分子的分离纯化和制备时。色谱和层析指的是同一种技术，从概念到原理没有区别，是源自对 chromatography 一词的不同翻译和使用者的不同习惯。液相色谱和层析技术可以对复杂混合组分进行有效分离分析，而且条件温和，适用性广，已成为实验室分析检测和工业分离纯化最重要的工具。

液相色谱法是基于吸附原理而建立的分离方法。叶绿素中获得了不同颜色的分层谱带是基于 $CaCO_3$ 吸附剂对叶绿素中多种色素的吸附能力不同。在石油醚的冲洗下，不同色素根据吸附力强弱依次淋洗到管柱底部。吸附弱的组分在柱上的保留时间短，先出现在柱底部。吸附强的组分在柱上的保留时间长，后出现在柱底部。经过一定时间的淋洗后，混合物的多种组分得到分离。

1931 年，德国的 Kuhn 和 Lederer 用纤维状氧化铝和碳酸钙作吸附剂，将结晶状胡萝卜素分离成 α-和 β-两种同分异构体，并且确定了它们的分子式。随后他们又分别从植物叶片和蛋黄中分离得到叶黄素，引起了科学界对色谱法的重视。1938 年，Kuhn 和 Lederer 从维生素 B 族中分离出维生素 B_6，并获得 1938 年诺贝尔化学奖。

1940 年，英国的 Martin 和 Synge 提出了色谱塔板理论。这是在色谱柱操作参数基础上模拟蒸馏理论，以理论塔板表示分离效率，定量描述和评价色谱分离过程。他们还根据液液逆流萃取的原理，发明了液液分配色谱。Martin 等创立的以气体为流动相的气相色谱法，使易挥发组分的分离获得很高的理论塔板数，大大提高了挥发性组分的分离效率，为挥发性组分的分离检测带来了划时代的变革。Martin 也因建立气相色谱法荣获 1952 年诺贝尔化学奖。气相色谱的出现激发了大量研究者对色谱分离法的深入研究和应用，色谱分离法用于分析检测和工业分离纯化的研究十分活跃。至 20 世纪 60 年代末期，随着高压泵和键合固定相的应用，色谱技术的机械化、标准化和自动化水平快速发展，面向复杂混合物组分的定性和定量分析需求产生了应用范围更广泛的液相色谱。分配色谱、离子交换色谱、反相色谱、疏水作用色谱、凝胶过滤色谱、亲和色谱、离子色谱、逆流色谱、超临界色谱等相继出现。色谱法分离效率高，分离模式多样，应用极其广泛。它能分离绝大部分生物、化学和物理性质相似的物质，不仅用于复杂样品中成分的定性定量分析，也用于工业化生产产品中目标物的分离和纯化。

进入 21 世纪，随着 2004 年超高效液相色谱的出现，高效液相色谱进入了分离分析效率更高、分析速度更快、样品用量更少的时代。近年来，质谱技术的快速进步使液相色谱和气相色谱有了新的发展。色谱技术与质谱技术的联用，可实现对复杂组分的高灵敏快速分析及准确结构鉴定。

液相色谱技术是非常重要的分离分析技术。高效液相色谱法是生物化学、植物化学、有机化学、各种组学研究以及生物技术制药生产等领域中混合物分离分析和目标物分离纯化的常规方法。

8.1　液相色谱分离概述

8.1.1　液相色谱的基本概念

液相色谱是根据混合物中各组分在固相和液相中分配系数存在差异而实现彼此分离。当物质在固液两相做相对移动时，不同组分在两相间进行多次分配后，随流动相移动的速度不同而得到分离。

液相色谱系统包括液体输送系统（流动相及输送流动相的泵系统）、进样系统、分离系统（含固定相的分离柱）、在线检测系统、馏分收集系统。用于分离制备的液相色谱和用于分析检测的液相色谱的各系统有所不同。

（1）固定相和流动相

液相色谱中，混合物分离系统的核心是色谱柱，其中填充了不同类型的分离介质，称为固定相。固定相指固体介质如吸附剂、离子交换剂、凝胶等，待分离物质在固定相上发生可逆的吸附、分配、离子交换、尺寸排阻等作用。固定相性能是影响色谱分离效果的重要因素，不同的固定相决定了不同的色谱分离机理。固定相填料粒度范围为 1.7~30 μm，其粒度越小，分离效率越高。分析型色谱主要采用 1.7~5 μm 的固定相填料，制备型色谱根据需要使用 5~30 μm 的固定相填料。

色谱分离过程中，推动待分离物质通过固定相并完成洗脱作用的液体称为流动相。它与待分离物质的作用强弱是影响其洗脱效果的关键。

（2）色谱图

各待分离组分从色谱柱流出时在检测器上产生的信号随时间变化，所形成的曲线叫色谱图（图 8-1）。色谱图记录了各个组分流出色谱柱的情况，又叫色谱流出曲线。它描述了不同溶质分子在色谱柱内的迁移速率和溶液中的终浓度。

当溶质分子没有到达检测器时，记录的溶液信号没有变化，表现为与时间轴平行的直线，称为基线。当溶质分子进入检测器时，记录的浓度变化形成峰型图，称为色谱峰。色谱峰对应的时间为迁移时间，对应的强度以峰高或峰面积表示。溶质经过固定相柱分离，到达检测器时的最大浓度，即在检测器产生的最大输出信号，以色谱峰顶点到基线的垂直距离记录为峰高值。

色谱峰宽是色谱分离效率的重要参数，通常可用标准偏差（σ）、半峰宽（$W_{1/2}$）和色谱峰宽（W_b）来表示（图 8-1）。色谱峰是一个对称的高斯曲线，因此可用标准偏差（σ）表示色谱峰的宽度。半峰宽的定义是在峰高 0.607 处峰宽度的一半。对色谱峰两侧的拐点做切线，切线与基线交点的距离称为色谱峰底（W_b）。色谱峰面积是峰高与峰底宽的乘积。

（3）色谱分离参数

1）保留值

保留值是溶质分子在色谱柱内保留行为的度量，反映溶质分子与固定相作

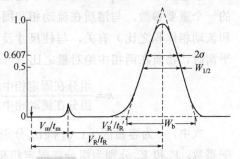

图 8-1　色谱流出曲线及参数

用力的强弱，通常用保留时间和保留体积表示。在相同色谱操作条件下，不同溶质分子有各自固有的保留值，这一特征是色谱定性分析的依据。

从进样到分离，被测溶质分子出现浓度最大值所需时间为保留时间（t_R），即峰最高点对应的时间见图 8-1。不同溶质分子经过分离柱的时间不同，分别记录为各自的保留时间。在固定相上没有保留的分子从进样开始到柱后出现浓度最大值所需的时间称为死时间（t_m）。调整保留时间（t'_R）为扣除了死时间的保留时间，$t'_R = t_R - t_m$。

一定流速下，保留时间对应流出的溶液体积为保留体积（V_R），即从进样开始到柱后溶质出现浓度最大值时流动相所流出的体积。死时间对应的流动相流出

体积为死体积(V_m)。调整保留体积(V'_R)为扣除了死体积的保留体积，$V'_R = V_R - V_m$。

2）分配系数

色谱分离是基于固定相对样品中各溶质组分的吸附或溶解能力不同，其大小可用分配系数来描述。在一定温度和压力下，溶质组分在固定相和流动相中平衡浓度的比值，称为分配系数 K（distribution coefficient）。

$$K = \frac{组分在固定相中的浓度}{组分在流动相中的浓度} = \frac{c_s}{c_m}$$

式中，K 为分配系数；c_s 和 c_m 分别为组分在固定相和流动相中的浓度。

一定温度下，不同溶质有各自的分配系数。分配系数小的组分，在固定相中浓度较小，保留时间短，在流动相中浓度较大，较早流出色谱柱。反之，分配系数大的溶质，保留时间长，后流出色谱柱。如果两种溶质的分配系数相同，则它们的保留时间相同，二者不能分离，色谱峰将重叠。

在同一种固定相下，溶质的分配系数 K 主要受流动相的性质影响。实践中主要靠调整流动相的组成配比及 pH 值，增大组分间的分配系数差异，获得适宜的保留时间，达到分离的目的。

3）容量因子

容量因子 κ（capacity factor）是描述溶质分子在固定相和流动相中分布特性的一个重要参数，与溶质在流动相和固定相中的分配性质、柱温及相比（固定相和流动相体积之比）有关，与柱尺寸及流速无关。某溶质分子的 κ 定义为，分配平衡时该物质在两相中绝对量之比，可表示为：

$$\kappa = \frac{组分在固定相中的量}{组分在流动相中的量} = \frac{q_s}{q_m} = K \frac{V_s}{V_m} = \frac{t'_R}{t_m}$$

式中，κ 为容量因子；q_s 和 q_m 分别为组分在固定相和流动相中的量；K 为分配系数；V_s 和 V_m 分别为组分在固定相和流动相中的体积；t'_R 为调整保留时间；t_m 为死时间。

4）理论塔板数

理论塔板数 N 表示色谱柱的分离效率。N 越大，表示溶质分子在固定相和流动相间达成平衡的次数越多，平衡分离次数越多，分离柱效越高。

塔板理论（plate theory）是用数学模型描述色谱柱内的分离过程，有一些假设条件。可对其简述为：将整个色谱柱比拟为精馏塔，色谱分离过程比拟为精馏过程。将一定长度的色谱柱平均分为许多段，类似精馏塔的许多个塔板。每个塔板的理论高度 H 相当于精馏塔中的一个塔板，可完成一次固液分配平衡。一定柱长 L 的色谱柱由 N 个塔板组成，则 $H = L/N$。N 越大，塔板高度 H 越小，表明塔板数越多，平衡分离次数越多，分离效率越高。

$$N = 5.54 \times \left(\frac{t_R}{W_{1/2}}\right)^2$$

式中，N 为理论塔板数；$W_{1/2}$ 为半峰宽；t_R 为保留时间。

5）分离度

分离度 R 用来判断两个相邻组分在色谱柱中的分离情况，可作为色谱柱整个系统的分离性能指标。分离度 R 表示为相邻两组分 1 和 2 的色谱峰的保留时间之差与两组分色谱峰峰底宽度（W_1，W_2）之和的一半的比值。

$$R = \frac{t_{R2} - t_{R1}}{0.5 \times (W_1 + W_2)}$$

式中，R 为分离度；W_1 和 W_2 为两组分的色谱峰峰底宽度；t_{R1} 和 t_{R2} 为两组分的保留时间。

R 为既能反映柱效率又能反映选择性的综合指标。两个组分要达到完全分离，一是要求两组分的色谱峰间距（两峰的保留时间差）较大，二是各色谱峰峰宽尽可能窄。同时满足这两个条件，两组分才能完全分离。

图 8-2（a）中，两色谱峰间距小且峰形宽，严重重叠，说明分离的选择性和柱效率都低，分离度 R 为 0.6。图 8-2（b）中，两峰距离与图 8-2（a）的相同，但峰形窄，柱效高，可达到基线分离，分离度 R 为 1，说明柱效高可以补偿选择性低。图 8-2（c）中，两组分的选择性高，柱效高，两峰尖锐且完全分离，分离度 R 为 4。

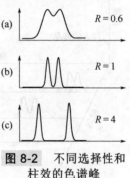

图 8-2　不同选择性和柱效的色谱峰

8.1.2　液相色谱法分类

液相色谱有多种分类方法。

根据固定相吸附剂方式分为：柱色谱、薄层色谱和纸色谱等。柱色谱是将吸附剂固定相填充到柱形玻璃管或不锈钢管中；薄层色谱是将固定相吸附剂均匀平铺在玻璃片上；纸色谱是利用滤纸为载体，吸附固定相液体，用于分配色谱。

柱色谱中，根据分离柱两端的压力大小分为：超高压（超高效）色谱（50~100 MPa）、高压（高效）色谱（4.0~40 MPa）、中压色谱（0.5~4.0 MPa）和低压（常压）色谱（<0.5 MPa）。固定相介质的粒径越小，分离柱两端压力越大。目前，超高效液相色谱中固定相介质的粒径约为 1.7 μm，高效液相色谱中的固定相介质的粒径约为 3~5 μm。粒径越小，分离效率越高。超高效液相色谱和高效液相色谱主要作为分析色谱。中压和低压色谱中的固定相粒径约在 10~30 μm，其分离效率相对较低，主要为制备色谱。

柱色谱中，根据固定相对溶质的作用原理分为：离子交换色谱、疏水作用色谱、反相色谱、亲和色谱和凝胶过滤色谱等。

8.1.3 液相色谱的加样和洗脱

柱色谱中，根据不同的样品加样和洗脱方式，又分为洗脱色谱和前沿色谱。洗脱色谱是最常用的一种方式，且洗脱色谱和前沿色谱两种方式的色谱图完全不同。

（1）洗脱色谱

液相色谱分离过程包括：①加样（进样），将一定量的混合物溶液置于色谱柱顶端；②展开，压力下流动相通入色谱柱顶端，流动相对混合物进行洗脱，使其依据保留能力依次流至柱底端；③馏分检测和收集，柱底流出的组分通过检测器检测，根据需要也可进行馏分收集。洗脱色谱的色谱图如图 8-3 所示。

洗脱色谱中，样品进样量恒定，使用特定流动相洗脱固定相上吸附的组分，可使混合物完全分离，获得纯化的各个组分，但样品将被流动相稀释。洗脱色谱中，完全分离的各组分呈现各自的色谱峰，色谱图为峰型图。洗脱色谱应用最为广泛，是分离分析常规的液相色谱方法。

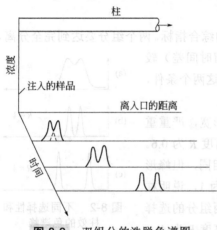

图 8-3 双组分的洗脱色谱图

（2）前沿色谱

前沿色谱中，混合物溶液连续通过色谱柱，混合物溶液既含待分离样品又有洗脱作用。组分在色谱柱上吸附，溶液作为洗脱液洗脱。前沿色谱与一般的固定床吸附操作相似。混合物样品溶液连续输入到色谱柱，直到在出口处发生溶质穿透。各组分按照其在固定相和流动相间分配系数的大小依次穿透。分配系数最小（吸附力最弱）的组分，最先穿透色谱柱，不受其它组分干扰，能以纯物质的形态得到部分回收。前沿色谱中只有第一组分可完全分离纯化，其它的组分流出时，都与组分 1 有相互重叠，因此不能得到纯化组分。记录色谱柱底端的组分流出时间和浓度，色谱图呈阶梯式（如图 8-4 所示）。第一阶梯为吸附力最弱的组分 1；第二阶梯含有组分 2 和组分 1；第三阶梯将含有

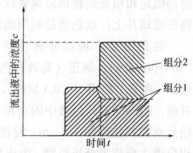

图 8-4 双组分的前沿色谱图

组分 3、组分 2 和组分 1；依此类推。理想情况下，混合物中每一组分可形成一个阶梯。

前沿色谱中，混合物样品溶液连续流入色谱柱，柱中完成各种组分的吸附和洗脱。样品溶液自身作为流动相，故组分的浓度不会像洗脱色谱被流动相稀释，相反可起浓缩富集作用。

前沿色谱一般不用于混合物的分离，但适合于产品精制时除去痕量杂质，分离的目的是组分 1 的回收。除去痕量杂质时，应在组分 1 的长平台后的升高处，停止收集。前沿色谱要求组分 1 与组分 2 的性质有较大差异，否则两者难以完全分离，可能得到两组分的混合物。前沿色谱还可用于研究物质间相互作用的强弱。如药物筛选时，将含大量药物分子的溶液通过药靶的固定相，由前沿色谱图可以判断其作用的分子种类及作用强弱。前沿色谱处理的组分浓度不能太高，否则，组分 1 的平台流出液体积太少，样品收集量小。

8.2 液相色谱分离原理

液相色谱常根据溶质与固定相的相互作用原理进行分类，分为离子交换色谱、疏水作用色谱、反相色谱、凝胶过滤色谱和亲和色谱等。本节将介绍其原理、特点和应用。

8.2.1 离子交换色谱

离子交换色谱（ion exchange chromatography，IEC）是基于混合物组分与离子交换剂表面离子基团的静电作用差异实现分离，所有可形成离子形态的物质均可利用离子交换色谱分离。离子交换色谱在液相色谱中应用最为广泛。适用于正负离子分离和含有生物大分子的粗提物的分离，以及蛋白质、核酸产品等的纯化。

（1）分离原理

离子交换色谱是以离子交换剂（离子交换树脂）为固定相，其表面含有正负离子基团，正负离子基团通过静电作用结合溶液中带相反电荷的离子。样品和流动相中相反电荷的离子与交换剂表面的带电基团静电结合并进行可逆交换。

在离子交换过程中，溶液中的离子因扩散作用到达离子交换剂的表面，然后穿过表面扩散到交换剂颗粒内部。这些离子与交换剂中的同性离子发生互换反应，完成交换过程。交换出来的离子再扩散出交换剂表面，进入溶液中。离子交换过程实际是一个非常复杂的物理化学过程，包括吸附、吸收、穿透、扩散、离子交换、离子亲和等，交换反应是综合作用的结果。

样品溶液中不同的带电离子与离子交换剂的静电作用强弱不同，在交换剂上的吸附能力也有所差异。经过流动相的洗脱，静电作用弱的离子容易洗脱，先流出色谱柱，保留时间短。静电作用强的后洗脱，保留时间长。因此，混合物样品中，不同离子在色谱柱的保留时间不同而彼此分离。

（2）固定相

离子交换色谱的固定相也叫离子交换剂。早期用于生物大分子分离纯化的离子交换剂是纤维素基质，后来开发了珠状交联葡萄糖、琼脂糖、交联纤维素、有机高分子等基质的交换剂，使离子交换剂的吸附性能和机械强度得到了极大改善。

目前常用的高分子基质的离子交换剂都由三部分组成：①不溶性载体，如由聚苯乙烯-二乙烯基苯聚合物组成，其不溶于水、酸、碱和普通有机溶剂，且化学性质稳定，具有网络状骨架；②功能基团，大量与载体连接、不能自由移动的活性基团；③可交换离子，在功能基团上的可交换的活性离子。

按照离子交换剂中可交换的活性离子的电荷性质，又分为阴离子交换剂和阳离子交换剂。若离子交换剂表面含有阳离子交换基团，可与溶液中的阴离子发生交换，称为阴离子交换剂。反之，若离子交换剂表面含有阴离子交换基团，可与溶液中的阳离子发生交换，称为阳离子交换剂。

常见的离子交换基团有季铵基（$-N^+R_3$）、羧基（$-COO^-$）和磺酸基（$-CH_2SO_3^-$）等。常见的阴离子交换基团有 DEAE（二乙氨基乙基）、QA（三甲氨基羟乙基）；阳离子交换基团有 CM（羧甲基）、磺酸基。

性能优良的离子交换剂应结构疏松且多孔，便于离子自由出入发生交换反应。离子交换剂的性能通常用交换容量表示。总交换容量表示每单位数量（重量或体积）交换剂可用的交换基团的总量；有效交换容量表示交换剂在一定条件下的离子交换能力，它与离子交换时的实际条件（如溶液的组成、流速、温度等因素）有关；在一定再生条件下，交换剂的交换容量，也表示离子交换基团再生后结合能力的复原程度。

（3）流动相和洗脱方式

离子交换色谱中常用的流动相一般采用含盐的水溶液。溶液酸度（pH）既决定样品分子的电荷性质，也影响固定相的离子化程度，是影响样品分子保留强弱的重要因素。流动相中的交换离子可与目标分子竞争固定相中的离子基团位点，故交换离子的离子半径、电荷数也决定离子交换能力的强弱。使用相同的流动相，浓度高时，对吸附离子的洗脱作用强。流动相盐溶液酸度和离子强度也影响混合物中溶质分子的保留、分离度和回收率。

洗脱过程中，使用恒定浓度和组成的流动相称为等浓度洗脱。为优化分离度，通常需要改变流动相浓度组成。洗脱过程中改变流动相的浓度和组成称为梯度洗脱，梯度洗脱又可分为阶跃梯度洗脱、线性梯度洗脱和非线性梯度洗脱等（图8-5）。

图 8-5　洗脱方式示意图

（a）等浓度洗脱；（b）阶跃梯度洗脱；（c）线性梯度洗脱；（d）和（e）非线性梯度洗脱

① 等浓度洗脱　使用同一浓度的洗脱液，其离子强度也保持恒定。对于复杂的混合物分离，可能难以实现完全分离。例如不同蛋白质分子在离子交换剂上的保留强弱不同，受流动相的离子强度影响也有差异。复杂的混合蛋白质样品，在离子交换剂上的保留能力差异较大，采用等浓度洗脱液，对保留较强的蛋白质则难以洗脱。因此洗脱过程中需要调节洗脱液浓度。

② 阶跃梯度洗脱　与等浓度洗脱不同，阶跃梯度洗脱中，洗脱液的浓度和离子强度随洗脱时间呈阶跃式增加，并保持一定时间，故洗脱强度也阶跃式增大。

③ 线性梯度和非线性梯度洗脱　与阶跃梯度洗脱不同，线性梯度洗脱中，洗脱液的浓度和离子强度随洗脱时间增加呈线性增长。复杂的混合物分离时，可根据不同组分的保留强弱和分离度在线调节洗脱液的浓度和离子强度，使不同保留能力的组分完全洗脱分离。例如对保留弱的蛋白质，采用低浓度离子强度洗脱液；对保留强的蛋白质，需增加洗脱浓度和离子强度。线性增大洗脱液浓度和离子强度，不仅可加快洗脱速度，并可调控不同蛋白质间的保留时间和样品峰之间的距离，达到既可改善分离度又可减少洗脱时间的目的。洗脱液浓度也可设计为非线性梯度增加形式。

等浓度洗脱只需一个输液泵就能实现。阶跃梯度洗脱也可以使用一个输液泵，但每次阶跃均需要中断洗脱后更换不同浓度的洗脱液，操作麻烦。使用两个以上的输液泵，则可方便实现阶跃梯度洗脱、线性梯度洗脱和非线性梯度洗脱。使用多个输液泵不仅可设计洗脱液的浓度变化，也可以设计不同的洗脱液组成，甚至不同 pH 的洗脱液的梯度变化，增加洗脱液设计的灵活性，提高洗脱效率。

（4）特点和应用

离子交换色谱的特点是：吸附作用机理明确，非特异性吸附小，产品回收率高；吸附具有电荷选择性，组分的静电荷数越高，吸附作用越强；离子交换剂种类多，选择余地大，成本低；可分离的物质范围广泛，包括阴/阳离子化合物、有机分子和生物大分子。

离子交换吸附剂可用于去离子水或纯水的制备。生物分离中，离子交换色谱主要用于发酵液中的有机酸和氨基酸、抗生素以及多肽、核酸、蛋白质等的分离纯化，是最常用的分离技术。

图 8-6 为离子交换色谱分离 13 种芳香羧酸混合物的等浓度和梯度洗脱色谱图。等浓度洗脱时，只显示 7 个色谱峰，且 1~5 号峰难以分离，10~15 号峰柱效很低，分离时间大于 50 min，如图 8-6（a）所示。改用梯度洗脱时，13 个色谱峰的分离明显改善，分离时间缩短为 25 min，10~13 号峰峰型明显尖锐，柱效提高，图 8-6（b）。

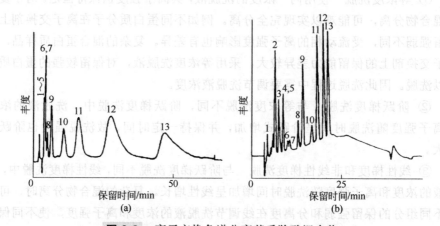

图 8-6　离子交换色谱分离芳香羧酸混合物
（a）等浓度洗脱，流动相为 55 mmol/L 硝酸钠水溶液；
（b）梯度洗脱，流动相为 10→100 mmol/L 硝酸钠水溶液

8.2.2　疏水作用色谱

疏水作用色谱（hydrophobic interaction chromatography，HIC）主要用于蛋白质的分离纯化，是蛋白质规模化分离制备的主要方法之一。

（1）分离原理

疏水作用色谱以弱疏水性吸附剂为固定相。固定相表面偶联了短链烷烃、苯基等疏水基团。蛋白质所含疏水性氨基酸（如酪氨酸、苯丙氨酸等）组成的局部区域可能暴露在蛋白质表面，形成疏水区。利用蛋白质的疏水区与疏水基团的弱相互作用使其保留。含有不同疏水性区域的蛋白质与疏水基团作用强弱不同，吸附保留能力不同，因此实现分离。

（2）固定相

疏水作用色谱中常用的固定相载体为琼脂糖、有机聚合物和大孔硅胶等。其表面可偶联短链烷基（$C_3~C_8$）、苯基、烷氨基、聚乙二醇和聚醚等疏水性基团。固定相的疏水作用与疏水基团的链长度和密度呈正相关，烷基链越长，疏水性基团密度越大，疏水作用越强。固定相一般含短碳链（$C_3~C_6$）基团，密度在

10~40 μmol/mL。疏水作用太弱，则吸附作用不足；疏水作用太强，则洗脱困难。选择哪种疏水色谱固定相还应考虑蛋白质的疏水性强弱。

（3）流动相和洗脱

疏水作用色谱的流动相主要采用含盐（硫酸铵、醋酸铵、磷酸盐、氯化钠等）水溶液。浓度较高的盐溶液使蛋白质表面的水化层被破坏，疏水区暴露，蛋白质与固定相的疏水作用较强，在固定相上的保留增强，较难被洗脱；盐溶液浓度降低时，疏水作用减弱，有助于蛋白质被洗脱。故增加流动相的盐浓度，有利于疏水作用吸附，蛋白的保留强；而降低盐浓度，蛋白容易被洗脱。疏水作用色谱中，蛋白质的洗脱主要采用流动相浓度降低的梯度洗脱方式。

（4）特点和应用

疏水作用色谱的固定相含有短链烷烃疏水基团，调节烷烃的链长和密度可控制吸附作用强弱。高浓度盐溶液中的蛋白质疏水性吸附作用强，溶液浓度的降低有利于洗脱，这与离子交换色谱的吸附洗脱时使用的盐浓度正好相反。疏水作用色谱的分离效率、固定相价格与离子交换色谱相近。

疏水作用色谱常用于盐析后的蛋白质分离。盐析后的样品，处于高盐浓度环境，疏水作用色谱吸附正需在高浓度盐溶液下实现，使用疏水作用色谱分离可得到纯度足够高的产品。以小规模纯化单克隆抗体为例，小鼠腹水中的单克隆抗体样品中 IgG 为主要的蛋白质，使用疏水作用色谱一步分离就可以得到纯化的 IgG（图 8-7）。疏水作用色谱也常和其它色谱模式（如离子交换色谱、凝胶过滤色谱等）结合用于蛋白质的分离。

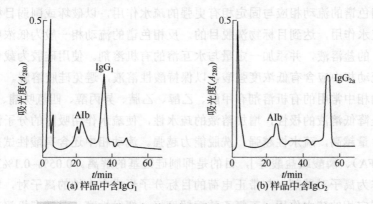

图 8-7　疏水作用色谱分离纯化小鼠腹水中单克隆抗体

样品：100 μL 小鼠腹水+100 μL 缓冲液（0.1 mol/L 磷酸盐，pH 7.0）；
色谱柱：Alkyl superpose HR5/5；检测波长 280 nm；蛋白质用 SDS-PAGE 鉴定

8.2.3 反相色谱

反相色谱（reverse phase high performance liquid chromatography，RP-HPLC）

是高效液相色谱的主要分析模式,在各种类型化合物(离子型和非离子型化合物)、小分子和生物大分子等的高效分离分析中应用最为广泛。

（1）分离原理

反相色谱根据溶质的疏水性差异进行吸附分离。反相色谱的固定相含有长链疏水性基团,流动相通常含有少量与水互溶的极性有机溶剂。不同分子与固定相上长链疏水基团的疏水作用强弱不同而实现分离。

（2）固定相

反相色谱中,固定相的载体为硅胶或聚苯乙烯-二乙烯基苯等有机聚合物。硅胶具有多孔结构、机械强度高、酸性条件下稳定以及易于偶联烷烃。其缺点是碱性条件下不稳定、易溶解。有机聚合物聚苯乙烯-二乙烯基苯载体不仅具有多孔结构、机械强度高的优点,且其化学稳定性高,在宽 pH 范围（pH 1~12）内保持稳定,可耐受酸性或碱性以及含有机溶剂的流动相。硅胶载体具有一定的亲水性,有机聚合物载体则具有更强的疏水性。

反相色谱固定相中,表面键合的长链烷基的链长和烷基密度影响疏水性。在硅胶或聚苯乙烯-二乙烯基苯载体上键合长链烷基 C_8~C_{18} 疏水基团,如正辛基（C_8）、正十八烷基（C_{18}）是常用的反相色谱固定相,俗称碳-8 柱、碳-18 柱。反相色谱中,长链烷基的密度一般为 100 μmol/mL。疏水作用色谱的固定相载体上键合的烷基链较短,且烷基链的密度也低,一般为 10~50 μmol/mL,为反相色谱的 1/10~1/2。

（3）流动相和洗脱方式

反相色谱的流动相应与固定相有更强的疏水作用,以破坏或削弱目标物与固定相的疏水作用,达到目标物洗脱目的。反相色谱的流动相一般为低浓度（低离子强度）的盐溶液,并添加一定量与水互溶的有机溶剂。使用硅胶为载体的固定相,其流动相中应含有低浓度强酸,以保持酸性溶液,避免硅胶溶解。

流动相中常用的有机溶剂有甲醇、乙醇、乙腈、异丙醇、四氢呋喃、丙酮等,其作用是降低溶液的极性,增加溶液的疏水性,使疏水作用吸附的分子洗脱。有机溶剂含量越高,疏水性越强,洗脱能力越强。流动相中还含有酸性试剂［三氟乙酸（TFA）、磷酸或盐酸等］,目的是抑制硅羟基的解离。0.05%~0.1%三氟乙酸还可以作为离子对试剂,与带正电荷的目标分子形成电中性的离子对,增加目标分子与固定相的疏水作用。三氟乙酸溶解度好,挥发性高,易随有机溶剂蒸发时除去。

反相色谱中也可采用等浓度洗脱或梯度洗脱方式。当样品中多种组分的极性差异大,等浓度洗脱不能使所有组分完全分离时,应采用梯度洗脱。若等浓度洗脱所需的时间过长,也应设计梯度洗脱,缩短洗脱时间。

（4）特点和应用

反相色谱使用化合键型固定相，化学性质稳定，分离重现性好。吸附和洗脱的平衡时间短，分离分析的速度快。应注意的是，若使用硅胶载体键合的 C_8~C_{18} 固定相，溶液的 pH 范围应控制在 pH 2~7 之内。

反相色谱主要用于相对分子量（M_r）低于 1000 的极性和非极性分子的分离和分析，包括各种类型化合物（离子型和非离子型）、有机小分子、药物分子等，也可用于相对分子量小于 5000 的多肽和蛋白质的分析。因流动相中含有机溶剂，蛋白质容易变性，故通常用于蛋白质的分析检测。一些性质稳定，在流动相中可保持活性的蛋白质，也可采用反相色谱进行少量分离制备。

此外，反相色谱与质谱分析联用（RP-HPLC-MS）是迅速发展的分析检测技术，可以实现混合物样品的分离分析和结构鉴定。蛋白质组学研究中，液相色谱-质谱联用主要采用反相分离模式。图 8-8 是反相色谱与电喷雾电离质谱（ESI-MS）联用分离鉴定血清中的载脂蛋白 A1（ApoA1）的色谱质谱图。

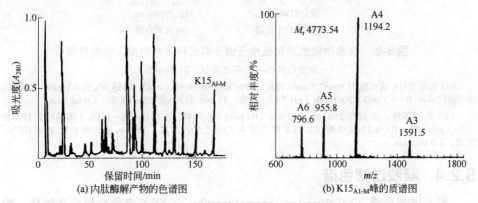

(a) 内肽酶解产物的色谱图　　　　(b) K15$_{A1-M}$峰的质谱图

图 8-8 反相色谱与电喷雾电离质谱联用分析 ApoA1 蛋白

RP-HPLC 柱；流动相 A，0.25% 五氟丙酸酐（PFPA）；流动相 B，0.25% PFPA/乙腈；
梯度，10%~60% B，20 min；流速：25 μL/min

反相色谱与疏水作用色谱的应用范围也各有不同。与疏水作用色谱比较，反相色谱流动相中含有机溶剂，溶剂极性小，洗脱时蛋白质容易变性，故主要用于蛋白质分析。疏水作用色谱流动相为无机盐水溶液，且洗脱条件温和，主要用于分离制备含有疏水基团较多的蛋白质，即疏水性蛋白。

活性蛋白质用疏水色谱分离，可保持高活性，而反相色谱中的有机溶剂易使蛋白质失活。疏水作用色谱一般为常压操作，柱内径大，可任意放大至工业规模；反相色谱在高压下分离，且使用大量有机溶剂，不适于工业化生产。实验室内的高效、快速分析或少量样品纯化可使用反相色谱，但蛋白质的规模化生产和分离纯化时，疏水作用色谱应用更普遍。

图 8-9 是疏水作用色谱和反相色谱分离三种蛋白质混合物（细胞色谱 C、肌红蛋白和溶菌酶）的色谱图和色谱条件。

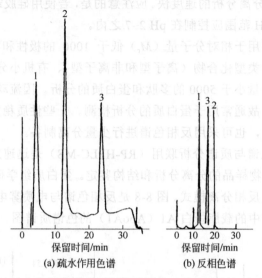

（a）疏水作用色谱   （b）反相色谱

图 8-9   疏水作用色谱和反相色谱分离三种蛋白质混合物色谱图
1—细胞色素 C；2—肌红蛋白；3—溶菌酶

（a）色谱条件：疏水柱 75 mm×7.5 mm（TSK 5PW）；流动相：A—1.7 mol/L $(NH_4)_2SO_4$ 在 0.1 mol/L Na_2HPO_4 中（pH 7.0）；B—0.1 mol/L Na_2HPO_4（pH 7.0）；梯度：15 min 由 A%到 B%；流速：1.0 mL/min

（b）色谱条件：反相柱 250 mm×4.6 mm（Hi-pore RP-304）；流动相：A—0.1%（体积比）TFA 在水中（pH 2.0）；B—0.1%（体积比）TFA 在乙腈中（pH 2.0）；梯度：30 min 流动相 B 由 0 到 100%；流速：1.0 mL/min

8.2.4 凝胶过滤色谱

凝胶过滤色谱（gel filtration chromatography，GFC）是蛋白质分离纯化、脱盐及相对分子量测定等的常用方法，应用非常广泛。

（1）分离原理

凝胶过滤色谱利用各种具有网状结构的凝胶颗粒为固定相，蛋白质因分子量不同，在网状凝胶颗粒中的保留时间不同而相互分离。

凝胶过滤色谱的基本原理如图 8-10。混合物样品加入至凝胶色谱柱顶端后，大分子难以进入凝胶的微孔内，仅分布于凝胶颗粒的间隙中。经过流动相洗脱，大分子以较快的速度流过凝胶柱，难以保留。小分子则容易进入凝胶的微孔内，经过流动相洗脱，从凝胶微孔内流出。因它们在凝胶柱中保留的时间长，向下移动的速度明显比大分子的慢。中等分子的保留时间居中，移动速度居中。凝胶过滤色谱中，不同分子的移动速度为：大分子＞中等分子＞小分子。凝胶过滤色谱是基于分子大小不同，分子从大到小依次顺序从凝胶柱中流出而相互分离。实现分离的关键是，根据分子大小，选择具有合适微孔的凝胶固定相。由于凝胶固定相像分子筛一样，可根据分子大小进行分离，故凝胶过滤色谱又称体积（尺寸）排阻色谱（size excluding chromatography，SEC）。

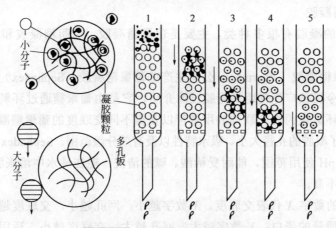

图 8-10 凝胶过滤色谱示意图

1—混合物中的大小分子从顶端加入至填充了凝胶固定相的色谱柱；2—洗脱开始；3—小分子扩散
进入凝胶颗粒的微孔内，大分子分布于凝胶颗粒的间隙中；4—不同大小的分子分离；
5—大分子保留时间短，已洗脱出色谱柱，小分子尚保留柱中

（2）固定相

凝胶过滤色谱常用的凝胶固定相是葡聚糖、琼脂糖和聚丙烯酰胺等，凝胶表面不含有其它功能基团。与其它的色谱模式不同，凝胶过滤色谱分离是基于不同大小的分子在不同凝胶微孔中的保留时间，并非源自分子与凝胶间的相互作用强弱差异。

1）凝胶的特性

用于固定相的凝胶具有以下特性：①亲水性，对生物大分子有良好的相容性；②化学性质稳定，自身与溶质分子不发生化学反应，有较宽的 pH 适用范围，耐高温和去污剂，能高温灭菌；③呈球形，颗粒大小均匀，具有一定的机械强度，满足液体流速的需要；④不带电荷，与溶质分子不产生非特异性吸附。

凝胶固定相具有特定的参数：①排阻极限，指不能扩散到凝胶微孔内部的最小分子的分子量；不同类型的凝胶具有不同排阻极限。②分级范围，能为凝胶阻滞并且可以分离的溶质的分子量范围。③凝胶粒径，球形凝胶干燥时的粒径大小，多用筛目或微米表示。软凝胶粒径大，一般为 50~150 μm（100~300 目）；硬凝胶粒径较小，一般为 5~50 μm。粒径影响分离度，粒径越小分离度越大。④空隙体积，指固定相柱中凝胶之间空隙的体积，可用分子量大于排阻极限的溶质进行测定。⑤溶胀率，指干凝胶颗粒用水溶胀后，每克干凝胶吸收水的百分数；在一定柱体积中配制凝胶时，用于计算所需的干凝胶量。⑥床体积，指 1 g 凝胶干粉充分溶胀后所占的体积。

市售的商品化的凝胶，厂商的产品目录一般都给出凝胶的各种分离参数，如排阻极限、分级范围、粒径、流速与压力的关系等，可参考使用。

2）常用凝胶

商品化的凝胶有很多种类，主要是葡聚糖凝胶、琼脂糖凝胶和聚丙烯酰胺凝胶。

① 葡聚糖凝胶　Pharmacia 公司生产的葡聚糖凝胶（Sephadex）是最早研制成功并且至今仍被广泛使用的凝胶过滤介质，它是由葡聚糖通过环氧氯丙烷交联而成。改变环氧氯丙烷交联剂的用量可以获得不同交联度的葡聚糖凝胶。凝胶的交联度决定了凝胶的孔径大小、吸水特性以及有效分级范围。Sephadex G 系列凝胶具有较宽的 pH 使用范围，能耐受稀酸、碱的清洗，能在沸水中溶胀脱气和灭菌，但机械强度不高。

G-X 中的数字 X 代表交联度。X 数字越小，网孔越小，交联度越大，适用于分离低分子质量的蛋白；X 数字越大，网孔越大，交联度越小，适用于分离高分子质量的蛋白。此外，X 数字也代表了凝胶的持水量，如 G-25 表示 1 g 干胶持水 2.5 mL，G-100 表示 1 g 干胶持水 10 mL，依此类推。

② 琼脂糖凝胶　琼脂糖凝胶（Sepharose）由 β-D-半乳糖和 3,6-脱水-L-半乳糖通过糖苷键交替连接而成。商品化的琼脂糖凝胶主要有 Pharmacia 公司生产的 Sepharose、Sepharose CL、Superose 凝胶系列和 Bio-rad 公司生产的 Bio-Gel A 凝胶系列。以 Pharmacia 公司生产的琼脂糖凝胶为例，Sepharose 是未经交联的琼脂糖形成的凝胶，维持凝胶结构的主要作用力是氢键，其机械强度和化学稳定性不是很理想，其凝胶孔径的大小主要取决于琼脂糖的浓度。根据其浓度不同，Sepharose 凝胶分为 3 种型号，即 Sepharose 2B、4B 和 6B，凝胶浓度越高，颗粒孔径越小，机械强度越好，有效分级范围越小。在碱性条件下，用环氧氯丙烷作交联剂，交联后的琼脂糖凝胶（Sepharose CL）的机械强度和化学稳定性都得到明显提高。Superose 是 Pharmacia 公司生产的另一种高度交联的琼脂糖凝胶，具有更高的分辨率和理化稳定性，能耐受 121℃高温灭菌，在 pH 3~12 范围内保持稳定。

③ 聚丙烯酰胺凝胶　聚丙烯酰胺凝胶（polyacrylamide gel electrophoresis，PAGE）是以丙烯酰胺为单体，以甲叉丙烯酰胺为交联剂，在催化剂的作用下形成的具有立体网孔结构的凝胶。通过控制单体和交联剂的用量及两者的比例，可以得到不同浓度和交联度的凝胶。常用的商品化凝胶是 Bio-rad 公司生产的 Bio-Gel P 系列凝胶。根据交联度的不同，可分为 7 种不同型号，即 Bio-Gel P-2、P-4、P-6、P-10、P-30、P-60 和 P-100，数值不同表示交联度不同。数值越大，孔径越大，交联度越小。

（3）流动相及洗脱条件

凝胶过滤色谱的分离取决于不同组分的分子量，而非组分与固定相的相互作用。洗脱用的流动相的作用主要是冲洗大小分子流经凝胶柱，其对分离的选择性影响很小。理论上，对于不带电荷的组分，可以使用蒸馏水作为流动相进行洗脱，洗脱速度只能通过液体的流速控制。实际上，考虑到在分离过程中需维持蛋白质的天然构象和生物活性，仍选用缓冲液作为流动相以提供合适的 pH 和离子强度。此外，一定离子强度的流动相还可以消除凝胶与分子之间可能因局部的静电作用产生的非特异性吸附。一般对于性质不明确的样品的分离，常用含 0.15 mol/L NaCl 的 0.05 mol/L、pH 7.0 的磷酸缓冲液作为流动相。

（4）特点和应用

与其它色谱方法相比，凝胶过滤色谱的最大特点是操作简便，凝胶和洗脱液均价廉易得，适合于大小规模的分离纯化，是最常规的蛋白质分离纯化方法。

凝胶过滤色谱的优点：①溶质与介质不发生任何形式的相互作用，可使用恒定浓度的洗脱液，也不需要复杂的泵系统。分离条件温和，产品纯度高，回收率可接近 100%。②每次分离结束后，不需要进行苛刻的凝胶清洗或再生，容易循环操作。③作为脱盐手段，凝胶过滤色谱比透析法速度快、效果好。与超滤法相比，剪切应力小，蛋白质的活性收率高。④分离机理简单，操作参数少，容易规模放大。

凝胶过滤色谱的不足之处：①仅根据溶质之间分子量的差别进行分离，选择性低。②料液处理量少，一般为柱体积的 5%。③经凝胶过滤洗脱后的产品会被稀释。如果多种色谱联用时，凝胶过滤色谱应在浓缩操作单元（如超滤、离子交换和亲和色谱等）后使用。

凝胶过滤色谱不仅用于分子量从几百到 10^6 数量级的蛋白质的分离纯化，也用于蛋白质溶液的脱盐和分子量的测定。例如，经过盐析沉淀获得的蛋白质溶液中盐浓度很高，一般不能直接进行离子交换色谱分离，需先用凝胶过滤色谱进行脱盐。图 8-11 为凝胶过滤色谱对血红蛋白样品中 NaCl 脱盐的过程。

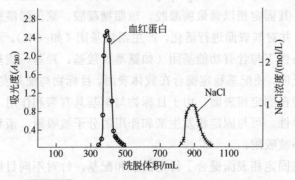

图 8-11 凝胶过滤色谱对血红蛋白样品脱盐

Sephadex G-25 M（85 cm×4 cm）

凝胶过滤色谱测定分子量的原理是：在特定的凝胶介质中，处于一定分子量范围的目标分子的保留与其分子量的对数值成线性负相关。如图 8-12 所示，测定时，先用一组已知分子量的蛋白质混合样品为标准，测定它们的洗脱体积，再用洗脱体积与分子量的对数值作图得到标准曲线。测定待测样品的洗脱体积，根据标准曲线计算出待测分子的分子量。

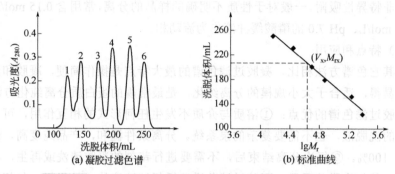

图 8-12   不同分子量标准蛋白的凝胶过滤色谱与标准曲线

峰：1—过氧化氢酶；2—醛缩酶；3—牛血清白蛋白；4—卵清蛋白；
5—胰凝乳蛋白酶原 A；6—核酸酶 A

此外，凝胶过滤色谱还可用于医药工业中纯水的制备，目的是去除热源物质。也可用于低分子质量生物制剂中抗原性杂质的去除。青霉素的致敏作用一般认为是由于产品中存在的一些高分子杂质所致，例如青霉素聚合物、青霉素降解产物青霉烯酸与蛋白质结合形成的青霉素噻唑蛋白，都是具有强烈致敏性的全抗原。利用 Sephadex G-25 凝胶柱处理青霉素溶液可除去这类高分子杂质。

8.2.5 亲和色谱

（1）分离原理

亲和色谱（affinity chromatography）利用目标物与固定相的亲和作用实现高选择性的分离。其固定相以葡聚糖凝胶、琼脂糖凝胶、聚丙烯酰胺凝胶和多孔玻璃珠等为载体，并对其表面进行活化，产生活性基团（如–OH）。这些活性基团可在简单的化学条件下与含有功能基团（如氨基、羧基、羟基、巯基、醛基等）的配基发生共价反应，使配基稳定键合在载体表面。目标物与配基发生亲和作用时，高选择性地吸附在固定相表面。由于目标物与配基具有亲和作用，故分离具有高度选择性或特异性。可与固定相发生亲和作用的分子被吸附，亲和作用弱或无亲和作用的分子不被吸附。

亲和色谱的固定相表面键合了特定的亲和配基，针对不同目标物，应选择或设计含有不同亲和配基的特定的亲和色谱固定相。因此亲和色谱固定相种类最多，远远多于离子交换色谱、疏水色谱和反相色谱。

如图 8-13 所示，亲和色谱分离分为进样吸附、杂质清洗、目标物洗脱和色谱柱再生四个步骤：①含有目标物的样品溶液连续通入色谱柱。样品中的目标物从上到下吸附在亲和固定相上，直至目标物在柱出口穿透。共存的杂质则不被吸附，随样品溶液流出固定相。②采用与料液溶液组成相同的缓冲液，清洗色谱柱，除去不吸附的杂质。③清洗杂质后，用洗脱液将目标物从固定相上洗脱，得到纯化的目标物。④清洗和再生色谱柱，使色谱柱保持分离性能，用于下一批样品的分离纯化。

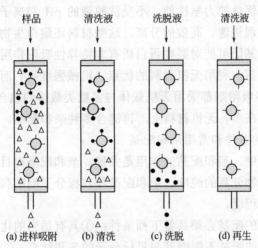

样品　　　清洗液　　　洗脱液　　　清洗液

(a) 进样吸附　　(b) 清洗　　(c) 洗脱　　(d) 再生

图 8-13 亲和色谱分离示意图

● 目标物；△ 杂质

（2）亲和色谱的固定相

亲和色谱固定相的载体大多与凝胶过滤色谱的载体材料类似。亲和作用主要源自载体表面共价键合的特定配基。不同目标物的分离需使用含不同配基的固定相。亲和固定相的制备包括载体的选择、载体的活化与配基的偶联三个步骤。

1）载体的选择

亲和色谱的载体应具有下列特性：①不溶于水，但高度亲水。载体的亲水性有利于被吸附分子的稳定，减少疏水作用引起的非特异性吸附。②化学惰性，非特异性吸附小，表面无电荷。③具有大量可活化的基团，便于与配基的功能基团共价键合。④结构和理化性能稳定，其膨胀度、网状结构和硬度等不容易受溶液条件的影响。⑤机械性能好，具有一定的颗粒形式以保持一定的流速，提高分离效果。⑥通透性好，具有多孔网络结构能使大分子自由通过。

常见的载体有：

① 多糖类　主要指纤维素、交联葡萄糖和琼脂糖。纤维素基质比较软，容易压缩，但价格低廉；交联葡萄糖结构孔径较小，经过活化后，多孔性降低，使亲

和基团活化效率降低；琼脂糖是理想的载体之一，具有优良的多孔性。且经过交联后，可大大改善其理化稳定性和力学性能。

② 聚丙烯酰胺　是一种常用的吸附剂载体，具有功能基团多的优势。但其非特异性吸附较强，一般应在较高的离子强度溶液（0.02 mol/L 以上）中使用，以消除非特异性离子的交换吸附。聚丙烯酰胺和琼脂糖的共聚物的非特异性吸附少，容易改性。

③ 无机材料　一些无机材料也可作为载体，如可控孔径的多孔玻璃、陶瓷和硅胶等。它们具有优良的力学性能，不受洗脱液的 pH 和离子强度、洗脱压力和流速的影响，可实现快速、高效的分离。这些材料还耐微生物腐蚀，容易进行消毒处理。但其表面基团可能对某些蛋白质有非特异性吸附作用，而且较难键合功能基团。为扬长避短，利用无机材料的优点（机械强度高）而避免其缺点（不易功能化），目前很多吸附剂都采用无机载体与多糖类载体的耦合，将容易功能化的多糖包裹（涂层）在多孔无机材料上，再键合多种亲和配基。

2）亲和配基的条件和常用亲和配基

亲和色谱分离中，亲和配基的作用是关键。亲和配基对目标物的特异性结合能力，决定了目标物分离的纯度。亲和配基与目标分子间亲和作用的强弱决定着吸附和洗脱的难易程度。

作为亲和色谱的配基必须具备下列条件：①具有适当的化学基团，可固定在载体上，且固定后的配基不影响其与目标分子的亲和结合；②分子大小适合，减小空间位阻效应；③与目标分子的结合是可逆的，既能有效结合，又能有效解离，且不破坏目标分子的生物活性和理化性质；④与目标分子间有足够强的亲和力，配基-目标分子复合物能稳定一定时间，以便目标分子形成有效吸附；⑤配基与目标分子的结合具有选择性，既可以针对特定分子作为专一性的配基，又可以针对特定的基团作为基团特异性配基。

配基的选择性指它是目标分子的专一性配基或基团的特异性配基。前者指对某种特定分子具有特别强的亲和力和专一性，如单克隆抗体与其相应的抗原。后者指对某类化学基团或某一类生物分子具有强结合作用，如一些辅酶（NAD^+、$NADP^+$、ATP 等）能与许多酶（各种脱氢酶、激酶等）结合，这些辅酶与酶的结合才能引起酶的催化作用。因辅酶与相应的酶具有强结合作用，所以可作为亲和分离酶类的配基。

常用的亲和配基有：酶的抑制剂、抗体、蛋白 A 和蛋白 G、凝集素、辅酶和磷酸腺苷、过渡金属离子、组氨酸、色素、肝素等。一些新的亲和配基也在不断出现。

① 酶的抑制剂　对蛋白酶的活性存在一定抑制作用的物质，称为酶的抑制剂。它可以是天然生物大分子，也可以是小分子化合物。例如，胰蛋白酶的蛋白质类抑

制剂有胰脏蛋白酶抑制剂、卵黏蛋白和大豆胰蛋白酶抑制剂，小分子抑制剂有苄脒、精氨酸和赖氨酸等。这些抑制剂均可作亲和色谱的配基用于纯化胰蛋白酶。

② 抗体（或抗原）　抗原与抗体具有高度特异性结合，可利用抗体（或抗原）为配基分离纯化相应的抗原（或抗体）。这种亲和色谱法又称为免疫亲和色谱。以单克隆抗体为配基的免疫亲和色谱法是获得高度纯化的蛋白质的有效手段。由于单克隆抗体的生产制备工艺复杂，生产成本较高，目前利用单抗的免疫亲和色谱法仅用于产量小、价格昂贵的某些基因工程药物的分离纯化，如组织纤溶酶原激活剂和干扰素等。多克隆抗体较单抗的特异性低，但成本也低、生产制备较简单，选择适当的洗脱条件，也可以达到目标产物的高度纯化。

③ 蛋白 A 和蛋白 G　蛋白质 A 来源于金黄色葡萄球菌，蛋白质 G 分离自 G 群链球菌。它们都与许多动物的免疫球蛋白 G 的 Fc 片段具有很强的亲和作用，由于所有抗体的 Fc 片段的结构都非常相似，所以蛋白 A 和蛋白 G 可以作为各种抗体的亲和配基，并且只结合抗体的 Fc 片段。而抗体的抗原结合部位 Fa、Fb 片段保留，可与抗原结合。因此蛋白 A 和蛋白 G 可用于分离抗原-抗体免疫复合体。

④ 凝集素　外源凝集素是一种天然蛋白质，大多数可由植物中提取。它们含有糖结合部位，与一些含糖的残基或糖链段具有高亲和力，可作为结合糖基的配基。不同的凝集素与糖结合的特异性不同，例如，伴刀豆球蛋白 A（ConA）与葡萄糖和甘露糖的结合较强，而麦芽凝集素与 N-乙酰葡糖胺的结合较强。ConA 是常用的亲和配基之一，可用于糖蛋白、多糖、糖脂、各种含糖链分子以及完整细胞、细胞表面受体蛋白和细胞膜片段的分离纯化。

⑤ 辅酶和磷酸腺苷　脱氢酶和激酶必须在辅酶存在时才有催化活性，因此这些辅酶可以用作脱氢酶和激酶的亲和配基。主要的辅酶有辅酶Ⅰ（烟酰胺腺嘌呤二核苷酸，NAD）、辅酶Ⅱ（烟酰胺腺嘌呤二核苷酸磷酸，NADP）和腺苷三磷酸（ATP）等。此外，5'-磷酸腺苷（5'-AMP）与 NAD^+ 以及 ATP 分子中的腺嘌呤核苷酸部分具有相似结构，因此，凡是需要 NAD^+ 及 ATP 作为辅酶的酶一般都可用以 5'-AMP 为亲和配基的亲和色谱进行分离纯化。2',5'-ADP 与 $NADP^+$ 分子中的腺嘌呤核苷酸具有相似结构，因此需要 $NADP^+$ 作为辅酶的酶可用以 2',5'-ADP 为亲和配基的亲和色谱进行分离纯化。

⑥ 过渡金属离子　Cu^{2+}、Ni^{2+}、Zn^{2+}、Mn^{2+}、Cd^{2+} 等过渡金属离子可与 N、S、O 等供电原子产生配位键，因此可与蛋白质表面的组氨酸的咪唑基、半胱氨酸的巯基和色氨酸的吲哚基发生亲和作用，其中以组氨酸的咪唑基的结合作用最强。将过渡金属离子通过亚氨基二乙酸（IDA）固定在固相载体表面，即可作为蛋白质的亲和配基。这种利用金属离子为配基的亲和色谱一般称为金属螯合亲和色谱或固定化金属离子亲和色谱（immobilized metal ion affinity chromatography，IMAC）。常用的载体为琼脂糖，再利用双环氧法偶联 IDA，固载金属离子。

许多蛋白质和肽类分子的表面都不同程度地含有暴露的组氨酸、半胱氨酸和色氨酸，这些氨基酸都能与二价金属离子发生螯合作用，故可利用 IMAC 进行分离纯化。同时，还可以利用螯合介质上的 IDA 为配基，分离含有金属离子的金属结合蛋白。因此，IMAC 既可以分离非金属结合蛋白，也可以分离金属结合蛋白。

⑦ 组氨酸　组氨酸在各种氨基酸中性质比较特殊，其具有弱疏水性，咪唑环带弱电性，它可作为亲和配基，与蛋白质发生亲和作用。在低盐和 pH 约等于目标蛋白质等电点的溶液中，固定化组氨酸的亲和吸附作用最强，随着盐浓度的增大，亲和吸附作用降低。利用组氨酸作为配基，可亲和分离等电点相差较大的蛋白质，洗脱则可采用增大盐浓度的梯度洗脱法。

⑧ 色素　三嗪类色素是一类含有三嗪环的合成活性染料分子，它可与各种需要在 NAD 存在时才具有生物活性的脱氢酶和激酶结合。这类色素与 NAD 的结合部位相同，具有抑制酶活性的作用，又称为生物模拟色素。利用色素为配基的亲和色谱可分离脱氢酶和激酶。此外，三嗪类色素还与很多蛋白质具有结合能力，如血清白蛋白、核酸酶、溶菌酶和糖解酶等。以色素为配基的亲和色谱分离用途非常广泛。

⑨ 肝素　肝素是存在于哺乳动物的肝、肺、肠等脏器中的酸性多糖，相对分子质量一般为 5000~30000，具有抗凝血作用。肝素与脂蛋白、脂肪酶、甾体受体、限制性核酸内切酶、抗凝血酶、凝血蛋白质等具有亲和作用，可用作这些物质分离的亲和配基。肝素的亲和结合作用在 pH 值为中性和低浓度盐溶液中较强，随着盐浓度的增大结合作用降低。

3）载体的活化和配基的连接

亲和色谱的惰性载体需要活化以使其表面产生活性基团，再与配基连接。亲和配基与载体的化学反应相对温和，需尽可能保持载体和配基的原有性质，以保持目标物与亲和载体之间的特异性或专一性作用。根据载体和配基的化学基团不同，采用不同的活化方法，即使是同一化学基团也可采用不同的活化方法。

多糖基质载体常用的活化和偶联方法包括溴化氰法、三嗪法、高碘酸盐法、环氧化物法、苯醌法等；聚丙烯酰胺基质载体常用的活化和偶联方法包括戊二醛法、肼法等。要使有机功能基团连接到多孔玻璃或硅胶等无机材料上，必须用硅烷化试剂进行偶联反应。硅烷化试剂一端为有机功能活化基团，另一端为硅烷氧基。常见的硅烷化试剂有 γ-环氧基丙氧基-三甲氧基硅烷等。

固定化配基的密度与载体的性质、活化和固定化方法以及配基的性质有关，并且受反应条件（温度、pH 等）的影响。因此，对于特定配基，需选择适当的载体在适宜的条件下进行活化与固定化反应，以达到所需的固定化配基的密度，提高亲和色谱分离目标物的吸附容量和分离效率。

通常，目标物的吸附容量随固定化配基密度的提高而增大。但是，当固定化配基的密度过高时，配基之间也会产生空间位阻作用，反而削弱了配基与目标物之间的亲和吸附，使配基的有效利用率降低。因此，固定化配基的密度也不宜过高，需要选择最佳密度范围。

4）连接配基的间隔臂

当配基是小分子时，载体表面可固定的配基数多。但过多的配基产生空间位阻，使配基可结合的目标物大分子数目有限，即可结合大分子的有效配基数降低，如图 8-14（a）所示。这时，需要在配基与载体之间连接一个"间隔臂"，以增大配基与载体之间的距离，减小配基之间的空间位阻，使每个配基可与生物大分子结合，提高配基的亲和效率，如图 8-14（b）所示。

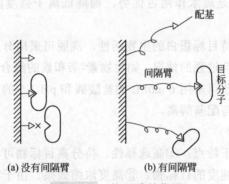

(a) 没有间隔臂　　　　(b) 有间隔臂

图 8-14　间隔臂的作用

间隔臂的长度也影响结合效率。一般的间隔臂是 6~8 个甲基的烷基。过短的间隔臂作用不大，但过长的间隔臂增加了其自身与载体或配基结合的机会，也会使配基与目标物的结合能力下降。而且间隔臂容易弯曲使有效距离缩短，不利于配基与目标物的结合。有的间隔臂还可能与目标物发生非特异性疏水作用，影响亲和分离的效果。因此，要根据目标物的分子结构和载体特点，选择合适的间隔臂。常用的间隔臂分子有己二胺、6-氨基己酸及 3,3′-二氨基二丙胺等。

（3）流动相及洗脱方式

亲和色谱中目标产物的洗脱可采用特异性洗脱和非特异性洗脱，分别使用不同的流动相。

① 特异性洗脱　流动相中含有与亲和配基具有亲和作用或与目标物具有亲和作用的分子，这些分子通过与亲和配基或目标物的竞争性结合，使目标物从亲和吸附剂上洗脱下来。例如，葡萄糖与伴刀豆球蛋白 A（ConA）具有亲和作用，以 ConA 为配基的亲和色谱固定相，可用含有葡萄糖的洗脱液；赖氨酸和精氨酸均为组织纤溶酶原激活剂（t-PA）的抑制剂，以固定化的赖氨酸为配基亲和分离

t-PA 时，可用精氨酸溶液进行洗脱。特异性洗脱液通常浓度较低，pH 为中性，洗脱条件温和，有利于保护目标物的生物活性。对于特异性较低的亲和分离体系（如用三嗪类色素为配基时）或非特异性吸附较严重的分离体系，进行特异性洗脱有利于提高目标物的纯度。

② 非特异性洗脱　通过改变流动相的溶液浓度、pH、离子强度，或离子类型以及溶液温度等理化性质，使目标物与配基之间亲和作用减弱，从固定相上洗脱下来，达到洗脱目的。非特异性洗脱时，目标物与配基之间的作用力包括静电作用、疏水作用和氢键等，任何可使这些作用减弱的条件都可作为非特异性洗脱的条件。例如，当目标物与配基结合以静电相互作用为主时，可采用提高离子强度的方法洗脱。一般情况下，1 mol/L 的 NaCl 溶液就能达到有效洗脱。若目标物与配基结合是疏水作用占优势，则降低离子强度能够有效地将目标物洗脱。

洗脱时要考虑保持目标蛋白的生物活性，洗脱可采用分步洗脱或梯度洗脱。对于目标物与配基结合过强的情况，如生物素-亲和素的结合，除需采用高浓度的可溶性配体洗脱外，还可采用 6 mol/L 的盐酸胍和 pH 1.5 的苛刻条件，才能使目标物在合理的时间内与配基解离。

（4）特点和应用

亲和色谱具有以下特点：①高选择性。待分离目标物可与配基特异性结合，一次纯化即可得到高纯度的目标物。②高度浓缩效果。由于特异性的识别和高亲和力的相互作用，可以从含量很低的溶液中富集得到高浓度的目标物，纯化倍数甚至达到几千倍，特别适用于含量极少的活性物质的分离。③分离条件温和，可保持分子活性，活性分子的回收率高，适用于不稳定的活性分子的分离。④亲和色谱的填料或商品化色谱柱非常昂贵，分离成本高，分离特定目标物需要使用特定的亲和色谱柱。

亲和色谱分离的特异性强，亲和色谱技术发展迅速，是高特异性分离纯化蛋白质的有效方法。

组织纤溶酶原激活剂（t-PA）是一种糖蛋白，能够激活纤溶酶原，促进血纤维蛋白溶解，是治疗血栓等心脑血管疾病的蛋白药物。t-PA 主要存在于动物心脏组织中，但含量很低，目前主要利用重组 DNA 动物细胞培养生产 t-PA。赖氨酸、精氨酸、氨基苄脒和纤维蛋白与 t-PA 具有亲和作用，常用作亲和色谱纯化 t-PA 的配基。图 8-15 是利用精氨酸-Sepharose 4B 亲和色谱柱纯化猪心组织 t-PA 的结果。样品为猪心丙酮粉经醋酸钾抽提、硫酸铵沉淀、纤维蛋白-Sepharose 4B 亲和色谱柱和 Sephacyl S-300 凝胶过滤柱纯化后的活性部分。亲和吸附的 t-PA 用盐酸胍（GdmCl）为洗脱液梯度洗脱，回收图中阴影所示部分，使 t-PA 的活性提高了近 7 倍，收率为 56%。

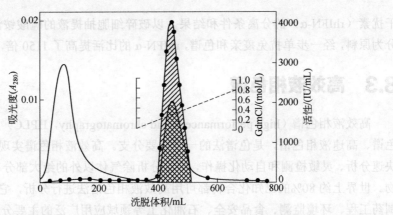

图 8-15 精氨酸-Sepharose 4B 亲和色谱柱（ϕ25 mm×50 mm）纯化 t-PA

—— 280 mm 吸光度；●—● t-PA 活性；---- GdmCl（洗脱液）浓度梯度；▨ 收集的 t-PA 活性部分

干扰素是一类具有生理活性的蛋白质，其对癌症、肝炎等疾病具有特殊疗效。干扰素可通过动物细胞培养、基因重组大肠杆菌或重组枯草杆菌发酵生产。细胞在诱导后可产生的蛋白质组成非常复杂，其中干扰素占比极小，大部分非干扰素组分作为杂质需要去除。由于三嗪类色素对干扰素具有亲和结合，因此色素亲和色谱是纯化干扰素的主要方法之一。固定化金属离子亲和色谱和免疫亲和色谱也可用于干扰素的纯化。图 8-16 是利用单抗免疫亲和色谱法纯化源于大肠杆菌的重组人白细胞

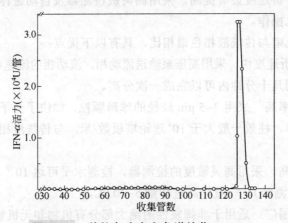

图 8-16 单抗免疫亲和色谱纯化 rhIFN-α

色谱柱：ϕ25 mm×35 mm；

料液：700 mL，总蛋白=37.1 g（缓冲液 A+0.1 mol/L，NaCl）；

清洗液：30~80 管，缓冲液 A=25 mmol/L Tris-HCl+0.1 g/L 硫代二甘醇+10 μmol/L 苯甲基磺酰氟，pH=7.5；

81~116 管，缓冲液 B=25 mmol/L Tris-HCl+0.5 mol/L NaCl+2 g/L，Triton X-100，pH=7.5；

117~124 管，缓冲液 C=0.15 mol/L NaCl+1 g/L Trition X-100；

洗脱液：125~140 管，缓冲液 D=0.2 mol/L 醋酸+0.1 mol/L NaCl+1 g/L Trition X-100，pH=2.5；

收集的活性部分：127~131 管（30 mg 蛋白质）

干扰素（rhIFN-α）的分离条件和结果。以破碎细胞抽提液的硫酸铵沉淀的活性部分为原料，经一步单抗免疫亲和色谱，rhIFN-α 的比活提高了 1150 倍，收率达 95%。

8.3 高效液相色谱

高效液相色谱（high performance liquid chromatography，HPLC）又称高压液相色谱、高速液相色谱，是色谱法的一个重要分支。高效液相色谱实现了高效分离、快速分析、灵敏检测和自动化操作，可以分析除气体以外的绝大部分有机物和无机物。世界上约 80% 的已知化合物都可用高效液相色谱法进行分析，它是医药卫生、制药工程、环境监测、食品安全、石油化工等领域应用广泛的主要分析方法。

8.3.1 基本原理与特点

高效液相色谱与传统的液相色谱的分离原理没有本质区别，也分为离子交换色谱、反相色谱、疏水作用色谱、亲和色谱。在常规分析中，离子交换色谱和反相色谱的应用最多。针对无机离子分析，主要采用离子色谱法。

高效液相色谱在经典的液相色谱基础上，引入了气相色谱分离理论。技术上使用了粒径小、硬度高、机械强度好的球形颗粒固定相，提高了分子在固定相和流动相之间的传质速率，并采用了高压输液泵完成流动相输送和快速洗脱，因此其分析效率和分析速度显著提高。采用高灵敏检测器及自动进样器，实现了灵敏检测和全自动化操作。

高效液相色谱与传统液相色谱相比，具有以下优点：

① 分离分析速度快　采用高压泵输送流动相，流动相的流速可达 10 mL/min，一般在几分钟到几十分钟内可以完成一次分离。

② 分离效率高　采用 3~5 μm 粒径的球形颗粒，加快了分子在固定相和流动相间的传质速率，柱效一般大于 10^4 理论塔板数/米，与传统液相色谱相比提高了 2~3 个数量级。

③ 灵敏度高　采用高灵敏度的检测器，检测水平可达 10^{-9}（紫外检测器）~ 10^{-12} g（荧光检测器），一般样品进样量 5~20 μL。

④ 适用范围广　适用于非挥发性的绝大部分有机物和无机物。

8.3.2 高效液相色谱仪组成

高效液相色谱仪组成示意图如图 8-17 所示。主要包括以下部分：

① 贮液瓶　贮液瓶中放置经过过滤和脱气后的流动相。

② 高压泵（输液系统）　高压下将恒定流速的流动相输送进入色谱柱。

③ 进样器　利用六通进样阀将样品溶液准确定量的送入色谱柱端。

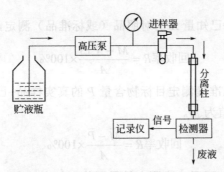

图 8-17 高效液相色谱仪的组成示意图

④ 色谱柱 高效液相色谱的核心分离部件，色谱柱管为耐高压的不锈钢材质，柱中装填固定相微球。

⑤ 检测器 色谱柱后连接的检测器用于在线检测。常用的检测器有紫外检测器、二极管阵列检测器、电导检测器、荧光检测器、蒸发激光散射检测器和示差折光检测器。近年来，质谱检测器也成为其常规的联用检测器。

⑥ 数据处理和记录系统 利用计算机和专用色谱软件可自动记录分析检测结果，完成自动数据分析和结果保存等。

8.3.3 高效液相色谱方法的评价

建立的色谱分析方法通常需要对线性范围、标准曲线、准确度、回收率、精密度、检测限、定量限、选择性等进行评价。

① 线性范围和标准曲线 线性（linearity）指在一定浓度范围内，测试结果与试样中被测物浓度呈正比关系的程度。线性通常用最小二乘法处理数据求得回归曲线的斜率来表示。要求至少测定 5 个浓度以考察线性，并提供线性相关系数、线性方程的截距（检测的可能偏差）、斜率及方差等参数，应列出回归方程式和线性图。

标准曲线是色谱定量分析的依据。标准样品测试结果与浓度呈线性关系，目标物浓度（或质量）与其在检测器上产生的信号（峰高或峰面积）成正比。标准曲线的线性关系应处于线性范围内。标准曲线的范围确定取决于样品最低浓度与最高浓度。标准曲线线性一般采用 5~9 个点，并非点越多越好。

② 准确度和回收率 准确度是指用该方法测定的结果与真实值或参考值接近的程度，用百分回收率表示。回收率直接反映测定结果与真实值的接近程度，应控制在 100% 左右（95%~105%，或 100%±10%）。模拟生物样品需经过整个样品处理过程，而标准溶液则可直接分析，两者的响应值之比称为绝对回收率。绝对回收率一般应大于 70%，过低说明方法中待测物质损失严重。

测定回收率（recovery）的具体方法可采用"回收试验法"和"加样回收试验法"。

回收实验：空白+已知量 A 的对照品（或标准品）测定，测定值为 M。

$$回收率R = \frac{M - 空白}{A} \times 100\%$$

加样回收实验：已准确测定目标物含量 P 的真实样品+已知量 A 的对照品（或标准品）测定，测定值为 M。

$$回收率R = \frac{\overline{M} - \overline{P}}{A} \times 100\%$$

在规定的范围内，可用 9 次测定结果评价，如高、中、低三个不同浓度样品各测三次，用平均值 $\overline{M}$ 和 $\overline{P}$ 计算。

③ 精密度 精密度是指在规定条件下，同一个均匀样品，经多次取样测定所得结果之间的接近程度。用偏差（d）、标准偏差（SD）、相对标准偏差（RSD）表示。

偏差（d）即测量值与平均值之差，$d = x_i - \overline{x}$。

标准偏差，$SD = \sqrt{\dfrac{\sum (x_i - \overline{x})^2}{n-1}}$。

相对标准偏差（RSD），也称变异系数（CV），$RSD = \dfrac{S}{\overline{x}} \times 100\%$。

药品分析中，精密度也分为重复性、中间精密度及重现性。

重复性：在同一实验室、同一天连续测定样品（不少于 6 次），计算结果的 RSD 值。

中间精密度：考察随机事件对分析方法精密度的影响，如以日期为首要的典型变异因素。样品分析需在三天独立进行。

重现性：重现性为在不同实验室获得的测量数据之间的精密度。

④ 检测限 检测限（limit of detection，LOD）指在确定的实验条件下，方法能检测出的目标物的最低浓度或含量。可用信噪比法来确定。将已知低浓度试样测出的信号与空白样品测出的信号进行比较，算出能被可靠地检测出的最低浓度或量。一般以信噪比（S/N）3∶1 或 2∶1 时的相应浓度或量确定检测限。

⑤ 定量限 定量限（limit of quantitation，LOQ）指样品中被测物浓度或含量能用于定量测定的最低量，结果应具有一定准确度和精密度要求。定量限也用信噪比法确定。一般以信噪比（S/N）为 10∶1 时相应的浓度或量进行确定。

按 1984 年国际纯粹与应用化学联合会（IUPAC）规定：用仪器所测空白背景响应标准偏差（SD）的 10 倍为估计值，再经试验确定方法的实际检测下限。

⑥ 选择性 选择性或称专属性（specificity）指有其它成分（杂质、降解物、辅料等）可能存在的情况下，采用的方法能准确测定出被测物的特性，反映该方法在有共存物干扰时对供试物准确而专属的测定能力，是复杂样品分析时受到干

扰程度的度量。

8.3.4 高效液相色谱法的条件优化

① 根据目标物性质和样品来源,选择合适的色谱分离原理、方法和仪器设备。

② 选择质量好的商品化色谱柱,或自填充性能稳定的色谱柱(如离子交换柱、凝胶柱)。检测柱效,考察色谱柱性能。

③ 分析色谱柱前要连接保护柱。使用前需要平衡活化色谱柱,使用后要清洗和用正确方法保存。

④ 复杂样品必须进行前处理,以及必要的浓缩富集。

⑤ 减少样品上样体积,不要超量。

⑥ 优化流动相组成、浓度、流速、温度等分离条件。

⑦ 控制缓冲液 pH、样品的 pH 及电导。

⑧ 充分有效地获取和处理数据。

8.3.5 高效液相色谱法的优势

① 分离效率高 柱效>100000,适于复杂组分定性定量分析。

② 分离速度快 采用高压溶剂传输,保证分离过程的高线速。

③ 操作参数多 包括分离机理(大于五种),固定相粒径大小,柱长、柱内径,洗脱方式(等浓度、梯度、前沿),流动相组成(pH、浓度、离子强度、有机溶剂)等,可满足多组分分析需求。

④ 应用范围广 可分析正离子和非离子、极性和非极性小分子、蛋白质和核酸等生物大分子。

⑤ 连续自动化分析检测 利用色谱工作站控制分析操作和数据获取。

8.3.6 超高效液相色谱

现代社会与科学技术的发展对各种复杂样品分离分析的要求越来越高,特别是在食品安全、环境监测、药物开发、生命科学等领域,要求分析检测结果"更快、更好"。

由 Van Deemter 理论可知,色谱柱中的固定相粒径是对色谱柱性能产生影响的最重要的因素。柱效(N)与粒径(d_p)成反比,而分离度与柱效(N)的平方根成正比。色谱柱中的固定相粒径越小,色谱柱的塔板高度 H 越小,理论塔板数 N 越大,色谱柱的柱效越高。故减小色谱柱中固定相的粒径可提高色谱柱的柱效和分离度。

近代色谱的快速发展是由色谱固定相的发展所决定。20 世纪 70 年代,色谱固定相采用 10 μm 无定形微孔填料,柱效约为 45000 塔板数/米;20 世纪 80 年代,色谱固定相采用 3~5 μm 的球形微孔填料，柱效为 85000~120000 塔板数/米；20 世纪 90 年代，色谱固定相采用 1.5~1.7 μm 的球形微孔填料，柱效可高于 200000 塔板数/米；2004 年美国 Waters 公司推出了世界第一台超高效液相色谱仪（UPLC），并获得 2004 年匹兹堡分析化学和光谱应用会议暨展览会新技术金奖。UPLC 中，采用细粒径填料（1.5~1.7 μm）和细内径（2.1 mm）短柱（50 mm），在超高压力下运行获得柱效高达 100000~300000 塔板数/米。

$$\Delta p = \frac{\eta l v}{\kappa_0 d_p^2}$$

由上式可知，流动相通过色谱柱时，柱压力的升高程度（Δp）与流动相黏度（η）、柱长（l）及流动相线速度（v）成正比，与比渗透系数（κ_0）及 d_p^2 成反比。随着粒径 d_p 的减小，系统的压力成倍增加。因此超高的工作压力是使用小颗粒固定相色谱柱的必然。

使用小颗粒固定相，在技术上实现超高效液相色谱还必须解决色谱系统的一系列问题，如小颗粒填料的耐压和填料装填问题，包括颗粒度分布以及色谱柱结构；色谱系统的耐压问题，包括超高压下溶剂输送及系统的耐压防渗；快速自动进样与减少进样交叉污染问题；快速检测及减少扩散问题；快速的数据采集及管理、仪器系统控制问题等。上述这些创新技术的优化组合，实现了小颗粒固定相的色谱应用，使 UPLC（ultra performance liquid chromatography，超高效液相色谱）从理论变为现实。

UPLC 色谱系统中，色谱固定相的粒径减小为 1.5~1.7 μm，同时发展了新的固定相颗粒合成及筛分技术，使用了新型更小孔径的柱端筛板，发展了超高压柱装填技术，仪器的溶剂输送压力高达 15000 psi❶。

UPLC 发展近二十年，已在很多领域得以应用。与 HPLC 相比，其分析速度、分离柱效、分辨率和灵敏度等都有显著提升，溶剂用量大大减少，但仪器系统的压力也显著提高，仪器成本较高。

图 8-18 为 HPLC 色谱柱与 UPLC 色谱柱实图。

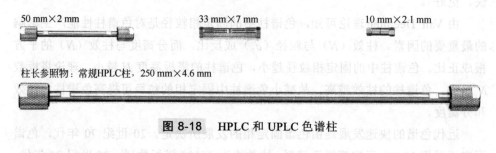

50 mm×2 mm　　　　33 mm×7 mm　　　　10 mm×2.1 mm

柱长参照物：常规HPLC柱，250 mm×4.6 mm

图 8-18　HPLC 和 UPLC 色谱柱

---

❶ 1 psi=6.895 kPa。

图 8-19 为 HPLC 和 UPLC 的分析结果比较。可以看出，随着色谱柱长缩短，内径减小，固定相颗粒减小，色谱分析时间大大缩短，且柱效显著提高，使用小颗粒粒径的 UPLC 分析结果优于 HPLC。表 8-1 比较了 HPLC 和 UPLC 中不同粒径的色谱固定相和不同色谱柱长的性能。

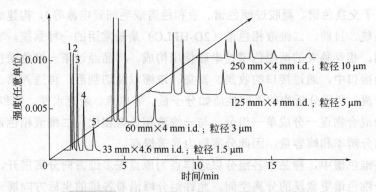

图 8-19　HPLC 和 UPLC 色谱柱的分析结果

表 8-1　HPLC 和 UPLC 色谱柱性能比较

速度、灵敏度和分辨率的数据								
柱长/mm	填料粒径/μm	分析时间/min	峰 5 柱效/(塔板数/米)	塔板数/柱	溶剂用量/mL	分辨率（峰1&峰2）	灵敏度（峰1）/AU	压力/psi①
250	10	18.1	36000	9000	10.9	4.8	0.004	200
125	5	9.4	75000	9375	5.2	5.2	0.008	500
60	3	4.8	120000	7200	4.6	4.6	0.013	1100
33	1.5	2.5	225000	7425	3.9	3.9	0.011	2500

① 1 psi=6.895 kPa。

　　UPLC 与常规 HPLC 基于相同的分离原理，仅需通过简单的转换即可实现"无缝对接"。UPLC 系统涵盖了小颗粒填料、低系统体积及快速检测等全新技术，显著改善了分辨率、分离度、检测灵敏度和样品分析通量，是液相色谱的新发展。

8.3.7　多维液相色谱

（1）多维液相色谱的概念与原理

　　增加色谱柱长、减小填料粒径以及改变固定相是提高液相色谱分离能力的三种常用方法。然而，对于复杂样品分析，一维液相色谱，由于色谱柱容量的限制，往往难以提供足够的分辨率。Giddings 指出，对于随机分布的样品，要完全分离其中 98%的组分，色谱柱系统的峰容量需要达到样品中组分数的 100 倍以上，因而仅从色谱柱技术的改进和设计出发不足以对复杂样品体系中随机峰组分进行完全分离。因此，组合不同的分离模式，构建多维液相色谱有望解决复杂样品的全组分高分辨率分析问题。

多维液相色谱（multi-dimensional HPLC，MD-HPLC）是指样品通过两种或多种不同机理的色谱模式进行分离。多维液相色谱采用不同的分离模式，以其分离模式数定义为维度。为了提高复杂样品中各组分的分辨率，可以根据样品组分的性质差别，选择分离机理正交的两种或两种以上的色谱模式进行组合（如反相色谱、离子交换色谱、凝胶过滤色谱、亲和色谱或毛细管电泳等），构建成多维液相色谱系统。目前，二维液相色谱（2D-HPLC）是最常用的一种系统，它由分离机理不同，相互独立的两根色谱柱串联使用构成。样品经过第一维色谱柱分离后进入切换接口中，通过接口的收集、富集、浓缩以及切割后，再进入第二维色谱柱继续分离。利用分析物的不同性质如分子量、等电点、亲疏水性、亲和作用等，可将复杂混合物逐一分成单一组分。与一维液相色谱相比，二维液相色谱系统具有更高的分辨率和峰容量，因此分离能力显著提高。

在多维色谱中，样品中各组分以进样点为原点在多维方向分离展开，因此可提供比一维色谱更宽泛的分离空间，允许组分峰沿着各维的坐标方向展开，显著减少了峰重叠。Giddings 最早提出了多维色谱的两条金标准：①样品组分必须经过两种或两种以上的不同分离模式；②各组分间的分离不受后续分离的影响。多维色谱技术 20 世纪 90 年代出现以来，已得到很大的发展，并广泛应用于生命科学、食品卫生以及环境监测等重要领域。

（2）多维液相色谱的分类

1）部分多维模式和整体多维模式

根据获取样品信息的完整性，多维液相色谱可分为部分多维模式和整体多维模式。

部分多维模式是指将第一维洗脱馏分中感兴趣的部分切换至下一维进行分离，即中心切割法，中心切割法并不能得到样品的全部组分信息。为了判断感兴趣组分的切割时间，还需要测定感兴趣组分标准品在第一维色谱的保留时间。部分多维模式主要针对感兴趣的组分进行分离，多用于样品的前处理，或与亲和色谱柱偶联构成二维系统。

整体多维模式即全多维液相色谱，是对注入第一维色谱柱的全部样品或者是能够代表所有组分的部分样品进行下一维的分离。理想的全多维液相色谱能得到全部组分的信息，实现对复杂体系中所有未知物的分析。在采用分流技术的二维系统中，虽然只有部分样品进入第二维分离，但只要这部分样品能代表全部样品组分的信息，也属于全二维系统的范畴。

2）离线多维色谱和在线多维色谱

根据样品分析步骤的连续性，多维液相色谱可分为离线多维色谱和在线多维色谱。

离线多维色谱又可分为多柱色谱和多模式色谱两类。多柱色谱是指分别在不同的色谱柱上进行分离，它通常需要一系列不连续的操作步骤，以及对样品进行手动处理，包括进样、待测组分的定位和收集，和不断对收集到的组分进行预处理。它的特点是简单、应用普遍，但是费力耗时。多模式色谱使用不同分离机理的填料混合装柱。装有不同色谱填料的色谱柱对样品组分存在多种保留机制，当选择某种流动相时，只有一种保留机制起主要作用，通过改变流动相来消除填料中其它保留机制的作用。

在线多维色谱又可分为同时分离与连续分离两种方式。同时分离是在色谱柱中装填两种或两种以上不同类型的色谱固定相。固定相上因含有不同的作用基团，故对分析物表现出两种或两种以上的保留机制。这种色谱柱的制备，或是在相同固定相基质上连接不同的作用基团，或是将不同固定相基质和不同表面基团的均匀粒径的填料混合填装。这种类型的色谱柱比常规色谱柱具有更高的选择性，但由于柱内化学基团的位置不同，其重现性很难保证。连续分离模式是目前更受关注的方法，对其命名也多种多样。文献中既有常用的多维色谱和柱切换的提法，也有不太常用的提法，如偶合柱色谱、串联色谱、多柱色谱、柱程序色谱、正交色谱、方式连续色谱等。Berkowitz 进一步将连续多维色谱分为线型和非线型。线型多维色谱中，一种是采用两根色谱柱之间直接相连的形式。另一种则是通过硬件系统，要么控制系统对柱的选择，要么控制从前一根色谱柱引入下一根柱的流出液比例。非线型多维色谱模式则更为复杂，需要两个或两个以上的相对独立的流动通路，即独立的溶剂输送系统。待测组分则通过柱切换在两个流路系统中传递，这也是目前多维液相色谱中应用最为广泛的一种模式。

3）二维液相色谱的仪器装置

二维液相色谱的装置示意图如图 8-20 所示。由两台输液泵，两个六通切换阀，一个进样阀，两根色谱柱及检测器组成。首先在柱 1 上把样品分成两个部分，如果后半部分需要转移到第二根色谱进一步分离，即为后端分割，两种流动相流路则按图 8-20 中的实线所示。由泵 1 输送的流动相 1 通过进样阀、阀 2、柱 1、阀 3，最后流入废液瓶。流动相 2 经泵 2 输送到阀 2，通过阀 3、柱 2 到检测器。当经柱 1 分离的前半部分组分全部流出柱 1 后，同时切换阀 2 和阀 3，使流动相按图中虚线方向流动。流动相 1 经进样阀后，流入废液瓶，流动相 2 经阀 2 后，进入柱 1，把待分离的组分洗脱下来，经阀 3 切换至柱 2，经柱 2 进一步分离后，输送到检测器检测。如果需进一步分离的部分先流出柱 1，即为前段分割，则操作程序相反，流动相先沿图中虚线通道流动，待柱上保留弱的组分全部进入柱 2 后，切换阀 2 和阀 3，使流动相按实线方向流动，流动相 1 清洗柱 1 后至废液瓶，流动相 2 通过柱 2 实现对待分离组分在柱 2 上分离。

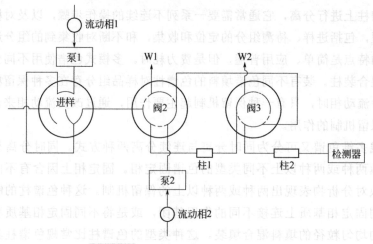

图 8-20　多维液相色谱装置示意图

4）多维液相色谱的优势

基于不同的分析目的，可以采用不同分离机理的色谱柱构建多维色谱系统。离子交换色谱、反相色谱、亲和色谱、凝胶过滤色谱等分离模式皆可以相互组合用于特殊目的的分离分析。多维液相色谱对复杂成分的分析有明显的优势，特别体现在生物复杂样品的分析应用中。

① 能从复杂的多种组分中排除干扰物质，有选择性地针对目标组分进行分析。对组成复杂，如富含蛋白质的体液（血浆、血清等）进行分析之前，往往需要复杂的预处理过程。传统的预处理，其过程复杂、花费时间长、溶剂消耗量大。利用多维色谱可以在线去除蛋白，实现血浆的直接进样分析。样品首先在柱 1 实现干扰分子与待测物质的分离，排除内源性物质的干扰，然后将待测组分从柱 1 转移到柱 2 完成下一维分离。这样既能起到样品预处理的作用，也可以使分析柱受到的污染大大减少。

② 提高分离能力和选择性。如分析一些保留值相差很大的组分时，保留强的组分在柱 1（短柱）已得到很好分离，可直接进入检测器。而保留弱的组分在柱 1 中洗脱很快，未彻底分离，则被送入柱 2（长柱）进一步分离。

8.4　制备型液相色谱

根据分离的目的和样品处理量，色谱还可分为分析型色谱和制备型色谱。前者以定性和定量分析为目的，后者则是以分离、富集和纯化目标物为目的。两者在分离机理上没有区别，但由于目的不同，色谱柱和色谱仪器系统以及色谱操作的要求也有所不同。分析型色谱要求对多组分进行高效分离和高灵敏度检测，并要求分析结果具有良好的重现性。而制备型色谱则要求较大的样品处理能力和对特定目标物的较高的分离效率。制备色谱是最有效的制备型分离技术，是很多研究领域和生产车间必不可少的分离手段，如有机合成产物的分离、植物组分的提取、生物工程产物的分离纯化等。

8.4.1 制备型色谱的分类

制备型色谱可分为常压柱色谱、低压和中压制备色谱以及高压制备色谱。

（1）常压柱色谱

在色谱柱内装填固定相，加入样品，固定相吸附后，利用洗脱液的重力作用对样品解吸附。常压柱色谱使用普遍，成本低，无需特殊仪器。分离步骤包括：选定吸附剂、装柱（干法、湿法）、加样品、冲洗柱、柱底端检测、分段收集组分、合并目标组分、洗脱液蒸发浓缩。使用后的色谱柱需清洗、再生处理、保存备用。

凝胶柱色谱的分离步骤包括：

① 干胶溶胀　购买商品化的干凝胶使用前在洗脱液中充分溶胀一至数天。沸水浴中加热凝胶悬浮液，需 1~2 h。

② 均匀装柱　使用商品化的玻璃、有机玻璃凝胶空柱，柱两端具有平整的筛网或筛板。加入少量流动相排出柱底气泡，用漏斗将脱气的溶胀凝胶悬浮液缓慢、均匀、连续地加入柱管。打开柱出口管，保持适当流速，凝胶颗粒均匀沉积在柱中到所需高度。肉眼直观观测或用有色标准品测试柱内谱带状况。

③ 用流动相平衡柱，然后在柱顶端均匀加入样品。

④ 洗脱柱　用洗脱液缓慢冲洗柱中样品，根据紫外检测器信号，收集特定时间的洗脱液。

⑤ 柱清洗再生　去除凝胶表层沉积物，用 0.5 mol/L NaCl 清洗污染物，并适当补充凝胶。凝胶柱一般可连续使用半年。

⑥ 柱保存　凝胶柱以湿状保存为主，保存时加少量氯仿、苯酚和硝基苯，可放置数月到 1 年。

（2）低压制备色谱

制备色谱分离时，为加快速度，可在色谱柱上施加压力。一般柱压力低于 0.5 MPa 时称为低压制备色谱。

低压制备色谱可采用两种方式：一种是在柱上方加压，另一种是在柱下方减压（图 8-21）。加压一般通过空气泵、氮气、蠕动泵等完成，减压则使用真空泵。除了加减压外，其它操作与常压柱色谱法基本一致。低压制备色谱中，蠕动泵压力范围为 0.3~0.5 MPa，流速为 0~20 mL/min 或 100 mL/min。低压制备色谱中使用颗粒较大的填料，其分辨率有限。

（3）中压制备色谱

将柱压力为 0.5~2 MPa 的制备色谱称为中压制备色谱。

中压制备色谱是利用恒流泵抽送流动相，并将样品通过进样阀输入色谱柱，实现样品分离。中压制备色谱系统由溶剂瓶、恒流泵、进样阀、色谱柱、检测器、记录仪和馏分收集器等部分组成（图8-22）。中压制备色谱的压力范围在 1.0~2.0 MPa，流动相流速范围为 0~20 mL/min 或 50 mL/min、0~150 mL/min 或 400 mL/min。中压制备色谱的色谱柱一般是由耐压的强化玻璃制成，填料粒度比低压制备色谱所用的小，分离效率更高。

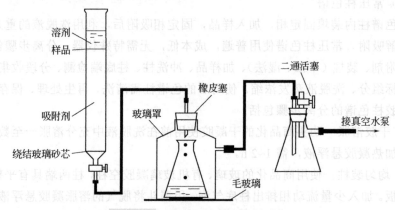

图 8-21　减压柱色谱装置示意图

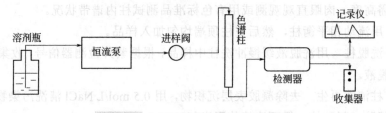

图 8-22　中压制备色谱系统示意图

（4）高压制备色谱

一般将柱压力大于 2 MPa 的制备色谱称为高压制备色谱。它的仪器部件参数与分析型高效液相色谱有明显差别。

① 高压泵　流量大，30~100 mL/min，工业制备色谱可达 1 L/min，耐一定压力，最高 20 MPa。泵精度和准确度小于分析型色谱仪。

② 进样　使用大样品环（<10 mL）的六通阀。样品量大于 100 mL 时，可使用小型压力泵，"停流技术"上样。

③ 制备柱

分析型色谱柱：(4~5) mm×(25~50) cm，进样量小，几十至几百微克。重复进样并收集组分。耗时，柱易过载，性能下降。

中型制备柱：(20~22) mm×(25~50) cm，填料粒径 5~20 μm。柱效稍低，但样品处理量大，成本低。

大制备柱：$(25\sim50)$ mm$\times(25\sim50)$ cm，粒径更大，柱效更低，处理量大。

制备柱内一般使用硅胶吸附剂或表面有化学键合基团的固定相填料。色谱柱的柱管使用耐高压的不锈钢材质。

④ 检测器　制备色谱的流出液量大、浓度高，不需要高灵敏检测器，但应能适应高流速流动相的通过。流量过大时，可使用分流器。一般使用示差折光检测器，它是普适性检测器，适应样品范围宽，灵敏度足够。还可使用紫外检测器，也可将二者联用。

8.4.2　制备色谱分离方法

制备色谱以获取分离组分为目的，要求样品的分离容量大、效率高、成本低。建立分离条件的目的是获得最大进样量，通常依靠实验尝试和经验优化条件，采用自动化仪器收集色谱峰组分。

针对大量样品中特定目标物的分离、富集和纯化，增大样品进样量，控制目标物与杂质的峰间距，有利于大量目标物的收集，提高目标物的分离和纯化效率。

① 峰接触法　适用于目标物含量大、杂质较少的样品。图 8-23 为峰接触法色谱示意图。当进样量适中，目标物与杂质完全分离，见图 8-23（a），分离柱保持一定容量。增大样品的进样量，使样品中各组分的峰增大，特别是目标物的峰应尽可能大，则有利于收集获得更多目标物，图 8-23（b）。样品的最大进样量应控制在使待收集的目标物的色谱峰与最邻近杂质的色谱峰刚好接触，此时收集的目标物馏分中则不含杂质。制备色谱中，尽管增大的样品量已经使色谱柱过载，但收集的目标物组分仍然可达到纯度要求。控制目标物峰与邻近杂质的峰刚好接触时的样品进样量，收集目标物馏分的方法称为峰接触法。

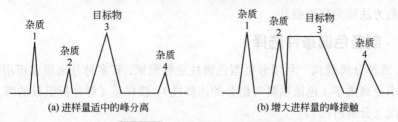

(a) 进样量适中的峰分离　　(b) 增大进样的峰接触

图 8-23　峰接触法色谱示意图

② 峰重叠法　适用于样品中杂质含量大、目标组分微量的样品。图 8-24 为峰重叠法色谱示意图。为了获得微量目标组分的制备和纯化，增加样品进样量，直至目标物组分的色谱峰与前后邻近的杂质色谱峰发生重叠，然后收集重叠区的馏分，再次进行色谱分离。该方法需要两步色谱分离，常用于大量杂质成分存在时，微量目标物组分的分离或难分离组分的分离。

图 8-24（a）为分析型色谱分离结果，峰 2 为目标物峰，处于两个大峰 1 和 3 之间，并与峰 1 有重叠。目标物的峰明显小于两个杂质峰。制备分离的第一步是

加大样品量，使前后两个大峰 1 和 3 部分重叠，微量目标物组分处于两个峰 1 和 3 之间，被它们完全覆盖。收集两峰的中间部分馏分，图 8-24（b），其主要含有目标物组分和少量前后峰的组分。将收集的馏分在该条件下进行第二次色谱分离。调节进样量使目标物峰和杂质峰刚好接触，可得到较大的目标物峰和前后两个杂质峰，图 8-24（c）。再按照峰接触法收集目标物峰，则可制备较大量的目标物。由于不受前后两个杂质峰的干扰，可使目标物得到纯化。

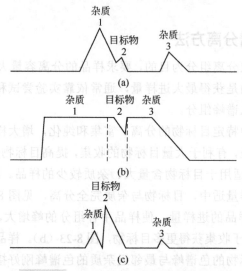

图 8-24   峰重叠法分离制备微量组分

控制样品量使目标物色谱峰与前后杂质峰刚好接触，目标物峰被覆盖居于两峰之间。收集其馏分并再次进行色谱分离，可得到纯化的微量目标物。这种收集目标物的方法称为峰重叠法。

8.4.3   制备色谱条件选择

① 选择分离模式   利用分析型色谱柱进行测试。有多种分离模式可用时，应综合考虑分离效率（色谱填料对组分的选择性）、载样量（对分析组分的容量）和分析速度（分析时间）。

② 确定分离模式后选择色谱柱参数

柱内径：上样量与色谱柱截面面积相称。

填料粒径：粒径小，柱效高，但价格高，柱压力也高，要求设备硬件具有更高的耐压性；粒径大，柱效低，价格低，设备要求低，成本低。

柱长：长柱的柱效高，样品载样量大，但柱压高，分离时间也长。

③ 制备色谱的色谱柱性能选择

实验室半制备柱：柱内径 5~20 mm，长度 15~50 cm，填料粒径 10~30 μm。普通分析型高压色谱仪可获得毫克量级的单组分。

克级制备色谱：柱内径 50 mm，长度 20~70 cm，填料粒径 40~60 μm。柱中装填 200~500 g 填料，可获得克级单组分。

工业制备色谱：柱内径 10~50 cm（或更大），长 50~100 cm，公斤级产量。采用闭路循环和溶剂再生系统。

8.4.4　制备色谱与分析色谱的比较

制备色谱的填料粒径和色谱柱、流动相、样品量等都与分析型色谱有所区别。分析型色谱和制备型色谱的比较见表 8-2。制备色谱的特点是柱子长（20~100 cm）、柱内径大（1~100 cm）、填料粒径大（10~30 μm）、流动相洗脱的流速高（5~10 mL/min）、可处理的样品量大。

表 8-2　分析型色谱和制备型色谱的比较

类别	分析型	制备型
目的	定性、定量分析	分离，纯化，富集
要求	单位时间出峰数多（峰容量大）	单位施加目标物峰大（产品量多）
样品量	<0.5 mg	半制备≤100 mg；制备 0.1~100 g，生产规模≥0.1 kg
进样方式	间歇	间歇，连续
柱载量	尽可能少，样品 10^{-10}~10^{-3} g/g 填料	尽可能多，样品 0.001~0.1 g/g 填料
流速	1.0 mL/min	>10 mL/min
分离要求	基线分离，灵敏检测	中等分辨
柱特性	柱内径<5 mm，小粒度（3~5 μm），装柱成本高，分离能力超过需要	柱内径 10~1600 mm，大粒度（10~20 μm），装柱成本较低，分离能力与要求相符
检测器	高灵敏度，宽线性范围	灵敏度要求较低，适合大量流动相流动
样品处理	样品随流动相废弃	样品收集，流动相循环

8.4.5　色谱工艺的放大

在工业生产的产品分离纯化过程中，制备色谱的运用必不可少。将初步小量样品在色谱系统所建立的方法应用到大型色谱设备，并且在增大原料处理量的同时保持原有的分辨率、色谱时间及产率不变，称为色谱工艺的放大。

色谱柱直径、体积流速以及样品量三个参数直接影响分离成本和效益，需在小量试验中优化条件，放大时必须保持不变。

样品量增大时必须增加柱容量，二者间呈正比关系。色谱柱多为圆柱体，液流以轴向方式通过柱床。在保持线性流速及保留时间等参数不变情况下，增加柱直径可增加柱床体积，进而增大进样量。不同柱比较时，不能用体积流量，而应换算成线性流速。

例如：小试时，柱直径 2.6 cm，长度 40 cm，进样量 20 mL；放大后，若进样量需达到 2000 mL，应将柱床体积放大 100 倍，此时需将柱直径放大 10 倍，需 26 cm。

工艺放大过程中，色谱柱外的其它分离因素，如处理样品量、分离温度、溶液酸度和离子强度等也会对色谱放大的分离结果产生影响，在工艺设计时也要考虑。

从小量样品的色谱系统线性放大时，固定以下条件：相同线性流速、相同缓冲液、相同填料、相同柱高、相同样品浓度和 pH、相同样品体积和柱床体积比例，而只放大三个条件：柱直径、体积流速和上样量。

色谱工艺放大时，还应注意以下几点：①规模制备中，柱长度与直径比影响色谱的操作时间，也影响整个纯化工艺成本；②色谱工艺原理不同，最佳柱长和直径比不同；③柱床的直径主要由上样量决定，柱的直径越大，要获得好的装填效果和稳定的流体动力学状态就越困难，对色谱柱的装填技术要求也越高；④为降低成本，增加样品的处理量时，需要增加柱容量。

增加柱容量的方法：①保持柱内径，增加柱长，柱长的增加量与制备量呈正比，但分离所需时间长，产生的柱压大；②保持柱长，增加柱内径。一般都采用后者。

图 8-25 为分析型色谱柱和制备型色谱柱对尿嘧啶和苯乙酮两种组分的色谱分离比较。可以看出，尽管两种色谱柱的柱长相近，但柱内径、体积流速差异巨大，然而，放大后的制备色谱的分离时间和分离效率（塔板数）与分析型色谱基本一致。说明分析型色谱的条件可放大到制备型色谱，两种色谱的分离效果一致。

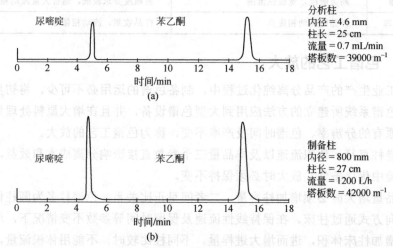

图 8-25　分析型色谱柱（a）和制备型色谱柱（b）对尿嘧啶和苯乙酮混合物的分离结果比较

制备型色谱柱的内径可以有多种尺寸，如 50 mm、150 mm、450 mm 和 1000 mm 等。2002 年 4 月，法国 NovaSep 公司安装了目前工业生产中最大的制备色谱柱，其内径高达 1600 mm，柱长 4 m，填料 4000 kg，流动相 6000 L，色谱柱重量 36000 kg。

8.4.6　制备色谱的运行模式

① 单柱制备色谱　单柱制备色谱流程如图 8-26 所示。大部分制备色谱采用这种形式。直接在柱末端收集不同时间的目标馏分。

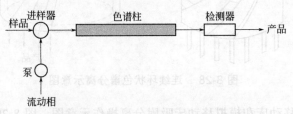

图 8-26　单柱制备色谱流程示意图

② 循环制备色谱　循环制备色谱流程如图 8-27 所示。可在柱端收集馏分产品，并可将洗脱液流动相循环使用。

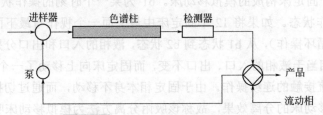

图 8-27　循环制备色谱流程示意图

③ 连续环状色谱　采用环形色谱柱，使其以 0.4~2.0 r/min 不断慢速旋转。进出口固定，组分从进料位置开始在环状床层内形成螺旋形谱带，可实现连续分离。吸附弱的组分出口角度小，吸附强的组分出口角度大（图 8-28），相当于增加固定相和柱长。

④ 移动床和模拟移动床　吸附操作中将固定相连续输入和排出吸附塔，与料液形成逆向接触流动，可实现连续稳态的吸附操作，这种操作方法称为移动床（moving bed）吸附。

对色谱柱中固定相的移动操作有相当的难度，因此，固定相本身不移动，而移动切换液相（包括料液和洗脱液）的入口和出口位置，如同移动固定相一样，产生与移动床吸附分离相同效果的吸附操作称为模拟移动床（simulated moving bed）。

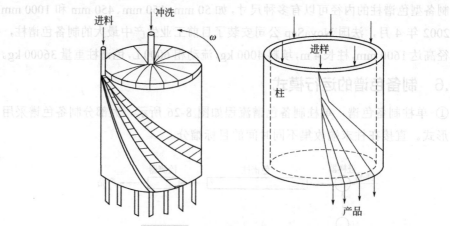

图 8-28　连续环状色谱分离示意图

图 8-29 为移动床和模拟移动床吸附分离操作示意图。图 8-29（a）为移动床操作，料液从床层中间连续输入，固相自下而上移动，被吸附（或吸附作用较强）的溶质 P（简称吸附质）和不被吸附（或吸附作用较弱）的溶质 W 从不同的排出口连续排出，溶质 P 的排出口以上部分为吸附质洗脱回收和吸附剂再生段。图 8-29（b）为 12 个固定床构成的模拟移动床。b1 为某一个时刻的操作状态，b2 为 b1 移动后的操作状态。如果将 12 个固定床中最上面一个视作与最下面一个床相连（即 12 个床循环操作），从 b1 状态到 b2 状态，液相的入口和出口分别向下移动了一个床位，相当于液相的入口、出口不变，而固定床向上移动了一个床位的距离，形成液固逆流接触的连续操作。由于固定相本身不移动，而通过切换液相的入口和出口产生移动床的分离效果，故称该吸附分离方法为模拟移动床吸附。

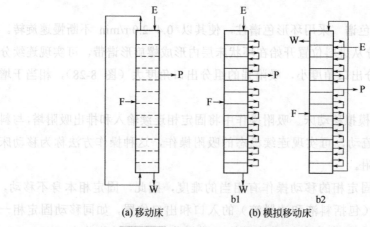

(a)移动床　(b)模拟移动床

图 8-29　移动床（a）和模拟移动床（b）

F—料液；P—吸附质；E—洗脱液；W—非（弱）吸附质

8.5 其它色谱形式

8.5.1 灌注色谱

普渡大学 Frederick Reganier 和 Noubar Afeyan 博士及麻省理工大学 Daniela I.C. Wang 博士等人开发了具有贯穿孔的分离介质—POROS，于 1987 年创建了美国博大生物系统公司（PerSeptive Biosystems），并于 1991 年提出灌注色谱（perfusion chromatography）的概念。

POROS 系列分离介质是以聚苯乙烯-二乙烯基苯为基质，通过悬浮或乳液聚合方法制得多孔型高度交联的聚合物微球。微球内含有两种大小不同的孔：①穿透孔（through pore），孔径 600~800 nm，允许液体对流到分离介质的内表面；②扩散孔（Diffusive Pore），孔径 50~150 nm，孔深不超过 1 mm。POROS 分离介质的孔结构与传统介质的孔结构相比有许多独特性（见图 8-30）。

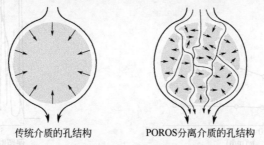

传统介质的孔结构　　　　POROS分离介质的孔结构

图 8-30 POROS 分离介质与传统介质孔结构的比较

由于穿透孔的存在，颗粒内的传质过程主要靠穿透孔内的对流传递，所以生物大分子溶质可随流动相迅速到达孔内的活性表面。扩散孔不能形成快速对流传质，但因为孔浅，不会造成明显的传质阻力，这恰恰提供了较大的表面积和吸附容量。

POROS 粒径规格有 10 μm、20 μm 和 50 μm 三种，通过介质表面的衍生化反应，连接不同的官能团，则可构成多种分离模式的介质，如离子交换色谱、疏水作用色谱、反相色谱、亲和色谱等。

POROS 具有抗压性强（最大承受压力在 3.1~20.7 MPa）、化学性质非常稳定（在 3 mol/L NaOH、1 mol/L HCl、1 mol/L HAc、8 mol/L 尿素、6 mol/L 盐酸胍及 100%有机溶剂中都非常稳定）、操作温度宽（5~80℃）等优点，适应性非常广。

由于 POROS 中存在长的穿透孔和短的扩散孔，能使流动相的线速度增加而不引起柱效降低。同时孔内的对流速度超过扩散速度，传质方式由扩散变为灌注。灌注色谱打破了传统的流速与分辨率、容量之间的三角关系，在流速增加的情况下，柱容量、分辨率均不会下降，且柱压力也不会升高。图 8-31 所示为常规 HPLC 色谱柱和 POROS 为固定相的色谱柱中，色谱柱流速与塔板高度的关系。使用 POROS 材料的色谱柱，流速增加不会改变塔板高度，而 HPLC 色谱柱，随流速增大，其塔板高度明显增加，柱效降低。

灌注色谱法的分离速度与传统色谱相比快了 10~100 倍，并且保证了一定的分离效率和柱容量。分离速度的加快减少了溶质分子在柱内的保留时间，有利于保持生物分子的活性。灌注色谱法是一种快速、高效的生物大分子分离方法，分离速度的加快和高柱容量，降低了大规模色谱分离的成本。

利用灌注色谱分离纯化由核糖核酸酶、细胞色素 C、溶菌酶、乳球蛋白组成的粗蛋白质混合物的分离实例见图 8-32。

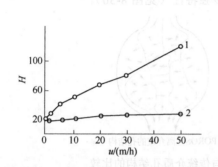

图 8-31 塔板数板高 H 与流速 u 的关系

1—HPLC 色谱柱；2—POROS 色谱柱

图 8-32 灌注色谱分离四种蛋白

柱：POROSR/M 微型柱（2.1 mm×30 mm）（0.1 mL 柱体积）

梯度：20%~60%B 在 0.4 min，20 柱体积

流速：5 mL/min（9000 m/h）

峰号：1—核糖核酸酶；2—细胞色素 C；3—溶菌酶；4—乳球蛋白

8.5.2　整体柱色谱

整体柱（monolithic column）又称棒柱、连续床柱、无塞柱，近年来发展迅速。

整体柱是由单体、引发剂、致孔剂等混合物在色谱柱中通过原位制备而成的一个棒状整体。其制备方法简单，具有优异的通透性、较高的柱空间利用率和较高的柱效。整体柱相当于一粒灌柱色谱填料，具有极好的渗透性，也避免了柱端的塞子制作，可用于快速分离。整体柱的理论塔板高度和压力随着流速的增加变化不明显。在较大的流速下，整体柱依然具有较高的柱效和较低的柱压降，故可实现对物质的快速分离。

分子印迹聚合物整体柱（molecular imprinted polymer，MIP）是近年来新发展的一类色谱柱。其不仅涉及吸附分离，还体现了分子印迹吸附剂对目标分子的选择性识别，是一种具有高选择性的色谱分离柱。它模仿生物界抗原与抗体、酶与底物的识别原理，以目标分子为模板，通过印迹分子、功能单体和交联剂的作用产生有化学结构选择性的键合位点，形成对模板分子的识别能力，它是对目标分子具有高度识别性和亲和能力的色谱固定相材料。分子印迹材料制备过程如图 8-33 所示。

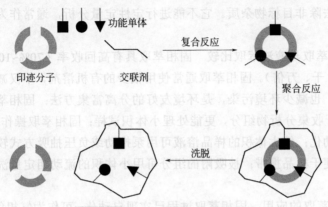

图 8-33 分子印迹材料制备过程

8.5.3 固相萃取

固相萃取（solid phase extraction，SPE）是基于液固萃取的样品前处理方法，是液固萃取和吸附色谱技术的结合。1978 年出现了商品化的固相萃取柱。

固相萃取分离过程包括萃取柱活化、加样、冲洗、洗脱四个步骤，如图 8-34 所示。将细小颗粒的多孔固相吸附剂填充在柱内，吸附剂选择性地吸附溶液中的被测物质。目标物定量吸附后，用冲洗剂清洗去除柱中非目标物杂质。再用另一种体积较小的洗脱剂洗脱目标物，达到分离富集目标物质的目的。固相萃取分离的关键是选择固相吸附剂填料、冲洗剂和洗脱剂，以及相应的条件优化。

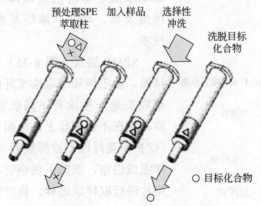

图 8-34 固相萃取过程示意图

① 固相萃取与 HPLC 比较　固相萃取本质上是一个柱色谱分离过程，其分离富集机理、固定相和溶剂的选择与高效液相色谱有许多相似之处。固相萃取柱填料粒径为 40~80 μm；柱长度比高效液相色谱柱短；萃取柱柱效低，理论塔板数为 10~20 m^{-1}，高效液相色谱理论塔板数可大于 100000 m^{-1}；固相萃取的分离是不连续，间断的；固相萃取分离是根据完全吸附或完全不吸附模式，选择性获取目标物，或去除非目标物杂质。它不能进行定性定量分析，通常作为前处理或吸附浓缩柱。

② 固相萃取与液液萃取比较　固相萃取具有高回收率（70%~100%）和高富集倍数（百、千、万倍）。固相萃取通常使用很少的有机溶剂，不仅减少有机溶剂引入的杂质，也减少环境污染，是环境友好的分离富集方法；固相萃取无需相分离操作，易于收集分析物组分，更能处理小体积试样；固相萃取操作简单，快速，易于实现自动化；较大体积的样品溶液可用泵推动或负压抽吸方式较快地通过固相萃取柱，便于样品携带；被吸附的组分可用小体积的流动相定量洗脱，提高富集倍数。

③ 固相萃取的应用　固相萃取过程已实现自动化，可作为气相色谱、高效液相色谱和其它分析检测方法的样品前处理技术。利用固相萃取可富集痕量被测组分，降低分析方法的检测限，提高灵敏度；可除去干扰物质，消除实际样品中基体的干扰，提高分析的准确度；高盐样品的脱盐处理；现场采样，便于试样的运送和贮存。

8.5.4　固相微萃取

固相微萃取（solid-phase microextraction，SPME）技术是 20 世纪 90 年代初期兴起的一项新颖的微量样品前处理与富集技术，由加拿大 Waterloo 大学的Pawliszyn 教授小组 1989 年首次报道。固相微萃取属于非溶剂型选择性萃取法，它是一种集采集、萃取、浓缩及进样于一体的分析技术。

SPME 装置（图 8-35）类似于一支微量进样器，由手柄和萃取头或纤维头两部分构成，萃取头是一根涂有不同吸附剂的熔融石英纤维，接在不锈钢丝上，外面套有细的不锈钢管（保护石英纤维不被折断），纤维头在钢管内可伸缩或进出，细的不锈钢管可穿透橡胶或塑料垫片进行取样或进样。将纤维头取出插入气相色谱气化室，热解吸涂层上吸附的被萃取物，

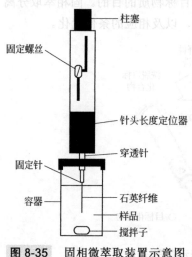

柱塞

固定螺丝

针头长度定位器

穿透针

固定针

石英纤维

容器

样品

搅拌子

图 8-35　固相微萃取装置示意图

在气化室内解吸后，靠流动相将其导入色谱柱，完成萃取、富集、解吸的全过程。

SPME 除具有固相萃取的优点外，也克服了固相萃取中的样品易堵塞柱管和使用有机溶剂的缺点，并且它不需要特殊的热解吸配件。SPME 可以人工操作，也可以与自动取样器配合使用。

SPME 法最初只用于易挥发化合物的提取与分析，随着技术和方法的不断完善，现已逐步发展到食品、医药卫生、临床化学、生物化学、法医学等领域。可萃取的化合物也由最初的挥发性物质发展到非挥发性物质。SPME 还可与其它技术，如气相色谱、高效液相色谱及毛细管电泳等联用。

8.5.5　高速逆流色谱

高速逆流色谱（high-speed counter current chromatography，HSCCC）于 20 世纪 80 年代由美国 Yiochiro Ito 博士发明。该技术结合了液液萃取和分配色谱的特点，是一种不需要任何固态载体或支撑的液-液分配色谱技术。其原理是互不相溶的两相在分离过程中做逆流运动，溶质组分由于在液液两相中的分配系数不同而得到分离。HSCCC 分离系统可以理解为以螺旋管式离心分离仪代替 HPLC 的柱色谱系统。

逆流现象是在研究旋转螺旋管的流体动力平衡时偶然发现的。高速逆流色谱是建立在单向性流体动力平衡体系上的一种逆流色谱分离方法。将两种互不相溶的溶剂（如水和氯仿），置于高速旋转的聚四氟乙烯螺旋管内。当螺旋管在慢速转动时，管中主要是重力作用，螺旋管中的两相都从一端分布到另一端。用某一相做移动相从一端向另一端洗脱时，另一相在螺旋管中的保留大约是管柱溶剂的50%，该保留量会随移动相流速的加大而减小，使分离效率降低。当螺旋管的转速加快时，离心力在管中的作用占主导，两相的分布发生变化。当转速达到临界范围时，两相就会沿螺旋管长度完全分开，其中一相全部占据首端的一段，另一相全部占据尾端的一端，为尾端相。

高速逆流色谱利用了互不相溶的两相的这种单向性分布特性，在螺旋管的高速转动下，如果从尾端送入首端相，它将穿过尾端相而移向首端。同样，如果从首端相送入尾端相，它会穿过首端相而移向螺旋管的尾端。分离时，在螺旋管内首先注入其中的一相（固定相），然后从适合的一端泵入移动相，让它载着样品在螺旋管中无限次分配。仪器转速越快，固定相上的保留越多，分离效果越好，故称为"高速逆流色谱"。样品中各组分在两相中的分配系数不同，导致在螺旋柱中的移动速度不同，因而能使样品中混合物组分按照分配系数的大小顺序被依次洗脱下来。在移动相中分配比例大的先被洗脱，在固定相中分配比例大的后被洗脱。图 8-36 为互不相溶的两相在螺旋管中的运动示意图。

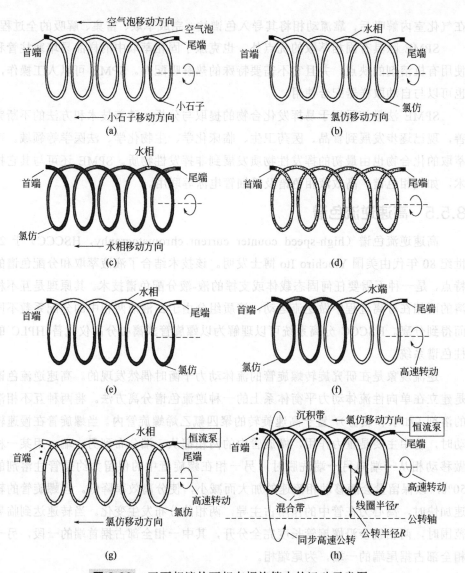

图 8-36   互不相溶的两相在螺旋管中的运动示意图

图 8-37 为高速逆流色谱仪组成示意图。逆流色谱分离过程需要互不相溶的两相液体，一相作固定相，另一相作移动相。

具体操作步骤：

① 先将固定相的液体通过恒流泵压入线圈；

② 用进样器将待分离的样品进样；

③ 最后用恒流泵压入移动相，同时启动主机部分运转直到转速大于 600 r/min；

④ 此时固定相和移动相在螺旋线圈中相对运动。由于移动相的源源不断的输入，而恒流泵的单向阀又阻止了固定相的逆向流出，移动相就带着样品在线圈中

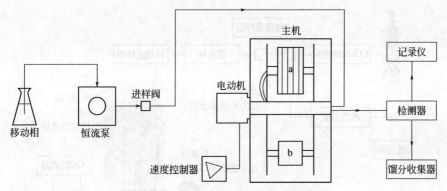

图 8-37 高速逆流色谱仪组成示意图

进行无限次的分配，使复杂样品中的不同组分得到分离；

⑤ 当移动相经过检测器时，不同的样品组分产生不同大小的信号，用记录仪记录就能得到逆流色谱图，同时用馏分收集器分步收集流出的液体，得到复杂样品被分开的组分。

由于不使用固相载体作固定相，高速逆流色谱克服了固相载体带来的样品吸附、损失、污染和峰形拖尾等缺点。由于不需要固定相，其具有进样量大、无不可逆吸附等优于其它色谱技术的优点。它已广泛用于天然药用植物活性成分、海洋生物活性成分、抗生素、多肽和蛋白质等的分离。

8.5.6 超临界流体色谱

超临界流体色谱（supercritical fluid chromatography，SFC）与高效液相色谱分离相似。它主要采用超临界状态下的 CO_2 作为流动相的主成分，通过加入改性剂（添加剂）调节流动相的极性，使样品得到分离。它也可采用梯度洗脱方法。图 8-38 为超临界流体色谱系统的组成示意图。在进样器和色谱分离柱的前面，需要连接两个 CO_2 流体和溶液改性剂的输送泵，以及流体缓冲器和混合柱。色谱柱前和色谱柱后还需两个压力传感器。

CO_2 超临界流体色谱的优点：分析速度快，比 HPLC 提高 3~10 倍；溶剂成本低，是 HPLC 的 1/40~1/3；分析样品的极性范围更宽；比 HPLC 分辨率更高；可高通量制备样品；使用超临界 CO_2 为流动相，无污染，绿色环保。超临界流体 CO_2 的扩散传质比液相色谱流动相快很多，使其分析和制备速度加快，成本降低，并且它可使用气相色谱的通用检测器。

超临界流体色谱可弥补气相色谱和高效液相色谱在分析性能上的某些不足，分离效能和分析速度介于两种色谱方法之间。超临界流体色谱法可分析和制备强极性、强吸附性、热稳定性差、难挥发的化合物，如高极性的有机酸碱、低极性的烃类、可溶解在甲醇（或更小极性的有机溶剂）中的物质、强酸强碱（需要改性剂和添加剂）、天然产物及高分子聚合物等。

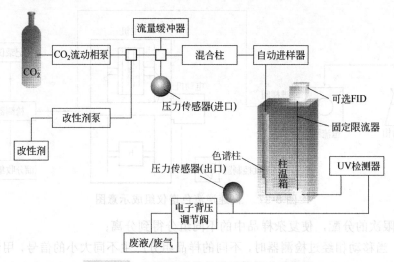

图 8-38 超临界流体色谱系统组成示意图

思考题

1. 生物分子色谱分离的主要模式有哪些？其固定相上起作用的基团是什么？
2. 疏水作用色谱和反相色谱有什么异同？
3. 凝胶过滤色谱与其它色谱分离的本质区别是什么？
4. 亲和色谱的固定相构成是什么？其常用的配基有哪些？
5. 色谱的洗脱方式有哪几种？
6. 什么是洗脱展开色谱和前沿色谱？
7. 前沿色谱的分离方式和特点是什么？
8. 色谱系统的组成模块有哪些？
9. 比较分析型色谱与制备型色谱的异同？
10. 制备色谱的几种运行模式分别是什么？
11. 什么是灌注色谱？什么是整体柱色谱？
12. 固相萃取的原理是什么？比较固相萃取与液相色谱、液液萃取的区别。
13. 简述超临界流体色谱及其特点与应用。
14. 试分析用于蛋白质分离的色谱介质（如离子交换剂、疏水固定相等）的配基密度为什么不能过高？
15. 试比较亲和色谱的特异性洗脱和非特异性洗脱的优缺点。
16. 试说明离子交换色谱的特点？
17. 如何选择离子交换色谱的洗脱剂？
18. 简述二维液相色谱的概念和仪器组成。
19. 描述逆流色谱的原理和应用。
20. 固定床吸附与色谱分离的比较。

等建立了 SDS-PAGE 电泳，PAGE 和 SDS-PAGE 方法在蛋白质高分析和十开创了

第 9 章 　电泳

电泳是生物大分子（蛋白质、核酸）分离分析的基本方法，是生物化学、分子生物学不可或缺的分离分析技术。著名瑞典物理化学家、诺贝尔奖获得者 Tiselius 在 1959 年出版的著作 "Electrophoresis: Theory, Methods, and Application" 的序中，定义了电泳是指荷电的胶体颗粒在电场中的移动，并提到：电泳方法的发展及应用是物理方法在生物化学和生物学问题应用中的成功范例。

9.1　电泳发展简史

电泳技术的建立和发展经历了几个重要时期。

早在 1809 年，俄国物理学家 Reussù 进行了第一次电泳实验。灌满水的容器中，两端有两根开口玻璃管。玻璃管插入湿黏土中，管底铺有一层沙。容器封闭通电后，连接阳极的玻璃管中水变得浑浊，连接阴极的玻璃管中水变得清澈，且体积增加。这个早期实验为电泳理论和技术发展及应用奠定了基础。

1816 年，Porrett 对动物膜蛋白进行电泳，是电泳在生物分子中的应用的首创。

1909 年，Michaelis 把胶体粒子在电场中的迁移定义为"电泳"，并在 U 形管中测定不同 pH 下转移酶和催化酶的迁移速度及等电点。Abramson 和 Michaelis 还观察到电泳可以灵敏地检测病毒、细菌、精子及细胞表面经过生物处理或化学处理后引起的变化。

1937 年，Tiselius 设计的移动界面电泳首先证明了人血清的组成包含了白蛋白，α_1、α_2、β 和 γ 球蛋白等五种蛋白以及各蛋白的占比。电泳技术的应用为蛋白质相关的生物医学研究带来突破，此后蛋白质的研究迅速发展，为此他获得了 1948 年诺贝尔化学奖。

1950 年，Durrum 用纸电泳进行了各种蛋白质的分离，开创了利用各种固体材料（如各种滤纸、醋酸纤维素薄膜、琼脂凝胶、淀粉凝胶等）作为支持介质的区带电泳方法。

1959 年，Raymond 和 Weintraub 建立了以人工合成的聚丙烯酰胺（polyacrylamide gel electrophoresis，PAGE）为支持介质的凝胶电泳，创建了 PAGE 电泳，

极大地提高了电泳技术的分辨率，开创了近代电泳的新时代。1967 年，Shapiro AL 等建立了 SDS-PAGE 电泳，PAGE 和 SDS-PAGE 方法在蛋白质分离分析上取得了广泛应用，至今仍然是蛋白质分离分析的通用方法。

1975 年，O'Farrell 提出聚丙烯酰胺双向电泳（也称二维电泳），即将蛋白质样品电泳后，在其直角方向再进行一次电泳。第一维通常为等电聚焦电泳，第二维可以是 SDS-PAGE 电泳、免疫电泳、等速电泳等其它形式的电泳。蛋白质样品经过双向电泳实现电荷和质量的两次分离，可获得蛋白质的等电点和分子量信息，分离的结果呈点状图，而非条带图。双向电泳是目前电泳技术中分离通量最大，分子信息最多的技术，也是蛋白质组学分析的关键技术之一。

1981 年，Jorgenson 首次将 75 μm 内径的石英毛细管用于电泳。一次电泳中实现了荧光剂衍生的氨基酸、二肽和胺的在线检测，在 10~30 min 完成人尿样品的分离分析，其分离柱效达到 40 万理论塔板数。该工作也实现了一次毛细管电泳完成正离子、中性分子和负离子的同时分析。

六十年来，聚丙烯酰胺凝胶电泳（PAGE）及变性凝胶电泳（SDS-PAGE）、琼脂糖凝胶电泳被普遍使用。至今，凝胶电泳仍是生物化学和分子生物学中对蛋白质和核酸等使用最普遍、分辨率最高的分析鉴定技术，也是目前检验蛋白质最高纯度"电泳纯"（一维电泳一条带或二维电泳一个点）的标准分析鉴定方法。

具有四十年发展历史的毛细管电泳技术，可实现离子、小分子、生物大分子以及全细胞、微生物、病毒等的在线分析和定性定量检测，它可以与光学检测器、电化学检测器及质谱检测器联用，是正在迅速发展的微量电泳分析技术，其在生物学、医学和生物制药领域有极大的发展应用潜力。

电泳法在蛋白质和多肽的分离纯化、DNA 的分离和测序、生物大分子的相互作用等方面的研究和应用中发挥了重要作用，并将继续在生物化学、分子生物学研究领域以及生物技术、生物工程、生物制药等行业的研发和生产领域发挥不可替代的作用。

9.2 电泳分离基本原理及影响因素

9.2.1 电泳分离基本原理

电泳是指带电粒子在电场中向其相反电荷的电极方向移动的现象。不同带电粒子的粒子质量、大小、形状及带电荷数不同，故在电场中的迁移速度不同。利用带电粒子电场中的迁移速度差异可实现分离。

自由溶液中，带电粒子在电场受到电场力 F 驱动，其作用大小取决于粒子的有效电荷（q）和电场强度（E），两者符合：

$$F=qE$$

同时，带电粒子在溶液中还受到反向黏性摩擦阻力 F' 作用，当两种作用力相等时，粒子在电场中匀速向前泳动。

自由溶液中，摩擦阻力的大小服从 Strokes 定律：

$$F'=6\pi r\eta v$$

式中，r 为球形粒子半径；η 为介质黏度；v 为粒子迁移速度。

将单位电场强度（E）下，带电粒子在时间 t（s）迁移的距离 d（cm）定义为带电粒子的电泳迁移率 μ（mobility），即为在单位场强（E）的迁移速度（v），电场强度越大，迁移速度越大。迁移率 μ 的单位为 $cm^2/(s\cdot V)$ ［厘米 ^{2}/(秒·伏)]。

$$\mu=\frac{d}{tE} \quad 或 \quad \mu=\frac{v}{E}$$

在特定的介质中，带电粒子的迁移率 μ 是该粒子的特征常数，与其电荷数 q 成正比，与其半径 r 和介质黏度 η 呈反比。迁移率 μ 常用于描述带电粒子的电泳行为。

$$\mu=\frac{q}{6\pi r\eta}$$

两个带电粒子 A 和 B，分别具有 μ_A 和 μ_B，迁移距离 $d_A=\mu_AEt$，$d_B=\mu_BEt$

$$\mu_A-\mu_B=\frac{d_A-d_B}{Et}$$

同一电场强度 E 和电泳时间 t，当 $\mu_A\neq\mu_B$，带电粒子的迁移距离分别为 d_A 和 d_B，二者能够分离。含更多带电粒子的混合物，当其具有不同的迁移率时，在电泳中也呈现不同的迁移距离而得到分离。

不同生物分子（氨基酸、多肽、蛋白质、核苷酸和核酸等）具有不同的分子质量，并在溶液中呈现不同的电荷数，它们因迁移率不同而分离。氨基酸、多肽、蛋白质等两性分子也可以根据它们等电点的不同，利用两性电解质对其进行等电聚焦分离。经过电泳分离（聚丙烯酰胺凝胶、琼脂糖凝胶）后的样品需通过染色或紫外光扫描进行检测。毛细管电泳法则可利用多种检测器实现在线分析检测。

9.2.2 电泳分离的影响因素

根据电泳过程中是否使用分离介质，将其分为自由溶液电泳（无介质）和支持介质电泳，影响电泳分离的因素也有所不同。

（1）自由溶液电泳的影响因素

带电粒子的电泳迁移率受电场强度的影响，也与其带电荷量、粒子大小、形状和溶液介质、黏度等有关，可引起上述参数变化的因素都会导致电泳迁移率的变化。不同粒子间，电泳迁移率差异越大，越容易分离。

① 电场强度　电场强度越高，带电粒子的迁移速度越快。不同粒子的电泳迁

移率不同，增加场强可使不同粒子的迁移速度同步加快。

② 溶液黏度 电泳迁移率与溶液黏度成反比，溶液黏度越小，带电粒子的电泳迁移率越大。

③ 粒子的性质 带电粒子的净电荷量越大、粒径越小或形状越接近球形，其电泳迁移率越大。不同粒子的电荷差异、粒径差异和形状差异越大，越容易相互分离。通常，电泳分离主要受不同带电粒子的荷质比（电荷/质量比）影响，荷质比差异越大越容易分离。

④ 溶液 pH 溶液的 pH 影响分子的解离。不同 pH 溶液将导致粒子的净电荷量不同，电泳迁移率也不同。对于氨基酸、肽或蛋白质等两性分子，溶液的 pH 值距其等电点越大，其所带的净电荷量较大，迁移速度越快。当溶液 pH 值与其等电点相近，它们的净电荷量很小或呈电中性，则停止电泳。

⑤ 离子强度 溶液中电解质浓度的不同导致离子强度差异，也影响带电粒子的有效电荷量。离子强度低时，粒子的有效电荷量高，电泳迁移率高。离子强度增加，粒子的有效电荷量降低，电泳迁移率减小。电泳时，离子强度一般维持在 0.05~0.1 mol/L。

⑥ 焦耳热 电泳过程产生的焦耳热将使溶液介质温度升高。温度升高一方面将使溶液的黏度降低，粒子的电泳迁移率增加。另一方面也会使溶剂蒸发而导致电解质浓度或离子强度的增加，电泳迁移率减小。故电泳过程中要采用控温和密闭装置降低影响。

（2）支持介质电泳的影响因素

纸电泳、醋酸纤维素电泳、淀粉电泳、聚丙烯酰胺凝胶电泳和琼脂糖凝胶电泳等都含有固体支持介质。使用支持介质的目的是防止电泳过程中的对流和扩散，增加筛分作用，以使被分离组分得到最大分辨率。此外，支持介质还应具有化学惰性和稳定性、不干扰大分子的电泳过程，如使用滤纸的纸电泳和使用醋酸纤维素膜的薄膜电泳等。使用琼脂糖和聚丙烯酰胺凝胶为介质的电泳中，凝胶不仅能防止对流，减少扩散，而且它们是多孔介质，孔径尺寸和生物大分子尺寸在相同数量级，因而凝胶还具有分子筛效应。使用凝胶介质的电泳分离不仅取决于大分子的净电荷量，还取决于分子大小。例如，具有相同净电荷量和不同大小的两种蛋白质难以用纸电泳得到高分辨分离，但通过梯度凝胶电泳的分子筛效应，可使两者获得高分辨分离。利用聚丙烯酰胺凝胶电泳不仅能分离大分子，而且还可以研究生物大分子的特性，如电荷、分子量、等电点、构象等。

自由溶液电泳中的一些影响因素也影响支持介质电泳。含有支持介质的电泳形式中，带电粒子的电泳分离不仅是基于其荷质比不同所致的电泳迁移率差异，而且还基于筛分介质对不同分子大小组分的分离。同时介质的使用也可能对分子的迁移率产生影响。如介质的带电基团产生的静电吸附、介质的不均一性和电渗现象等。

① 介质的吸附效应　介质对带电分子存在吸附时，将增加电泳过程中的阻力，使电泳迁移率降低。若不同分子被吸附的程度不同，则可能增加它们的电泳迁移率差异，有利于相互分离，但也可能使二者分辨率降低。

② 分子筛效应　凝胶电泳中的凝胶通常是具有网状结构且有弹性的半固体物质，对不同大小的带电分子具有筛分作用。凝胶的分子筛效应提高了不同大小分子的分离效率。若凝胶介质的孔径不均一，将导致局部的分子筛效应不一致，影响各组分间的分辨率和电泳分离的重现性。

③ 电渗现象　指外加电场作用下，与固体支持物接触的液体的移动现象。含有带电基团的凝胶表面将吸附溶液中带相反电荷的水合离子，在电场的作用下，水溶液层发生移动，形成电渗。电渗的存在也影响分子的迁移率。电渗可能与带电分子迁移方向相同，也可能相反。如果电渗方向与分子的电泳迁移方向一致，则使电泳速度加快，如果两者方向相反，则使电泳速度降低。

9.3　电泳法分类和分离模式

电泳有多种分类方法。可根据电泳分离原理、有无支持介质、电泳装置及电泳分离目的等进行分类。按照电泳分离原理，电泳可分为区带电泳、等电聚焦电泳、凝胶电泳、等速电泳、双向电泳（二维电泳）和自由流电泳等。按照电泳过程有无支持介质，可分为自由溶液电泳（无介质）、纸电泳、纤维素膜电泳和凝胶电泳等。按照电泳装置的形式，可分为平板式电泳、垂直板式电泳、垂直柱式电泳、毛细管电泳、自由流电泳、双向电泳（二维电泳）等。

9.3.1　区带电泳

区带电泳是一种电泳结果的表现形式。带电分子在自由溶液中、支持介质上、支持介质中因电荷密度、分子大小不同而导致迁移速率不同，达到彼此分离。电泳结束时，不同组分形成带状的区间，则称为区带电泳。区带电泳是最普遍的电泳分离模式（图9-1）。

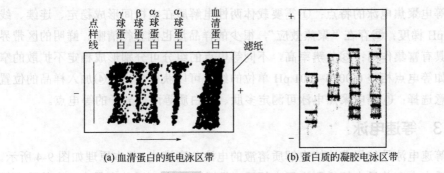

(a) 血清蛋白的纸电泳区带　　(b) 蛋白质的凝胶电泳区带

图 9-1　蛋白质的电泳区带

9.3.2　等电聚焦电泳

等电聚焦电泳是 20 世纪 60 年代建立的蛋白质分离纯化方法。它的基本原理是利用蛋白质或其它两性分子的等电点不同,在一个稳定的、连续的、线性的 pH 梯度中进行分离纯化和分析。

实现等电聚焦电泳的关键是合成载体两性电解质。1961 年,Svensson 提出载体两性电解质概念,阐明了在电场中建立一个稳定 pH 梯度的基础。1964 年,Vesterberg 成功合成了载体两性电解质(Carrier Ampholytes),开启了等电聚焦电泳的历史,此后等电聚焦技术被广泛使用。

载体两性电解质是由相对分子量为 300~1000 的人工合成的多氨基多羧酸两性化合物组成的混合物。不同比例的混合物组成的载体两性电解质在电场中可形成不同的 pH 范围。市场可售的有 pH 3~5、pH 4~6、pH 5~7、pH 6~8、pH 7~9 和 pH 3~11 等不同范围的载体两性电解质。图 9-2 为两种载体两性电解质的结构式。

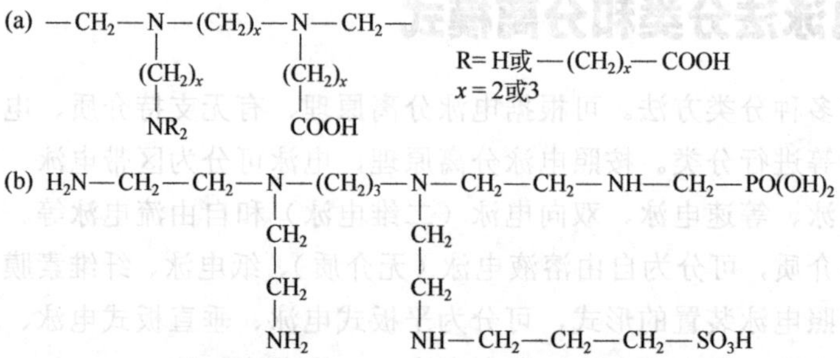

图 9-2　载体两性电解质的结构式

(a) 瑞典 LKB 公司 Ampholine 的结构式;(b) Bio-Rad 公司 Biolyte 的结构式

在等电聚焦电泳中,溶液含有的两性电解质在直流电场中可自发形成从阳极到阴极、pH 由低到高(即溶液环境由酸变碱)线性增加、稳定和连续的 pH 梯度。溶液中被分离的两性分子自发迁移到与其等电点一致的 pH 位置后不再迁移,形成聚焦(图 9-3)。

等电聚焦电泳的特点:①需要载体两性电解质在电极间形成稳定、连续、线性的 pH 梯度;②存在"聚焦效应",很少的样品量也能获得清晰、鲜明的区带界面,具有富集作用;③分辨率高,不同等电点的组分可分别形成稳定不扩散的窄带,如等电点相差 0.0025~0.01 pH 单位的组分可以获得分离;④加入样品的位置可任意选择;⑤等电聚焦电泳可测定多肽、蛋白质等两性分子的等电点。

9.3.3　等速电泳

等速电泳是使用非连续电解质溶液的电泳分离模式,基本原理如图 9-4 所示。电解质中含有前导电解质和拖尾电解质。靠近阴极的 L^+ 迁移率最大,为前导电解质。靠近阳极的 T^+ 迁移率最小，为拖尾电解质。待分离的混合物夹在前导电解质（迁移率最大）和拖尾电解质（迁移率最小）之间。电泳时，不连续电解质导致电场强度不均一，存在电场梯度。电场强度与导电性成反比，故高迁移率离子（L^+）处于低电场区，低迁移率离子（T^+）处于高电场区。电泳过程中，具有不同迁移率的溶液区间存在电场梯度，不同迁移率的离子在相应电场区间移动，各电场区带间为一整体等速移动。带电粒子根据迁移率大小依次递减排列而分离。因所有区带以同一速度移动，称为等速电泳。分离对象为带有同种电荷的离子。

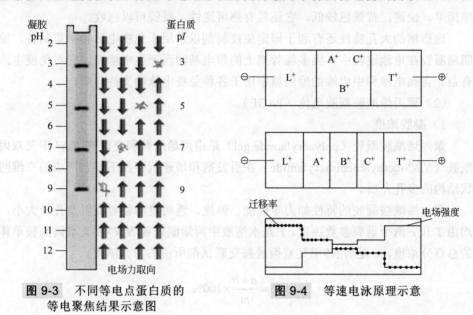

图 9-3　不同等电点蛋白质的
　　　　等电聚焦结果示意图

图 9-4　等速电泳原理示意

等速电泳的特点：①使用不连续的电解质溶液；②存在整体等速移动界面；③各区带尖锐，界面清晰，不同迁移率的离子不能混合。区带宽不随时间变化，分辨率高；④区带浓缩效应，组分区带浓度由前导离子决定，前导离子浓度确定时，各区带内离子浓度为定值；如果区带内离子浓度低，则被浓缩，达到与前导离子相同浓度；⑤只能分离带同种电荷的组分，如带正电荷或带负电荷组分之间的分离。

9.3.4　凝胶电泳

凝胶电泳的介质主要有琼脂糖、葡聚糖、淀粉和聚丙烯酰胺等。

（1）琼脂糖凝胶电泳

琼脂糖是从琼脂中分离出的胶状多糖，通常为白色粉末。它在密封容器中可保存几年，但在溶液状态可能会降解。琼脂糖是具有大量微孔的凝胶介质，其孔径与浓度有关。低浓度的琼脂糖形成较大的孔径，高浓度的琼脂糖形成较小的孔径。例如，0.075%琼脂糖的孔径为 800 nm，0.16%时孔径为 500 nm，1%时孔径为 150 nm。1% 琼脂糖是通常使用的浓度，可以分离分子质量 10^7 Da 的大分子，但分辨率较聚丙烯酰胺凝胶电泳低。琼脂糖具有较高的机械强度，可在 1% 或更低的浓度下使用，但一般来说，机械强度低于聚丙烯酰胺凝胶，通常在水平电泳系统中使用。琼脂糖凝胶的浓度影响不同片段大小的线状 DNA 分子的迁移率，常用于 DNA 的分离。琼脂糖凝胶无毒且惰性，与其它生物分子的相互作用很弱。凝胶制备简单，无需催化剂，不会发生自由基聚合。凝胶分离后的染色和脱色程序简单、快速，背景色较低。它还具有热可逆性，凝胶可以回收。

琼脂糖的大孔特性还有利于固定免疫制剂以及用于免疫电泳和微量制备。琼脂糖凝胶在电泳过程中，因多糖骨架上的带电基团而产生电渗流，它对免疫电泳有益。含高电渗和中电渗的琼脂糖常用于各种免疫电泳的支持介质。

（2）聚丙烯酰胺凝胶电泳（PAGE）

1）凝胶浓度

聚丙烯酰胺凝胶（polyacrylamide gel）是由丙烯酰胺和交联剂 N,N'-甲叉双丙酰胺（N,N'-methylenebisacrylamide）在引发剂和增速剂存在下聚合形成的三维网状结构的多孔介质。

聚丙烯酰胺凝胶的特性如力学性能、弹性、透明度和黏着度以及孔径大小，均由 T 和 c 两个重要参数决定。T 是水溶液中丙烯酰胺和 N,N'-甲叉双丙酰胺单体的总百分浓度，c 是 N,N'-甲叉双丙酰胺交联试剂所占的百分浓度。

$$T = \frac{a+b}{m} \times 100\%$$

$$c = \frac{b}{a+b} \times 100\%$$

式中，a 为丙烯酰胺的质量，g；b 为 N,N'-甲叉双丙酰胺的质量，g；m 为水或溶液的总体积，mL。

不同 a 和 b 的比例决定了凝胶的力学性能、弹性、透明度及孔径大小等。聚丙烯酰胺凝胶的有效孔径取决于它的总浓度 T。有效孔径随 T 增加而减小，筛分的分子量降低。凝胶浓度小于 2.5%时，可筛分分子质量为 10^3 kDa 以上的大分子。凝胶浓度大于 30%时，可以筛分分子质量小于 2 kDa 的多肽。

凝胶电泳根据蛋白质的电荷密度和分子大小进行分离，具有分子筛效应。如凝胶浓度过大，凝胶孔径太小，一些蛋白质分子不能进入凝胶，样品停留在加样位置。如凝胶浓度太小，凝胶孔径太大，各种蛋白质分子均随缓冲液进入凝胶，分子筛作用失效，蛋白质间不能得到分离。不同蛋白质样品分离适用的最佳凝胶浓度需要根据经验和实验获得，通常需要对凝胶浓度和配比进行优化。

实验室可以自行配制所需 T 和 c 的凝胶，市场上有不同配方的商业化产品售卖。应注意的是，两种试剂对中枢神经系统有一定的毒性，1%的溶液接触皮肤可能引起皮肤发炎，操作时应尽可能避免直接接触或吸入粉尘。

2）Ferguson 图

假设用 PAGE 电泳分离任意两种蛋白质，优化的凝胶浓度取决于两种蛋白质的分子质量和电荷密度，可通过测定一系列不同浓度凝胶中两种蛋白质的迁移率来决定。用相对迁移率 R_f 的对数值与凝胶浓度（T_g）做图，称为 Ferguson 图（见图 9-5）。蛋白质的相对迁移率（R_f）与凝胶浓度（T_g）的关系可用于比较它们的分子质量和电荷量。

$$\lg R_f = \lg \mu_0 - K_r T_g$$

式中，μ_0 为凝胶浓度 T_g 为 0%时的自由迁移率；K_r 为斜率，表示阻滞系数，与凝胶的交联度、分子质量有关；R_f 为相对迁移率，$R_f = \dfrac{\text{蛋白质移动的距离}}{\text{指示染料移动的距离}}$。

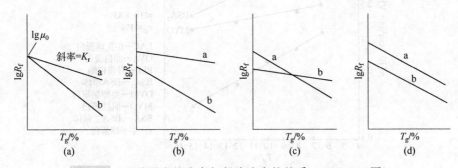

图 9-5 两种蛋白的分离与凝胶浓度的关系（Ferguson 图）

图 9-5（a）中，蛋白质 a 和 b 具有相同的电荷密度，在自由溶液（凝胶浓度为 0）中有相同的迁移率。在聚丙烯酰胺凝胶中，两种蛋白质按照分子大小分离，蛋白质 b 的迁移受凝胶浓度影响大于蛋白质 a。说明两种蛋白质电荷密度相同，蛋白质 b 分子大于蛋白质 a 分子。这是变性聚丙烯酰胺凝胶电泳（SDS-PAGE）中的常见现象。

图 9-5（b）中，蛋白质 a 和 b 的电荷密度和分子大小都不同。在自由溶液中，蛋白质 a 有较大的迁移率，说明其电荷密度较大。随凝胶浓度增加，其迁移率变化较小，说明其分子较小。蛋白质 b 与其相反。蛋白质 a 电荷密度大于蛋白质 b，但蛋白质 a 的分子小于蛋白质 b 的分子。电泳分离时，分子的电荷密度和大小共同影响二者分离，二者的分离度最大。

图 9-5（c）中，蛋白质 a 的电荷密度大，分子也大。蛋白质 b 的电荷密度小，分子也小。自由溶液中，蛋白质 a 的迁移率大。随凝胶浓度增加，其迁移率变化

也大，受凝胶浓度影响大。较大的蛋白质有较高的自由迁移率，造成电荷影响和尺寸效应的不一致。这是聚丙烯酰胺凝胶电泳（PAGE）分离蛋白时的常见现象。

图 9-5（d）中，蛋白质 a 和 b 的自由电泳迁移率不同，说明其电荷密度不同，其中蛋白质 a 的电荷密度大于 b 的电荷密度。但它们的分子大小相同，增加凝胶浓度不会影响它们的分离。凝胶电泳的分子筛效应不明显。可以考虑只依据电荷分离的模式，如自由溶液电泳、等速电泳、等电聚焦等方法。

图 9-6 为凝胶浓度对 8 种蛋白质迁移率的影响。其中牛 γ-球蛋白和 BSA₂ 的斜率最大，凝胶浓度的影响最大，分子筛效应最强。根据不同蛋白质的电荷密度和分子大小，特别是自由电泳中淌度相近的大分子，可配制不同浓度的凝胶，利用分子筛效应不同，实现复杂样品的蛋白质分离。

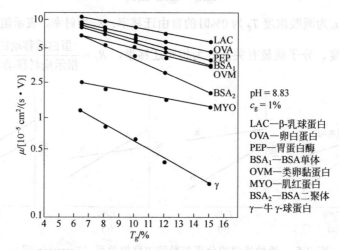

图 9-6 蛋白质在不同浓度凝胶中的迁移率（μ）

（3）连续电泳和不连续电泳

根据凝胶浓度和孔径变化及缓冲液系统的组成变化，可分为连续电泳和不连续电泳。

1）连续电泳

连续电泳过程中，使用了相同浓度和孔径的凝胶、样品缓冲液、凝胶缓冲液、电极缓冲液和恒定的 pH（除溶液的离子强度有所不同）。连续电泳的优点是制胶简单且快速，在均一的溶液系统中，pH 恒定，可保持蛋白不受 pH 的影响，防止其进入凝胶后发生凝聚和沉淀。连续电泳的缺点是凝胶孔径均一，分子筛效应不显著，且分辨率较低，无浓缩作用。所以一般用于组成较简单的样品分离。

2）不连续电泳

不连续电泳过程中，使用了不同浓度和孔径的凝胶及不同的缓冲液系统（包括缓冲液组成和 pH）。不连续是指凝胶层的不连续、缓冲液离子组成的不连续、pH 不均一和电位梯度的不恒定。不连续电泳中含有浓缩胶和分离胶。

浓缩胶（起堆积作用）的凝胶浓度较低，孔径较大。稀浓度的样品加在浓缩胶上，通过大孔径的凝胶后可被浓缩至一个狭窄的区带，稀浓度样品中的目标组分得到浓缩，然后进入分离胶中分离。

分离胶（起分离作用）的凝胶浓度较高，孔径较小，具有分子筛效应。选择合适的凝胶浓度控制孔径，组分可以高分辨分离。分离胶本身又可分为均匀胶（图9-7）和梯度胶（图9-8）。

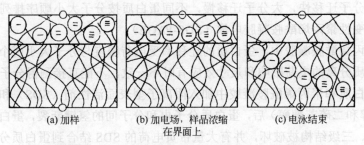

(a) 加样　　　　　(b) 加电场，样品浓缩　　　(c) 电泳结束
在界面上

图 9-7　不连续电泳体系 Ⅰ（分离胶为均匀胶）

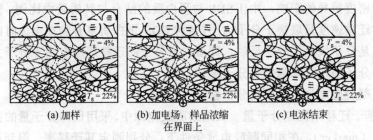

(a) 加样　　　　　(b) 加电场，样品浓缩　　　(c) 电泳结束
在界面上

图 9-8　不连续电泳体系 Ⅱ（分离胶为梯度胶）

浓缩胶与分离胶通常使用相同的缓冲溶液，但使用不同浓度的凝胶和不同 pH 的溶液。例如浓缩胶用 Tris-HCl（pH 6.7），凝胶浓度 4%；分离胶用 Tris-HCl（pH 8.9），凝胶浓度根据样品而定。

不连续电泳中存在浓缩效应、电荷效应和分子筛效应，可使样品得到高分辨分离。

① 浓缩效应　稀溶液样品中，蛋白质分子通过浓缩胶被浓缩成高浓度的样品薄层，然后再被分离。通电后，溶液中 Cl^- 有效迁移率最大，为快离子，蛋白质尾随其后，甘氨酸离子迁移最慢，为慢离子。由于快离子的迅速移动，在其后形成低离子浓度区域，即低电导区。电导与电场强度成反比，因而低电导区可产生较高的电场强度。这种高电场又使后续的蛋白质和慢离子的移动加速，因而在高低电场梯度之间形成迅速移动的界面。蛋白质的有效迁移率介于快离子和慢离子

之间，聚集在移动界面附近逐渐被浓缩，形成一个薄层。

② 电荷效应　在一定 pH 溶液中，不同蛋白质因等电点不同，所带表面净电荷也不同。它们具有不同迁移率，在电泳中依次排列组成蛋白质区带。浓缩胶和分离胶中均存在这种电荷效应。但在 SDS-PAGE 中，由于 SDS 处理后的蛋白质片段被大量 SDS 负电荷所覆盖，屏蔽了片段的电荷差异，故蛋白质的分离与等电点和迁移率无关。

③ 分子筛效应　由于分离胶的浓度较高，凝胶孔径较小，不同大小的分子通过分离胶时所受阻滞的程度不同，它们因迁移率不同而彼此分离。分子筛效应表现为，小分子迁移快，大分子迁移慢，不同蛋白质按分子大小顺序排列。

（4）变性聚丙烯酰胺凝胶电泳（SDS-PAGE）

在聚丙烯酰胺凝胶中，蛋白质的迁移率受电荷密度与分子大小两个因素的影响。蛋白质分离的电荷影响和尺寸效应有时不一致，不能直接测得分子量。

在蛋白质和聚丙烯酰胺凝胶中加入阴离子型表面活性剂（SDS）和强还原剂（巯基乙醇和二硫苏糖醇）后，蛋白质分子内和分子间的氢键断裂，蛋白质分子去折叠，二、三级结构被破坏，并有大量带负电荷的 SDS 结合到蛋白质分子上，形成带大量负电荷的 SDS-蛋白质复合物。这种复合物在凝胶电泳时不受原蛋白质分子间电荷密度差异的影响，并且 SDS 与蛋白质的结合与其质量成比例，因此蛋白质分子的迁移速度只取决于分子大小。各种 SDS-蛋白质复合物在电泳时的迁移率差异仅仅是分子质量差异的反映，即蛋白质分子的迁移速度取决于分子大小，故可以根据分子的迁移率测定其分子量。

（5）凝胶电泳测定蛋白质分子量

① 基于迁移率测定分子量　在连续凝胶电泳中，采用已知分子量的蛋白作为指示蛋白（marker），在相同凝胶电泳条件下，分别测定其迁移率，得到迁移率与分子量的关系式。在一定浓度凝胶中，蛋白质样品的分子量的对数与其迁移率呈线性关系。用已知分子量的蛋白质作为"指示蛋白"，与被测样品在相同条件下进行电泳，得到 $\lg M - R_f$ 标准曲线。求出被测样品的 R_f 值对应的 $\lg M$ 值，计算被测样品的分子量。

$$\lg M = a - b R_f$$

式中，M 为蛋白质的分子量；R_f 为相对迁移率；a 为截距；b 为斜率。

② 基于凝胶浓度和迁移率测定分子量　连续凝胶电泳中，以蛋白的迁移率 $\lg R_f$ 对凝胶浓度 T_g 做线性图（Ferguson 图）。分别用不同浓度的凝胶测定几个标准蛋白质（已知相对分子量）的相对迁移率 $\lg R_f$，通过 Ferguson 图得到每个标准蛋白的斜率 K_r［图 9-9（a）］。将标准蛋白的 K_r 对其分子量做标准曲线图［图 9-9（b）］。测定未知蛋白在不同凝胶浓度中的迁移率，得到斜率 K_r 值。将其代入右图的线性方程，查 K_r 值对应的 M 即为其分子量。

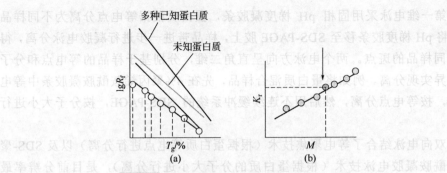

图 9-9　基于凝胶浓度和迁移率测定分子量

9.3.5　双向电泳（二维电泳）

　　双向电泳又称二维电泳，它结合了两种电泳模式。将第一次电泳后的样品（第一维），再进行直角方向的第二次电泳（第二维）。第一维电泳采用等电聚焦电泳（载体两性电解质 pH 梯度或固相 pH 梯度），第二维电泳采用 SDS-PAGE、免疫电泳和等速电泳等，图 9-10 所示。目前应用最普遍的双向电泳是固相 pH 梯度等电聚集电泳结合 SDS-PAGE 电泳。

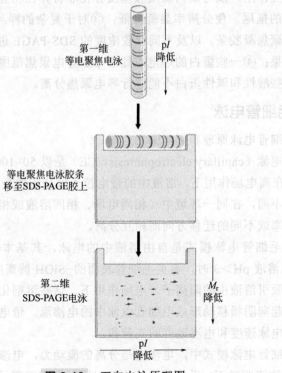

第一维
等电聚焦电泳　　　pI
降低

等电聚焦电泳胶条
移至SDS-PAGE胶上

第二维
SDS-PAGE电泳　　　M_r
降低

pI
降低

图 9-10　双向电泳原理图

第一维电泳采用固相 pH 梯度凝胶条，蛋白质根据等电点分离为不同样品带。将 pH 梯度胶条移至 SDS-PAGE 胶上，样品带进一步进行凝胶电泳分离，得到不同样品的斑点。两个电泳方向呈直角二维，分别基于样品的等电点和分子量差异实现分离。例如将蛋白质混合样品，先在 4%聚丙烯胺酰胺凝胶条中等电聚焦，按等电点分离，然后用不连续缓冲系统的 SDS-PAGE，按分子大小进行分离。

双向电泳结合了等电聚焦技术（根据蛋白质等电点进行分离）以及 SDS-聚丙烯酰胺凝胶电泳技术（根据蛋白质的分子大小进行分离），是目前分辨率最高的电泳技术。双向电泳图为二维平面图，一次操作可以分辨多达 10000 个斑点，可用于样品比较和纯度鉴定。复杂的电泳图的定量测定需要用计算机系统来处理。

双向电泳具高通量分离能力，兼容性强，适用于体液样品、组织、动物细胞、植物细胞、微生物等各类生物样本。蛋白质组学研究方法之一是将双向电泳分离与质谱或色谱-质谱联用鉴定相结合，实现复杂样品中的高通量蛋白质定性定量分析。

双向电泳的缺点：①电泳过程费时；②蛋白质种类多，含量高时，互相之间可能存在相互作用，或与聚丙烯酰胺基质存在非特异性相互作用，可能引起大量蛋白质斑点的拖尾，使分辨率显著降低；③对于复杂的样品，需要采用不同 pH 范围的等电聚焦凝胶条，以及不同凝胶浓度的 SDS-PAGE 进行双向电泳，会产生大量电泳结果；④一些蛋白的等电点处于 pH 等电聚焦范围之外，一维电泳没有作用，如一些酸性和碱性蛋白不能进行等电聚焦分离。

9.3.6 毛细管电泳

（1）毛细管电泳原理和影响因素

毛细管电泳（capillary electrophoresis，CE）是以 50~100 μm 内径的石英毛细管为通道，在高电场作用下，溶液中的带电粒子因分子质量、电荷性质（正或负）和电荷密度不同，在同一环境中（相同电场、相同溶液或相同分离介质）产生不同的迁移速率或不同的迁移方向而相互分离。

常见的毛细管电泳模式是自由溶液中的电泳，其基本分离原理遵从本章中 9.2.1 节。当溶液 pH>3 时，石英毛细管表面的-SiOH 解离成-SiO⁻，使管内壁带负电荷，并吸引溶液中的阳离子。电场作用下，这些溶剂化的阳离子拖着毛细管中的液体一起向阴极移动形成毛细管电泳中的电渗流。带电粒子在毛细管中的迁移速度等于电泳速度和电渗速度的矢量和。

常见毛细管电泳模式中，电渗流是分离的驱动力，电渗流速率为电泳速率的 5~10 倍。电渗流驱动下，毛细管电泳中可以同时完成阳离子、中性分子和阴离子的分离。阳离子的迁移方向与电渗流一致，最先流出；中性分子的电泳速率为零，故迁移速率等于电渗流速率；阴离子的运动方向与电渗流方向相反，但因电渗流速率通常大于电泳速率，故阴离子也向负极移动，迁移速率小于中性分子。改变电渗流的大小或方向，可以改变阴离子、阳离子和中性分子的迁移速率和方向，也影响分离效率和选择性以及迁移时间的重现性。

对电渗流产生显著影响的有以下因素：

① 电场强度　电渗流速率与电场强度呈正比。毛细管长度一定时，电渗流速率与电泳时的电压呈正比。电压越高，迁移速率越快。加大电压，可以缩短分析时间。

② pH 值　石英毛细管中，溶液 pH＞3 时，表面的-SiOH 解离成-SiO⁻，管内壁带负电荷，与溶液中的正电荷形成双电层。随 pH 值增高，壁表面-SiOH 解离的-SiO⁻数增多，壁表面的负电荷数增大，电渗流增大。当 pH≥8 时，壁表面的-SiOH 完全解离，壁表面的负电荷数达到最大，电渗流达极大值。当 pH≤3 时，壁表面-SiOH 极少解离，壁表面近乎呈电中性，电渗流趋于零。毛细管电泳中，溶液的 pH 值明显影响电渗流大小，故控制溶液的 pH 恒定，保持电渗流稳定，对于电泳分离分析结果的重现性极其重要。毛细管电泳通常在适当的缓冲溶液中进行。

③ 溶液组成和浓度　组成溶液的离子大小、电荷数的不同，以及溶液介电常数及黏度等的不同，都会导致电渗流差异，影响电渗流迁移速度。

④ 温度　毛细管柱内温度升高，溶液黏度下降（温度变化 1℃可引起黏度 2%~3%的差异），电渗流增大。但热扩散也增大，故需借助有效的散热装置（风扇、制冷剂）控温。

⑤ 添加剂　高浓度的中性盐（K₂SO₄、Na₂SO₄等）可增加离子强度，使双电层厚度减小，电渗流降低；加入有机溶剂（甲醇、乙腈等）使溶液黏度减小，离子强度降低，电渗流增大；阳离子表面活性剂可吸附到毛细管内壁表面，中和部分带负电荷的-SiO⁻，使电渗流降低，直至为零，甚至电渗流反向。

（2）毛细管电泳分离模式

① 毛细管区带电泳（capillary zone electrophoresis，CZE）　毛细管区带电泳是指连续自由溶液中的电泳。根据样品各组分间的荷质比差异导致的迁移时间不同得到分离。CZE 是毛细管电泳的主要分离模式，应用最为普遍。普通的电解质溶液或缓冲溶液可作为电泳溶液。

② 毛细管胶束电动色谱（micellar electrokinetic capillary chromatography，MEKC）　在电泳溶液中加入浓度大于临界胶束浓度（CMC）的表面活性剂形成胶束相，中性或疏水性分子因在胶束中分配系数不同而得到分离。如加入 8~9 mmol/L 的 SDS，疏水性一端聚集形成带负电的胶束相，在电场中作为独立

的一相向正极迁移。但在中性和碱性溶液中，因电渗流淌度大于胶束的电泳淌度，所以胶束与电渗流同向负极迁移。溶液中含有不同疏水性的中性分子或离子时，它们在水溶液与疏水性胶束之间进行分配，疏水性强的分子在胶束中保留强，迁移速度慢，反之则迁移速度快。不同组分根据分配系数大小和保留强弱来实现分离。溶液中形成的胶束称为假（准）固定相。此模式可以分离中性和疏水性物质，极大地扩展了毛细管电泳的应用范围，是电泳和色谱分离模式的结合。

③ 毛细管凝胶电泳（gel capillary electrophoresis，GCE）　在毛细管内添加凝胶支持介质，利用凝胶的多孔性和分子筛作用，根据组分的分子大小进行分离。第一代全自动基因测序仪采用了 96 根阵列毛细管，实现了高通量毛细管凝胶电泳，并用于快速核酸测序。毛细管电泳所用凝胶可以采用交联或非交联聚丙烯酰胺、琼脂糖、葡聚糖等。由于在毛细管中填入固态凝胶容易造成堵塞和气泡等问题，1996 年，Guttmman 等开发了以线型聚合物取代交联聚丙烯酰胺的无胶筛分毛细管电泳。

近年来，溶液中加入 SDS 的新型毛细管凝胶电泳（CE-SDS）在抗体药物分析和蛋白质分子量测定中应用非常广泛。CE-SDS 方法比传统的 SDS-PAGE 有明显优势：分离电压高达 30 kV，与几百伏电压的 SDS-PAGE 方法相比，分析速度加快，30 min 内完成分离过程；自动化程度高，无需制胶、染色、脱色等人工操作，所有的冲洗、进样、分离及检测过程全部自动化完成；分辨率高，毛细管电泳分辨率远高于 SDS-PAGE；商品化毛细管电泳仪可精确有效控温，准确定量进样，实现在线定性定量分析。CE-SDS 方法分辨率高，定量准确度高，是目前唯一能将抗体的非糖基化重链与糖基化重链分离，并能对非糖基化重链准确定量分析的技术，能获得 SDS-PAGE 无法获得的抗体的关键信息。

④ 毛细管等电聚焦电泳（capillary isoelectric focusing electrophoresis，CIEF）在毛细管内填充两性电解质，阳极端采用 H_3PO_4 溶液，阴极端采用 NaOH 溶液。在一定时间的外加电场下，毛细管中可形成 pH 梯度，并完成样品的等电聚焦。毛细管等电聚焦电泳是分离过程最复杂、时间最长（约 50 min）、难度最高的一种模式。其分为加样、聚焦、电迁移和检测等步骤。相比其它模式，毛细管等电聚焦技术要求最高，且需要使用内壁为中性的涂层毛细管。毛细管等电聚焦模式在抗体药物的等电点测定中有大量应用。根据待测样品的等电点范围，应采用不同等电点范围的两性电解质。

⑤ 亲和毛细管电泳（affinity capillary electrophoresis，ACE）　毛细管电泳溶液中加入具有亲和结合作用的分子（受体或配体、抗原或抗体）。当样品中分子与溶液中分子发生亲和作用，产生特异性结合，形成平衡复合物，则样品分子的迁移时间增加。亲和毛细管电泳中，可见电泳图中样品分子的迁移时间发生变化，

根据迁移时间变化可求算样品分子与受体或配体的亲和力大小、复合物形成等信息。亲和毛细管电泳在蛋白质、多肽分析以及药物筛选、竞争免疫分析、亲和常数测定中具有独特优势和应用潜力。

⑥ 毛细管电色谱（Capillary Electrochromatography，CEC） 在毛细管中填充或在毛细管管壁涂布或键合色谱固定相，或在毛细管内合成整体柱色谱填料，并以电渗流或（和）压力流为驱动力进行电泳分离。不同分子在固定相和流动相间存在不同的吸附平衡，或具有不同分配系数，导致电泳速率不同而分离。溶质在电色谱中的迁移速率与电渗流速率、电泳速率及其固液相之间的分配系数有关。毛细管电色谱既能分离中性物质又能分离带电组分。可将它理解为"一种溶质与固定相间的相互作用占主导地位的电泳过程"。

（3）毛细管电泳的特点和优势

毛细管电泳是高效、快速的现代微量分析技术。其仪器组成简单（高压电源、毛细管、检测器、溶液瓶）；分析速度快，分离效率高，采用激光诱导荧光检测器，具有高灵敏度；操作简便，操作模式多样，分析方法开发灵活；溶剂和样品用量少（μL，nL），实验成本很低；应用范围极其广泛。

毛细管电泳在高电场中分离，分离速度快，通常一次运行的分析时间在3~30 min 内。毛细管电泳是微量电泳，进样量约 30 nL，溶液用量小于 3 mL。且绿色环保，几乎不用有机试剂。毛细管电泳分离柱效高，理论塔板数可达 10^6~10^7 m^{-1}，高于液相色谱，远高于常规电泳。毛细管电泳分离模式多，涉及多种分离原理。毛细管电泳还可以用于研究分子间相互作用。

毛细管电泳分析物范围包括离子、小分子、生物大分子、细胞、微生物、病毒、纳米粒子等，远比液相色谱和凝胶电泳广泛。目前，毛细管电泳在抗体药物分析和生物医学分析方面具有重要的应用。毛细管电泳技术可用于多种生物样品检测和生物药质控分析。样品来源包括血清、血浆、尿样、脑脊液、红细胞、体液或组织及活体动物取样。可进行 DNA 序列分析和 DNA 合成中产物纯度的测定；分析单细胞、药物与细胞的相互作用和病毒；分析单克隆抗体药的纯度、电荷异质性、糖基化效果；分析促红细胞生成素 EPO、重组人生长激素 rhG 和疫苗、病毒等。毛细管电泳还在天然产物中的有机酸分析、手性对映体分离、中草药成分分析等方面有重要的应用。

需要强调的是，毛细管电泳特别适合蛋白质和核酸等生物大分子的分析，近年来已发展成为单克隆抗体药物多项指标分析中不可或缺的技术，被全球大部分生物制药公司作为常规方法用于单克隆抗体药物的质量控制、药品生产质量管理规范（GMP）下的产品放行和稳定性研究、配方开发中的过程表征和过程验证等环节。

与 HPLC 和凝胶电泳相比，毛细管电泳在单抗药物的多项分析中具有独特的优势。CE-SDS、CIEF、CZE 和质谱（MS）技术离线或在线联用方法的开发，可以解决经电泳分离的杂质、电荷变异体和寡糖的鉴定问题。CE-MS 联用技术对单抗药物的肽谱序列、翻译后修饰、糖肽和完整蛋白质电荷异质性等多水平表征的应用已有较多报道。

9.3.7 自由流电泳

自由流电泳（free fow electrophoresis，FFE）在两个平行的矩形板组成的分离腔内完成，不使用固相介质。电场加在矩形板两侧，与溶液流动方向垂直。分离腔的两板长约 500 mm，宽 100 mm，板间距离为 0.5~1.0 mm。分离腔两侧为正负电极室，样品由一个口径很小的输入口进入分离腔中，形成一条细带，进入垂直于液流方向的均匀电场中。不同组分因迁移率差异向电荷相反的电极移动，产生不同角度的迁移，抵达不同的分离腔出口时由收集器收集。样品可连续进入输入口，不停止地进入出口的收集器。自由流电泳的等电聚焦原理如图 9-11 所示。

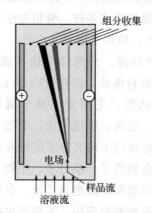

图 9-11　自由流电泳的等电聚焦原理示意图

自由流电泳是在溶液中进行生物大分子或不溶性颗粒以及细胞等物质的电泳分离纯化技术。它是高通量半制备型技术，样品连续分离不受样品量的限制；可快速获得大量具有活性的生物材料纯品，每小时可获得毫克（或克）级蛋白质；无需固体介质，可保持组分的生物活性；电泳中使用水溶液，分离条件温和，与后续分离应用兼容性好。自由流电泳中可以采用区带电泳、等速电泳、等电聚焦等分离模式，用于分离制备蛋白质和细胞、细胞器、病毒、微生物等微粒。

随着蛋白质组学的快速发展，自由流电泳作为复杂样品的分离纯化前处理技术受到重视。其分离产品还可进一步与双向电泳结合，以提高蛋白质组学分析的分辨率和分析通量。随着生物工程领域的发展，产生了对大量动物细胞、细菌、病毒、酶、蛋白质、核酸等生物材料的纯品需求，自由流电泳作为放大型纯化制备电泳技术也受到关注。

思考题

1. 简述区带电泳、等电聚焦电泳、凝胶电泳、双向电泳、自由流电泳的概念及分离原理。

2. 简述毛细管电泳的概念及原理。

3. 简述毛细管电泳的主要分离模式。

4. 液相色谱、电泳与毛细管电泳的比较。

5. 列举一些凝胶电泳可以使用的介质材料。DNA 和蛋白质分析中常用什么凝胶介质？

6. 解释 SDS-PAGE 和 CE-SDS 的过程。为什么 SDS-PAGE 和 CE-SDS 可以测定蛋白质的分子量？

第10章 磁分离

近年来，利用磁性纳米材料具有磁效应的特点对生物大分子进行快速分离越来越受关注，磁分离技术及其应用发展迅速。通过对磁性纳米材料表面进行分子修饰，使其对特定的生物大分子（如抗原、抗体、核酸、生物素、亲和素等）产生强吸附，再利用外加磁场，快速分离磁性材料，可以实现生物大分子的快速捕获、分离和纯化。

与过滤、离心、沉淀等常规方法相比，磁分离法分离速度快，分离效率高，重复性好，方便实用，无需特殊仪器。通过表面修饰特定的识别分子，能实现对目标物的选择性识别。磁性分离属于"绿色分离"范畴，设备和操作极其简单，只需借助目标物自身磁性或功能化磁性粒子，在磁场作用下即可实现分离，几乎没有能量消耗。

10.1 物质的磁性

物质在某种程度上都具有磁性。按照其在外磁场作用下的特性，可分为三类：顺磁性物质、反磁性物质和铁磁性物质。各种物质的磁性差异正是磁分离技术的基础，其中铁磁性物质通常为我们所使用。

10.1.1 顺磁性

具有未成对电子的原子、分子或离子中，由于存在未成对电子的轨道运动和自旋运动而具有磁矩，这种性质称为顺磁性，具有这种性质的物质称为顺磁性物质。

顺磁性物质的原子间无相互作用（类似于稀薄气体状态），在无外加磁场时，原子的固有磁矩呈无序状态，宏观上无磁性；当施加一定的弱外加磁场时，由于磁矩与磁场的相互作用，磁矩具有较高的静磁能，产生磁化；随着磁场增强，磁化不断增强，使原子磁矩与外加磁场方向一致（如图 10-1 所示）。

10.1.2 反磁性

反磁性是普遍存在的，它是所有物质在外磁场作用下毫无例外地具有的一种属性，但大多数物质的反磁性因为被较强的顺磁性所掩盖而未能表现出来。

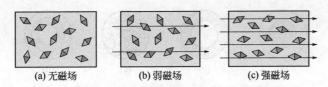

| (a) 无磁场 | (b) 弱磁场 | (c) 强磁场 |

图 10-1 顺磁磁化过程示意图

反磁性物质的原子（离子）的磁矩应为零，即不存在永久磁矩。当反磁性物质放入外磁场中，外磁场使其电子轨道改变，产生一个与外磁场方向相反的磁矩，则为反磁性。故反磁性来源于原子中电子轨道状态的变化。

10.1.3 铁磁性

铁磁性物质的磁化是自发产生的，当外界向铁磁性物质提供磁性时，磁化过程使铁磁性物质本身的磁性得以展示。

自然界中的铁磁性物质都是金属，它们的铁磁性来源于原子未被抵消的自旋磁矩和自发磁化。金属要具有铁磁性，它的原子只有未被抵消的自旋磁矩还不够，还必须使自旋磁矩自发地同向排列，即产生自发磁化。

10.2 分离用磁性纳米粒子的结构和特性

10.2.1 磁性纳米粒子概述

磁性纳米粒子是指由磁性粒子与含有活性功能基团的材料复合而成的、具有一定磁性及特殊表面结构的纳米粒子。磁性纳米粒子的研究自 20 世纪七八十年代以来发展迅速。对磁性材料表面通过共聚合和改性，使其表面可修饰多种活性功能基团，如$-COOH$、$-OH$、$-NH_2$等，也可共价结合酶、细胞、抗体等生物活性物质。将修饰的磁性纳米粒子加入溶液体系后，其在简单的外加磁场作用下即可被定位、导向和分离，故磁场下可快速与原溶液体系分离。有学者将磁性纳米粒子形象地称为动力粒子（Dynabead）。作为新型功能纳米材料，磁性纳米粒子在生物医学中的生物大分子分离和靶向药物、细胞标记和细胞分离等研究和应用领域具有广阔的应用前景。其在微藻分离和金属废水污染治理方面也有实际应用。

10.2.2 磁性纳米粒子的结构和特性

（1）磁性纳米粒子的结构和构成

磁性纳米粒子与活性功能基团可以不同的方式形成复合体，主要为核壳型结构，包括磁性核型［图 10-2（a）］、磁性壳型［图 10-2（b）］、混合型［图 10-2（c）］和多层型［图 10-2（d）］。

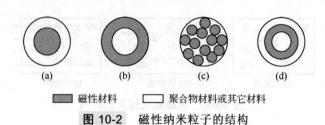

图 10-2　磁性纳米粒子的结构

磁性纳米粒子由载体纳米粒子和活性配基复合而成。理想的磁性纳米粒子为均匀的球形，具有超顺磁性且表面可键合功能性配基。其基本组成包括以下几部分：

① 磁性材料　金属及其氧物、铁氧体、合金等。

② 通用性配基　如氨基（$-NH_2$）、羧基（$-COOH$）、羟基（$-OH$），使其表面具有正负电荷、亲疏水性、极性或非极性等性质，并可与目标物产生非特异性或特异性相互作用。

③ 功能性配基　聚乙烯亚胺酶类、多糖（葡聚糖、果胶等）、球蛋白、抗原、抗体等亲和配基。

（2）磁性纳米粒子的特性

① 比表面积大　细化的粒径可达纳米级，使其比表面积剧增。表面配基的密度及选择性吸附能力增强，达到吸附平衡的时间大大缩短。粒子的分散稳定性也大大提高。

② 超顺磁性　在外加磁场作用下，软磁性高分子纳米粒子可产生磁性，并可定向移动。当磁场消失后，磁性纳米粒子的磁性也随之消失，由此可方便地利用磁场变化进行磁性导向和吸附物的分离。

③ 配基的反应特性　磁性纳米粒子表面的配基能与生物大分子的多种活性基团如$-OH$、$-COOH$、$-NH_2$共价连接，可在其表面稳定地固定生物活性物质（如抗体、抗原、受体、酶、核酸和药物等）。

④ 生物相容性　通用性配基和功能性配基分布在磁性纳米粒子表面，故其与多数生物高分子如多聚糖、蛋白质等具有良好的生物相容性。应用在生物工程和生物医学领域，磁性纳米粒子具有良好的生物相容性是必要条件之一。

10.3　磁性纳米粒子的制备方法

磁性纳米粒子由无机磁性材料和多种可提供活性功能基团的材料复合制备而成。

无机磁性纳米粒子的种类很多，较常用的有金属（Fe、Co、Ni）及合金、氧化铁（$\gamma-Fe_2O_3$、Fe_3O_4）、铁氧体（$CoFe_2O_4$、$BaFe_{12}O_{19}$）、氧化铬（CrO_2）和氮化铁（Fe_4N）等。Fe_3O_4是应用最多的磁性颗粒，它很容易在水溶液中通过共沉淀或氧化共沉淀制备，其粒度、形状和组成可以通过反应条件进行控制。

提供活性功能基团的常用材料有三类：天然生物大分子材料、合成高分子材料以及无机物材料。天然生物大分子材料包括淀粉、纤维素及其衍生物、葡聚糖、壳聚糖、琼脂糖、明胶、血清白蛋白、磷脂类等；合成高分子材料包括聚乙二醇（PEG）、聚乙烯醇（PVA）、聚丙烯酸、聚苯乙烯、硅烷衍生物、聚乙烯亚胺等；无机物材料包括 SiO_2、Au 等。

磁性纳米粒子的制备方法有物理法（如机械粉碎、蒸发凝聚、离子溅射、冷冻干燥等）、化学法（均相制备法：共沉淀法、高温分解法、水热法等；非均相制备法：溶胶凝胶法、微乳液法、超声化学法等）和生物法。在此，仅简要介绍目前应用较多的磁性纳米粒子的化学制备方法的基本原理，如共沉淀法、热分解法、水热法、微乳液法和溶胶凝胶法等。不同的制备方法制备得到的磁性粒子的形貌、尺寸以及分散性均不相同。

（1）共沉淀法

共沉淀法是合成氧化铁（Fe_2O_3、Fe_3O_4 等）和铁素体（Zn-Mn、Ni-Zn、Co-Zn）的一种有效方法。在该反应体系中，将碱性溶液（氨水或氢氧化钠溶液）加入金属盐溶液中，金属离子则可从溶液中析出。通过控制不同温度、投料比、反应时间与 pH 等因素可制备不同粒径的磁性纳米粒子。该方法工艺简单，产率高，但在洗涤、过滤和干燥过程中，容易发生粒子的聚集。

（2）热分解法

通过其前体物质如 $Fe(CO)_5$，$Co_2(CO)_8$ 和 $Fe(CuP)_3$ 等在高温高压条件下制备。该方法制备的磁性颗粒纳米粒子具有结晶度高、尺寸可调和粒径分布窄等特点，优于共沉淀法制得的磁性纳米粒子，但反应条件比较剧烈。

（3）水热法

水热法是将原料溶解与重结晶处理后，以水为介质，将混合物加入聚四氟乙烯高压反应釜，在高温高压的密闭环境下，进行氧化还原反应制备。此方法制备的磁性纳米粒子具有粒径小、磁响应性较好、粒径均一、分散性好等优点。但是此方法反应条件苛刻，不适合工业化生产。

（4）微乳液法

微乳液是由油（烃）、水（电解质溶液）和表面活性剂制成的透明、各向同性和低黏度的体系。微乳液法利用微乳液提供一个特定大小的水核，使合成反应在水核中进行，从而得到特定大小的磁性纳米粒子。此方法所制备的磁性粒子粒径与形貌并不均一，合成效果并不理想，而且需使用有高毒性的有机溶剂。

（5）溶胶凝胶法

溶胶凝胶法的基本原理是将金属醇盐（金属与乙醇反应生成的含有 M—O—C 键的金属有机化合物 $M(OR)_n$，M 是金属，R 是烷基或丙烯基）或无机盐在一定溶剂条件下控制水解，不产生沉淀而形成溶胶。然后将溶质缩聚凝胶化，内部形成三维网络结构，再将凝胶干燥焙烧，去除有机成分，最后得到所需的纳米粉末材料，如将溶胶附着在底板上，则可得到纳米薄膜。溶胶凝胶法反应温度低，反应容易进行，所制备的磁性粒子均匀性好、纯度高、颗粒细，缺点是所使用原料价格较贵，反应时间较长（几天或几周），制备的纳米粒子自身烧结性差。

10.4　磁分离方法及应用

磁性纳米粒子的粒径小、比表面积大，故功能基团的偶联容量大；且纳米粒子悬浮的稳定性好，便于高效地与目标物偶联，故分离的选择性强、回收率高；又因其具有超顺磁性，在外磁场的作用下固液相的分离十分简单、方便、快速，也无需特殊仪器。因此，其在细胞分离与分类、蛋白质分离富集、核酸分离以及其它分子的分离富集方面都取得了较大进展，是目前具有推广及应用价值的一项新型分离技术。

免疫磁珠分离（immunomagnetic beads）是目前应用最普遍的磁分离技术。其将免疫学反应的高度特异性与磁珠特有的磁响应性相结合，是一种新型免疫分离技术。它利用磁珠表面修饰功能基团或探针，对目标生物分子或细胞进行选择性识别和结合，再通过磁场使磁性微粒脱离原溶液环境，可实现目标物的快速富集和分离。

免疫磁性分离有直接模式和间接模式两种策略。直接模式是将表面含有亲和配基的磁性材料直接与目标物溶液孵育，使亲和配基靶向目标物或细胞，二者结合于磁性材料表面，形成稳定的磁复合物；间接模式是将自由的亲和配基（如抗体）先加入含有目标物的溶液中，待二者结合完全后，除去过量未结合的亲和配基，再用适当亲和力的磁性微粒将标记的磁复合物捕获。两种分离策略都要在一个适宜的外加磁场的作用下完成对磁复合物的洗涤，都能起到很好的分离效果。相比较而言，直接模式更加快速、容易控制、抗体用量少；而间接模式则能更加有效地富集那些与亲和配基的亲和力较弱的目标分子或细胞，但所需抗体和磁性材料的消耗量较大，并且除去多余的未结合抗体本身也是非常困难的操作。

10.4.1　磁分离在生物分离中的应用

（1）细胞分离

1983 年，Ugelstad 提出将免疫磁珠用于细胞分选。这种方法的核心是将磁珠上连接免疫性抗体，使其与相应微生物或特异性的抗原结合后，形成磁珠-抗体-抗原的磁性复合物。该复合物具有较好的磁响应性，而表面无该特异性抗原的细胞不能与含有抗体的磁珠结合，其不具有磁性，也不能在磁场停留。因此只有磁性复合物在外界磁场的作用下可发生定向移动，并与其它非磁性物质分离。最终，含有抗原的微生物通过表面修饰了抗体的磁性材料的吸附达到分离、浓缩、提取的目的。

免疫磁珠分离方法分为正选法和负选法，或者称为阳性分选法和阴性分选法（如图10-3所示）。正选法结合的细胞就是要分离获得的目标细胞，该法简单、快速，得细胞率和纯度较高，应用更为普遍。负选法结合的细胞为非目标细胞，是去除非目标细胞的分离。因此负选法适用于缺乏目的细胞的特异性抗体磁珠时，或者磁珠与靶向细胞直接结合可能诱导细胞变化，影响后续的细胞功能分析时。负选法的磁珠用量也比正选法大。

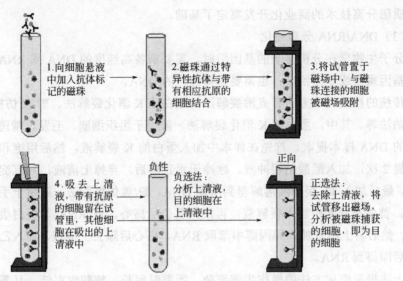

1.向细胞悬液中加入抗体标记的磁珠

2.磁珠通过特异性抗体与带有相应抗原的细胞结合

3.将试管置于磁场中，与磁珠连接的细胞被磁场吸附

4.吸去上清液，带有抗原的细胞留在试管里，其他细胞在吸出的上清液中

负性

负选法：分析上清液，目的细胞在上清液中

正向

正选法：去除上清液，将试管移出磁场，分析被磁珠捕获的细胞，即为目的细胞

图10-3 免疫磁珠细胞分离原理示意图

磁珠细胞分离是免疫磁珠技术最重要的应用之一。与离心法相比，磁分离法操作缓和，不破坏细胞形态，可确保生物活性成分结构完整，对分离出的靶细胞活性影响较小，可直接进行细胞形态学的研究。其操作简单，所有的纯化步骤可在一个试管中完成，无需昂贵的离心机、色谱系统和超滤装置等。无需复杂的洗脱、除去杂质等精细操作步骤，获得的产物浓度大。此外，磁分离技术很容易实现自动化。

目前，免疫磁珠分离细胞已被广泛应用于各种人体细胞的分离，如T（CD3）、B（CD19）淋巴细胞、内皮细胞（CD34）、造血祖细胞（CD34）、单核/巨噬细胞（CD14）、胰岛细胞［胰岛GK和GLUT2（葡萄糖转运子）］、多种肿瘤细胞等。

（2）蛋白质分离纯化

传统的蛋白质纯化方法一般需要使用昂贵的液相色谱系统、离心机、过滤器和其它设备等。这些纯化过程相对繁琐，往往需要多个步骤，且每一步都会对蛋白质造成不同程度的损失。功能化磁性纳米粒子作为一种快速发展的全新的蛋白质分离介质材料，可以实现目标蛋白从复杂的生物基质中快速分离富集，甚至痕量目标蛋白的快速分离富集。

例如，Ni^{2+}或Co^{2+}偶联的磁珠可纯化 His 标签蛋白。配体修饰的磁珠也可用来纯化 His 标记蛋白和其它蛋白质。由于在目的蛋白的捕获过程中磁珠一直处于悬浮状态，故可减少孵育时间，提高吸附效率。目前磁珠分离技术在蛋白质纯化方面已经取得了长足的进步。Zhou 等人[1]开发的 His 标签蛋白磁分离技术可多次重复用于 His 标签蛋白的结合，并且具有更好的热稳定性和储存稳定性，为后期蛋白质磁分离技术的商业化开发奠定了基础。

（3）DNA/RNA 分离纯化

分子生物学在分析复杂的基因组时，需要制备高纯度的 DNA 或 RNA。为了进行基因重组或基因治疗，也需要获得纯化的 DNA。

传统的核酸提取方法有煮沸裂解法、蛋白酶 K 消化裂解法、酚/氯仿提取法、碘化钠法等。其中，蛋白酶 K 消化裂解法一般用于组织细胞、毛发、精斑、血液等中的 DNA 样本提取。首先在样本中加入蛋白酶 K 裂解液，然后用饱和酚和氯仿抽提 2 次，加入醋酸钠缓冲液、冰冷无水乙醇后，弃掉上清液，对沉淀洗涤和干燥，最后加入 TE 缓冲液溶解得到所需 DNA。酚/氯仿提取法一般用于手工提取 RNA，首先在样本中加入裂解液，再加入氯仿后离心，使 RNA 与蛋白质分离并释放，然后将上清液加入异丙醇中萃取 RNA，离心后除去上清液，加入乙醇洗涤沉淀后即得到 RNA。

上述提取纯化方法的操作步骤繁杂、所需时间长、核酸收率低，且需要使用有毒的有机试剂，很难实现自动化操作。近年来，磁性纳米材料被广泛用于核酸的提取纯化分离。如图 10-4 所示，①使用含蛋白变性剂的细胞裂解液将动植物的细胞膜进行裂解，并使与 DNA 结合的蛋白质变性，将 DNA 游离释放出来；②加入磁珠（如硅羟基磁珠），特异性地吸附 DNA；③通过多次洗涤，去除 DNA 外的 RNA、多糖、蛋白质、色素、脂质等杂质；④最后再用洗脱液（如 Tris 缓冲液）使吸附在磁珠上的 DNA 解离，得到高纯度的 DNA，可直接用于 PCR 扩增的模板、基因工程等研究。新型冠状病毒的核酸检测中，绝大多数的核酸提取试剂盒中都使用了磁珠法提取纯化病毒核酸。

---

[1] Zhou Y, Yan D, Yuan S, et al. Selective binding, magnetic separation and purification of histidine-tagged protein using biopolymer magnetic core-shell nanoparticles[J]. Protein expression and purification, 2018, 144: 5-11.

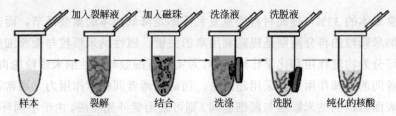

加入裂解液　加入磁珠　洗涤液　洗脱液

样本　　裂解　　结合　　洗涤　　洗脱　　纯化的核酸

图 10-4　磁珠分离法用于核酸提取原理示意图

与传统的核酸提取纯化方法相比，磁珠法提取核酸简单、快速、高效、可靠，且成本低。整个提取操作过程中无需离心或采用柱分离，不必使用有机溶剂及其它有毒试剂，可同时处理多个样品，易实现自动化操作，特别适用于微量样本的核酸提取。采用磁珠法提取模板核酸，可以去除许多影响基因扩增的杂质，提高基因扩增的稳定性。此外，一定量的磁珠可以吸附相应量的核酸，有助于获得相对恒量的模板核酸，可提高定量检测的准确性。

10.4.2　磁分离在环境工程中的应用

（1）磁分离技术在微藻分离中的应用[❶]

微藻能源技术是继纤维素产乙醇后第三代新能源技术，对于缓解目前全球能源危机和气候变暖问题具有重要意义。微藻能源技术仍存在诸多问题，尤其在成本上远高于传统燃料。微藻个体微小，一般只有 1~30 μm；微藻细胞表面带负电，在培养液中容易形成均匀稳定的分散悬浮体系；微藻培养浓度低，一般只有 0.5~3.0 g/L。这些特点造成了传统分离技术（如离心分离法、絮凝沉淀法、气浮分离法、膜过滤法等）难以实现高效分离。

磁分离是微藻分离的新兴技术，使磁性粒子与微藻细胞聚合，在外部磁场的作用下将其分离。微藻磁分离具备快速、简便、高效节能、价格低廉等优点，已成功的用于湖泊藻类去除。近年来，一些功能化磁性粒子用于鱼塘、淡水及海洋藻类去除，均取得了良好效果。Wang 等[❷]用铁氧化物和 0.1 mg/mL 的聚丙烯酰胺合成磁性絮凝剂，研究了布朗葡萄藻（*Botryococcus braunii*）和小球藻（*Chlorella ellipsoidea*）的磁分离效率及机理。研究发现，在一定剂量磁性絮凝剂条件下，两种藻类均可在 10 min 内达到 95% 的絮凝效率。推测主要絮凝机理为：酸性条件下微藻细胞和磁性粒子存在静电相互作用而结合。

藻类磁分离技术研究仍处于初期阶段，除磁分离过程影响因素尚待系统研究外，磁性材料重复利用的研究工作也亟待跟进。对于微藻磁分离技术，磁性材料

❶ Liu C L, Zhao F C, Zhou X F, et al. Progress in Magnetic Separation of Microalgae, Advances in Environmental Protection, 2017, 07(2): 164-169.

❷ Wang S K , Wang F, Hu Y R , et al. Magnetic Flocculant for High Efficiency Harvesting of Microalgal Cells[J]. ACS Applied Materials and Interfaces, 2014, 6(1):109-115.

成本占总成本的 33%，提高材料的重复利用率是降低成本的重要环节，而其中藻细胞和纳米颗粒的再分离则是提高利用率的关键。磁性纳米颗粒与微藻细胞间的结合力可分为物理作用和化学作用两种，为实现藻细胞与磁性纳米颗粒的再分离，消除两者间的物理作用力可采用超声法，而破坏两者间化学作用力（通常存在于有机物表面修饰的纳米颗粒与藻细胞间）则可采用紫外光照法。由于不同环境（例如 pH、温度）条件下，物理与化学作用力都将发生明显变化，因此，探索超声法和紫外光照法的最佳运行条件是解决纳米颗粒与藻细胞再分离的关键。

（2）磁分离在重金属废水处理中的应用[1]

作为世界公认的严重工业污染源之一，废水中所含的重金属对环境和人体健康危害大、持续时间长。重金属废水的传统处理方法有：化学沉淀、离子交换、吸附、膜分离、氧化还原、电解及萃取等，但这些方法往往受水温、pH、水质等变化影响大，对某些可溶物质去除效率低，而且存在二次污染。

目前，利用磁分离处理重金属废水的研究方向主要是通过投加药物使废水中的重金属离子形成水合金属氧化物，再投加不同性质的接磁种，接磁种具有铁磁性且表面经过不同官能团的修饰，可大量吸附水合金属氧化物，形成可被磁场力吸附的絮凝团从而达到移除重金属的目的。

国内外学者的相关研究随磁分离技术的发展历经永磁分离、高梯度磁分离和超导高梯度磁分离三个阶段。

永磁体是自然界中广泛存在并且容易得到的天然磁铁矿，又称天然磁石，也可以人工制造。永磁体来源广泛，造价低廉，常态下即具有磁性，但磁场强度和方向不可变，应用范围有限。赵谨等[2]利用重金属离子可在水合金属氧化物和氢氧化物矿物表面产生吸附作用的原理，进行了天然磁铁矿处理含 Hg^{2+} 废水的实验研究。结果表明：当温度为 25℃、吸附平衡时间为 60 min、试样用量为 20 g/L、试样粒径为 200 目以下、pH 值为 6.4、离子强度为零时，初始浓度为 1.12 mg/L 的 Hg^{2+} 溶液的吸附率可达 98%，使废水中 Hg^{2+} 的浓度达到国家排放标准。

高梯度磁分离是在小范围内形成一个强的磁场强度梯度，吸附了重金属离子的磁性絮凝团通过磁场区域时，磁性颗粒就会在磁力的作用下轨迹发生偏移，形成有效的颗粒捕集和聚集区域，实现多相分离。但受磁场的限制，一般水流速度较低，处理废水量较小，一些无磁性和弱磁性的污染物很难分离。康小红等[3]利用加载磁絮凝-高梯度磁分离技术对洗铜废水中铜离子的去除效果进行了研究，试

❶ Li L Y, Chen Y, Yin L Q, et al. Application and Prospect of Magnetic Separation Technology in the Treatment of Heavy Metal Wastewater. Water Pollution and Treatment, 2014, 02(4):40-45.

❷ 赵谨, 鲁安怀, 姜浩等. 天然磁铁矿处理含 Hg(Ⅱ)废水实验研究[J]. 岩石矿物学杂志, 2001, 20(4): 549-554.

❸ 康小红, 杨云龙. 磁絮凝去除工业废水中铜离子的试验研究[J]. 工业用水与废水, 2011, 42(03): 24-27.

验结果表明：聚合硫酸铁投加量为 100 mg/L、pH 值为 8.0、静沉时间为 20 min、磁粉投加量为 400 mg/L 时，对含铜废水有良好的处理效果，铜离子去除率超过了 97%。

超导高梯度磁分离法与高梯度磁分离相比，可达到普通电磁体 3 倍以上的磁场强度，在较大的空间范围内提供强磁场及高磁场梯度，使废水中的弱磁性颗粒充分磁化，不需投加磁种即可直接去除弱磁性颗粒。还可用廉价的顺磁性材料代替强磁材料做磁种，处理非磁性的重金属废水，从而提高磁分离能力，具有投资小、占地少、处理周期短、处理效果好等优点，是未来极具潜在应用价值的技术。且整个系统紧凑，可以灵活运输，特别适合中小型企业的污水处理。王宏等[❶]在开展超导高梯度磁分离处理造纸厂污水的研究过程中，采用了等离子体聚合改性技术。他们在传统 Fe_3O_4 磁种表面沉积有机物，使其成为带电极性磁种，并成功研制出表面聚合沉积丙烯酸、吡咯薄膜等氧化锌纳米颗粒。当污水与磁种混合搅拌时，磁种可与污水中的可溶性离子、无机盐等有害成分极性连接，使其在通过高梯度超导磁分离设备时能较好地实现分离。

思考题

1. 物质的磁性分为哪几类？
2. 什么是磁性纳米粒子？其具有几种结合类型？
3. 磁性纳米粒子有什么特性？
4. 磁性纳米粒子常见的化学制备方法有哪几种？
5. 举例说明磁分离如何用于生物分离（细胞、蛋白质、核酸等）。

---

❶ 王宏, 黄传军, 李来风. 超导高梯度磁分离造纸厂污水处理[J]. 西南大学学报(自然科学版), 2009, 31(3): 43-48.

第 11 章　免疫分析

　　免疫分析是基于抗原和抗体发生特异性结合反应产生免疫复合物的原理，借助信号放大系统，将抗原和抗体的反应信号进行放大。将免疫反应与光学、电化学、纳米材料等手段结合，从而实现待测物的微量和超微量分析检测。

　　免疫分析中，要检测待测目标物抗原，则需要待测目标物所对应的抗体，因此抗体的获得是免疫分析的前提条件。如今抗体的制备技术已十分成熟，免疫分析法的优势得以充分体现，免疫分析可用于多种目标物的高灵敏和高特异性快速准确定性定量分析。例如酶联免疫吸附分析法和侧流免疫分析在生物分析、医学检验、食品分析、环境分析等领域的应用越来越广泛。

11.1　抗原和抗体的性质及来源

11.1.1　抗原和半抗原

　　抗原（antigen，Ag）是指所有能诱导动物机体发生免疫应答的物质。抗原进入机体后，能刺激机体免疫系统，激活体内 T 细胞或 B 淋巴细胞，引起机体的特异性免疫应答而产生抗体。抗原与抗体能发生特异性结合。

　　抗原具备两个重要特性：免疫原性和免疫反应性。免疫原性即指抗原诱导机体发生特异性免疫应答，产生抗体和/或致敏淋巴细胞的能力；免疫反应性是指能与相应的免疫效应物质（抗体或致敏淋巴细胞）在体内外发生特异性结合反应的能力。抗原表面的某些化学基团称为抗原决定簇（抗原表位），它直接决定免疫反应的特异性。

　　抗原又可分为完全抗原和不完全抗原。完全抗原统称抗原，是一类既有免疫原性，又有免疫反应性的物质。如大多数蛋白质（酶）、核酸、多糖、激素、细菌、病毒、细菌外毒素等都是完全抗原。

　　不完全抗原又称半抗原，它是指某些只具有免疫反应性，而无免疫原性的物质。它的结构只相当于完全抗原分子上的一个抗原决定簇，不能够刺激机体产生与抗原决定簇空间互补的特异性抗体。若半抗原与蛋白质载体结合后，就获得了免疫原性。所以半抗原必须与一些大分子蛋白偶联，借助载体蛋白的 T 细胞表位间接诱导 B 细胞的增殖及分化，产生特异性抗体。常用的载体蛋白有牛血清白蛋白、卵清蛋白、兔血清白蛋白、人血清白蛋白、人血纤维蛋白、甲状腺球蛋白、猪血清白蛋白等。最常采用的半抗原与载体蛋白偶联方法有碳二亚胺法、混合酸酐法、活化酯法、重氮化法、戊二醛法和琥珀酸酐法等。

一般认为，分子量越大的分子，表面的抗原决定簇越多，越有利于免疫应答的产生。抗原的纯度会影响抗体产生及制备抗体的质量。

11.1.2　抗体的性质和来源

（1）抗体的特性

抗体（antibody，Ab）是在抗原刺激机体的免疫系统后，由免疫系统产生的能与相应抗原发生特异性反应的免疫球蛋白（immunoglobulin，Ig）。天然 Ig 含有四条多肽链——分子量较大的两条重链和分子量较小的两条轻链。它们通过链内和链间二硫键及非共价键形成稳定的"Y"形结构。每条链都含有可变区 V 和恒定区 C，可变区可与抗原结合。Ig 单体是构成抗体的基本单位，按其结构和免疫化学性质差异，又分为五类：IgG、IgA、IgM、IgD 和 IgE。IgG 亲和力高，在体内分布广，是人血清中含量最高的主要抗体。抗体的质量直接影响免疫分析的检测性能和效率，制备高特异性、高效价的抗体对免疫分析至关重要。

（2）抗体的来源

1）多克隆抗体

多克隆抗体是第一代抗体，是经特定的抗原免疫动物后得到的抗血清抗体，也是免疫分析中常用的抗体类型。由于同一抗原分子具有多种不同的抗原决定簇，它可刺激动物产生针对不同抗原决定簇的多种不同质量的抗体。故多克隆抗体是由多种抗体组成的混合物，是不均一的异源抗体。不同批次的多克隆抗体质量差异较大，也限制了它的应用。

免疫动物一般选用小鼠或新西兰大白兔。免疫途径有腹腔、淋巴结、皮下、足底注射等，以皮下或背部多点注射最为常用。定期采集免疫动物血样并检测抗体的效价（滴度），当效价稳定并保持较高值时，可以收集抗血清制备抗体。

2）单克隆抗体

1979 年，Luben 等人发现在体外培养了 10 天的小鼠胸腺细胞分泌了淋巴因子，将这种胸腺细胞培养液加入小鼠脾细胞的培养液中，加入抗原刺激脾细胞产生免疫应答，随后将脾细胞与鼠源骨髓瘤细胞杂交融合、扩大培养、克隆化后，获得了单克隆细胞株。这是首次建立体外免疫反应，大大缩短了通过体内免疫的时间。

骨髓瘤细胞是一种恶变细胞，它在体外有无限的增殖力，并能分泌很多化学结构均一的免疫球蛋白，但特异性差。经免疫的动物脾细胞，不能在体外增殖，但能产生相应的特异性抗体，并能与骨髓瘤细胞融合，形成可分泌单克隆抗体的细胞株。骨髓瘤细胞与动物脾细胞在乙二醇中融合，可形成杂交瘤细胞株。再经过 HAT 培养液中选择培养，得到杂交瘤细胞。经过有限的稀释方法，挑选出最好的能产生单克隆抗体的杂交瘤细胞株。该细胞株经过人工培养或注射到小鼠体内，即可从培养基中或从小鼠腹水中得到单克隆抗体。

单克隆抗体表现出良好的特异性、选择性和高亲和力的结合活性，一旦鉴定分离出合适的杂交瘤，就可以大量生产特定抗体。与多克隆抗体相比，单克隆抗体最大的优点在于其结构与组成高度均一，只针对同一抗原决定簇，并且易于在体外大量培养。即使生产批次不同，也不会影响其结构和组成。单克隆抗体特异性高、生产成本低、生产方便，已在诊断试剂、治疗药物、生物疫苗以及医学和生物学研究和分析检测等方面得到广泛应用。

3）基因工程抗体

杂交瘤技术是目前制备单克隆抗体的常规方法。由于杂交瘤技术所获得的单克隆抗体多为鼠源性，鼠单抗应用到人体后，其自身的免疫原性是其临床应用的最大障碍。鼠源抗体的使用刺激人的免疫系统应答产生中和抗体，从而影响单抗产品的治疗效果。要克服鼠单抗免疫原性，最好的方法是开发和使用人源抗体。但由于人体不能随便免疫，而且对于自身抗原及有毒的抗原，即使体内免疫也难以获得特异性抗体。人的淋巴细胞难以和鼠骨髓瘤细胞融合，即使融合也将丢失人的遗传组分，且杂交瘤技术不能提供稳定分泌人抗体的细胞株。

20 世纪 80 年代起，在充分认识免疫球蛋白基因结构和功能的基础上，人们利用 DNA 重组技术和蛋白质工程技术，对免疫球蛋白进行基因水平的切割、拼接或修饰，重新组装成新型的第三代抗体——基因工程抗体。

基因工程技术采用基因重组体系制备抗体或抗体片段更为方便。基因工程抗体保留了天然抗体的特异性和主要的生物活性，去除或减少了无关结构，从而比天然抗体具有更广泛的应用前景，这一技术使制备人源化抗体成为可能。

基因工程抗体具有三个优势：①可降低甚至消除人体对抗体的排斥反应；②其分子量较小，可穿透血管壁；③可大量表达抗体分子，大大降低了生产成本。

11.1.3 抗体的纯化和表征

通过不同方法制备的抗体粗品是多种杂蛋白的混合物。为了获得成分单一的抗体，或要将抗体用于特定的用途（如抗体药物、标记、酶标检测），都需要对抗体进行纯化处理。无论是多克隆抗体、单克隆抗体还是基因工程抗体，确定抗体的纯化方法前，首先要明确纯化后抗体的用途。如果用于普通的酶联免疫吸附测定，只需要除去一些干扰实验的杂质即可，一般的盐析沉淀就可满足要求；如果要用于分子标记，则要求抗体纯度更高，盐析沉淀不适合，而需要用特异性好的亲和柱纯化，否则对标记结果影响很大；如果作为抗体药物用于人体治疗，则必须符合人体内应用要求，没有毒素、热源和其它抗原成分。因此需要根据抗体的来源和应用选择纯化方法。

多克隆抗体主要来源于动物血清，单克隆抗体来源于细胞培养上清液或小鼠腹水，基因工程抗体则来源于细菌培养上清液或细菌裂解液。这些体系中，常常含有大量的宿主蛋白质（白蛋白、免疫球蛋白、转铁蛋白等）、脂质和细胞碎片等。相对于这些杂蛋白，抗体蛋白的含量往往较少，需要进行富集纯化。

（1）预处理和纯化方法

脂质、细胞碎片和较大的蛋白聚合物可以通过预处理将它们除去。一般的预处理包括以下方法，实际使用时，将其中的两种或三种方法联合使用。

① 过滤　用 0.45 μm 孔径的微膜过滤，可以去除脂质颗粒、纤维蛋白及固体颗粒。

② 离心　低温高速离心（4℃，12000 r/min，15~20 min）可以除去细胞残渣及小颗粒物质，对于血清、腹水和细菌培养上清均适合。

③ 二氧化硅吸附　一般对于含大量脂质的腹水、血清，建议用此法处理。用等量的巴比妥盐缓冲液（VBS）稀释腹水或血清；加入一定量的 SiO_2 粉末，室温下搅拌 30 min 后，2000 r/min 离心 20 min，留取上清液。

抗体是一类蛋白质分子，具有特定的等电点、溶解度、荷电性及疏水性。故蛋白质纯化的方法，如盐析法和离子交换色谱、疏水作用色谱、亲和色谱、凝胶过滤色谱等液相色谱法都可用于抗体的分离纯化。

（2）抗体的保存

抗体在存储过程中要防止细菌或真菌的污染。一般添加 0.02%的叠氮钠作为防腐剂抑制微生物污染。对抗体参与的一些氨基反应，叠氮钠可能会有干扰，则可用 0.01%硫柳汞。如果抗体用于体内实验，则绝对不能添加防腐剂，而应对抗体进行无菌处理，通常采用过滤除菌法。

抗体有严密的三维结构，稳定性较好，其存放和标记相对较容易。一定浓度的抗体溶液能在 4℃中存放数月而不失活。若在-20℃冻存，抗体的活性可长期多年保持。抗体保存忌反复冻融，解冻常在 4℃下进行，使用过程中保存在 4℃，数月内活性不会受很大影响。

纯化后抗体存储的缓冲液通常要求 pH 在中性范围（pH 7~8），盐浓度在0~150 mmol/L 之间，一般建议以 PBS 或 50 mmol/L pH 8.0 的 Tris 溶液为存储缓冲液。而且抗体的保存浓度以 1~10 mg/mL 为宜，如浓度较低，则用超滤等方法浓缩后存储。此外，未进行标记的抗体蛋白，常常会加入 1%的牛血清白蛋白（BSA）作为稳定剂。

根据上述原则，实验室或研究机构对于抗体的保存通常采用以下方法：

① 液体保存　将抗体溶液经无菌处理后，加入 0.02%的叠氮钠或硫柳汞，

可在 4℃存放半年至一年；也可以再加入等体积的甘油（含质量浓度 3%的 $Na_2HPO_4 \cdot 12H_2O$），这样处理后的抗体在 4℃存放更久。

② 低温保存　将抗体溶液分管冻存，于-20℃或-70℃可存放数年。

③ 冷冻干燥　适用于纯化后的抗体溶液，冻成干粉后可于 4℃存放 4~5 年。

（3）抗体的性质表征

纯化后的抗体需要进行理化性质分析，如进行抗体的浓度、分子量及纯度、等电点的测定。还需要进行效价（滴度）、亲和力及交叉反应的表征来判断制备的抗体是否有效。效价指可观察到抗原抗体反应时，抗血清的最大稀释倍数；亲和力表示抗原决定簇和抗体结合位点之间的结合强度，即抗原与抗体的亲和常数；交叉反应是指抗体对抗原结构相似的其它抗原的识别能力。

11.1.4　抗原抗体反应特点及影响因素

抗原与抗体之间发生特异性结合，可以发生在体内，也可以发生在体外。抗原抗体的结合反应过程可分为两步：一是抗原与抗体的特异性结合阶段，这个过程非常快，一般几秒或几分钟就可完成；二是抗原和抗体形成的复合物进一步交联和凝集，形成肉眼可见的沉淀，这个过程比较长，往往需要一小时。但这两步一般不会区分来看。

抗原抗体反应的特点主要有三性：特异性、可逆性和比例性。抗原抗体反应发生在抗原决定簇和抗体超可变区之间，两者在化学结构和空间构型上形成高度互补的反应区域，因此高度特异性是抗原抗体反应的最大特点；抗原抗体间反应的亲和力强，逆反应常数非常小，抗原抗体形成的复合物一般很难自发解离；抗原抗体反应的强结合还需要二者有最适合的比例。

影响抗原抗体反应的决定因素，内因与抗原和抗体自身结构和性质有关，外因主要是反应介质和环境（如电解质、酸碱度和温度等）。上述因素的变化都可能影响抗原抗体反应的速率甚至反应方向。因此，抗原抗体的高特异性和高亲和性反应需要控制一定的反应条件。

11.2　酶联免疫吸附分析法

20 世纪 70 年代初，Engvall 等用碱性磷酸酶标记抗原或抗体，建立了酶联免疫吸附分析法（enzyme linked immunosorbent assay，ELISA）。经过近 50 年的发展，ELISA 检测法在很多领域已得到广泛应用，成为一种常规检测方法。

11.2.1　基本原理

ELISA 是将酶催化放大作用和抗原抗体免疫反应结合的分析方法。一般先将抗原或抗体吸附在固相载体上，然后加入待测样品（含目标抗体或抗原），通过高特异性免疫反应形成抗原抗体复合物；再使用酶标记的抗原或酶标记的抗体与该复合物反应，形成酶标记的三明治式复合物；最后加入酶相应的底物，底物因被酶催化水解而显色。因溶液颜色深浅与酶标记的复合物（待测物）的含量相关，故可对待测物进行定性定量分析。由于酶的催化效率很高，可显著放大酶反应，使显色测定方法达到很高的灵敏度。显色结果可以定性目测，也可以通过酶标仪定量检测。

ELISA 分析一般都在透明塑料微孔板（也称酶标板）中进行。微孔板上有多排大小均匀一致的小孔（通常为96孔），孔内事先吸附（包埋）好相应的抗原或抗体。每个小孔可加入少量样品溶液或反应用溶液。微孔板一般为聚苯乙烯材质，抗原、抗体和其它生物分子可通过静电作用、疏水作用等吸附至微孔内表面，也可通过引入其它活性基团，如通过氨基和羧基的共价作用吸附在微孔内表面，或者通过表面改性后的亲水作用吸附在微孔内表面。微孔板上的小孔内表面可以吸附抗原、抗体以及抗原抗体复合物。

ELISA 的基本步骤：

① 将抗原或抗体吸附固定到微孔板的内孔中，并保持其免疫活性。

② 加入待测样品（含待测目标抗体或抗原），形成抗原-抗体复合物。该复合物含量与待测物的含量呈正比。

③ 洗去微孔内其它物质，加入酶标记的抗原或抗体，形成酶标抗原或抗体复合物。该复合物含量与待测物的含量呈正比。

④ 清洗去未反应的酶标物，加入酶的底物，形成的酶催化产物量与待测物的含量呈正比。

⑤ 目测颜色有无或颜色深浅进行定性或半定量分析。用酶标仪测定产物吸光度，通过标准曲线对样品中的待测抗原或抗体进行准确的定量分析。

11.2.2 ELISA 方法分类

ELISA 分析法可分为直接法、间接法、双抗体夹心法和竞争法等（见图 11-1），下面分别予以介绍。

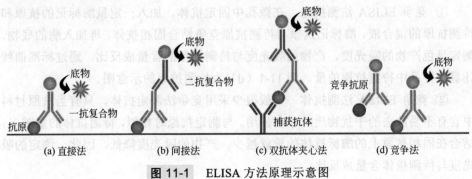

(a) 直接法   (b) 间接法   (c) 双抗体夹心法   (d) 竞争法

图 11-1　ELISA 方法原理示意图

（1）直接 ELISA 法（direct ELSIA）

直接 ELISA 法既可检测抗原，也可检测抗体。将抗原（或抗体）吸附固定在微孔中，直接加入酶标记的抗体（或抗原），二者反应形成免疫复合物。再加入酶的底物，测定显色产物的吸光度，通过标准曲线计算出吸附固定在酶标板上的抗原（或抗体）的量。图 11-1（a）为检测抗原的示意图。

（2）间接 ELISA 法（indirect ELISA）

间接 ELISA 法是检测抗体最常用的方法。将已知抗原吸附固定在微孔中，加入目标抗体，二者形成抗原-抗体复合物。然后加入酶标记的抗体（二抗），形成抗原-抗体-酶标二抗复合物。加入酶的底物，测定显色产物的吸光度。产物的吸光度与待测抗体的含量成正比，通过标准曲线计算出待测抗体的量。图 11-1（b）为检测抗体的示意图。

（3）双抗体夹心 ELISA 法（sandwich ELISA）

双抗体夹心 ELISA 法主要用于目标抗原的检测。该方法要求待测抗原上至少含有两个抗原决定簇，且这两个抗原决定簇的空间分布和指向都不同。小分子只有一个抗原决定簇，因此该法不适于小分子的检测。将捕获抗体吸附固定，加入待测抗原，通过抗原的一个决定簇与捕获抗体结合。再加入检测抗体，该抗体与其它抗原决定簇结合。由捕获抗体、目标抗原和检测抗体三者形成三明治式夹心复合物结构（捕获抗体-目标抗原-检测抗体）。然后加入酶标二抗，它与检测抗体结合，最后形成捕获抗体-目标抗原-检测抗体-酶标二抗的复合物。再加入酶的底物，测定显色产物的吸光度。产物的吸光度与目标抗原的含量成正比，通过标准曲线计算出样品中抗原的量。图 11-1（c）为检测抗原的示意图。

（4）竞争 ELISA 法（competitive ELSIA）

竞争 ELISA 法既可检测抗原，也可检测抗体。将待测抗原或抗体与已知量的酶标抗原或抗体混合，因二者都可与固相抗体（或抗原）结合，待测抗原（或抗体）与酶标抗原（或抗体）竞争结合固相抗体（或抗原），故称为竞争法。

① 竞争 ELISA 法测抗原 在微孔中固定抗体，加入一定量酶标记的抗原和待测抗原的混合液，酶标记抗原与待测抗原竞争结合固相抗体。再加入酶的底物，测定显色产物的吸光度。产物的吸光度与待测抗原的含量成反比，通过标准曲线计算出样品中待测抗原的量。图 11-1（d）为检测抗原的示意图。

② 竞争 ELISA 法测抗体 一般很少采用竞争法测定抗体，只有当抗原材料中含有不易除去的干扰物质时才会使用。与测定抗原时相似，待测抗体的量越多，结合在固相抗原上的酶标抗体的量就越少，产物的吸光度降低，因此，测定的吸光度与待测抗体含量成反比。

11.2.3 ELISA 中的信号放大

ELISA 中引入信号放大系统，可使检测灵敏度明显提高，实现超微量分析。

（1）使用荧光底物和化学发光底物

ELISA 中使用能产生荧光产物的底物，将酶的催化性能和荧光相结合，可使检测灵敏度与显色反应相比提高 10~100 倍。辣根过氧化物酶（horseradish peroxidase，HRP）、碱性磷酸酶（alkaline phosphatase，ALP）等都有其荧光反应的底物。例如，HRP 催化 H_2O_2 氧化其显色底物邻苯二胺（OPD）和荧光底物 3-对羟基苯丙酸（HPPA）相比较，基于荧光反应的 HPPA 荧光产物的相对荧光强度的范围要比 OPD 显色产物测定的 OD 值范围宽 10000 倍。而且催化 OPD 显色反应产生临界 OD 值所需的酶量是催化 HPPA 产生临界荧光所需酶量的 10 倍，因此使用荧光底物 HPPA 代替 OPD，检测灵敏度大大提高，所需的原酶量则降低 10 倍。以 HPPA 代替 OPD 的 ELISA 检测乙型肝炎 e 抗原（HBeAg）标准稀释度时，HBeAg 的检测灵敏度提高了 8 倍。该检测法无需改变 ELISA 的反应步骤，只需将荧光 HPPA 底物系统取代显色 OPD 底物系统就能提高现有 ELISA 的检测灵敏度，大大减少酶用量。采用荧光底物检测时，需要使用荧光光度计。

ELISA 中也可使用化学发光底物如鲁米诺和吖啶酯等，使酶反应产生发光，发光量与酶浓度有关。

（2）标记荧光素

在抗原或抗体上标记荧光素，也可使抗原抗体反应的信号得以放大，提高检测的灵敏度。常用于标记抗体的荧光素有异硫氰酸（FITC）、四甲基异硫氰酸罗丹明（TMRITC）等。

（3）标记胶体金

胶体金是分散在溶液中的金纳米颗粒，可吸附蛋白质等生物大分子。其聚沉后呈现鲜艳的颜色，肉眼可辨认，常用于免疫分析中的标记物。

（4）生物素-亲和素放大 ELISA

生物素（biotin）侧链上的羧基可与抗体的 ε-氨基连接，用于标记抗体。生物素标记抗体的偶联率高，且不影响抗体活性。亲和素（avidin）又称抗生物素抗体，是一种糖蛋白，可与生物素特异性结合，亲和常数达 10^{15} L/mol，高于抗原抗体的 $10^5 \sim 10^{11}$ L/mol 至少 10000 倍。目前应用较普遍的是链霉亲和素，其具有亲和素相似的生物学特性，可与生物素结合，结合背景远低于普通的亲和素，显著降低非特异性吸附。

ELISA 分析中，常常以亲和素为桥，一端结合生物素标记的抗体，另一端结合标记的其它蛋白。利用生物素和链霉亲和素可偶联抗体等生物大分子，又可被多种标记物结合的特点，建立了多种 ELISA 检测方法。市场上有酶标记的亲和素、荧光染料标记的亲和素或链霉亲和素的商品化试剂出售。

11.2.4　ELISA 的应用

基于免疫反应的 ELISA 方法已有四十余年的历史。ELISA 方法亲和力高、特异性强、灵敏度高、分析通量大、简单快速，具有常规理化分析技术难以比拟的优点。基于高亲和和高特异性免疫反应，复杂的基质效应对目标物检测的灵敏度影响小。ELISA 方法非常适合复杂基质中痕量组分的分析，在实际样品分析检测中的应用越来越广泛。

（1）ELISA 在临床诊断和生物医学中的应用

ELISA 技术已被广泛用于检测疾病相关的病原因子以及相应的抗体、体液中的抗原成分、激素和药物等。用于临床诊断的样本主要是人的血液和尿液，也包括粪便、组织等。可以检测的项目包括：①抗原及其抗体，如诊断甲型 H1N1 流感病毒、艾滋病毒、狂犬病毒和肝炎病毒等传染性疾病，链球菌、金黄色葡萄球菌、布氏杆菌等细菌感染；②蛋白质类标志物，如甲胎蛋白、癌胚抗原、前列腺特异性抗原和糖类抗原等；③非肽类激素，如雌二醇、皮质醇等；④血液中药物浓度，如治疗心脏病类药物、抗哮喘药物、抗癫痫药物和抗生素等。

（2）ELISA 在食品安全检测中的应用

仪器分析方法（如高效液相色谱法、气相色谱法、质谱等）在食品安全分析中应用普遍，但需要专用仪器，并需要进行复杂的样品前处理。ELISA 方法操作简单、方便、成本低，越来越多的应用于细菌、毒素、抗生素、添加剂等的检测中，如饲料中的沙门菌、曲霉和毛霉、抗生素，食品添加剂和药物残留，转基因食品等。

（3）ELISA 在环境监测中的应用

20 世纪 80 年代后期，随着半自动化和自动化 ELISA 分析仪的问世和发展，ELISA 技术在药物残留检测中的应用也越来越广泛。可用于检测水、土壤中的异内甲草胺、苯并咪叶及多种农药残留，海藻水华产生的微囊藻毒素、氯代芳烃化合物、二噁英化合物等持久性有机污染物等。

随着实际样品检测中，对灵敏度的要求越来越高，ELISA 方法也在不断创新发展。已经建立了很多基于 ELISA 与信号放大体系结合的方法，如化学发光 ELISA、纸基 ELISA、等离子 ELISA、免疫聚合酶链式反应、免疫滚环扩增、邻位连接技术等。这些检测方法的灵敏度和特异性都明显高于传统的 ELISA 方法。

11.3　侧流免疫分析

侧流免疫分析（lateral flow immunoassay，LFIA），也称为侧流免疫色谱分析（lateral flow immunochromatographic assay，LFIA）。它是一种将免疫反应和色谱

分离原理相结合的固相快速检测技术，具有快速、简单、样品和试剂消耗少、成本低、无需专业人员操作、可实现现场检测等优点。1980 年，首次研制出可检测人绒毛膜促性腺激素的 LFIA 试纸条，并用于早孕诊断。此后，该技术在应用研究领域取得了快速的发展，其应用涵盖了临床诊断，如血清蛋白（肿瘤标志物、心肌标志物）、病原体（细菌、寄生虫、病毒）分析，以及分子诊断与治疗。此外，也广泛用于生物分析、药物分析、食品安全检测、环境监测领域等。

11.3.1　侧流免疫分析试纸条的组成

以检测大分子抗原为例，试纸条由五部分构成：样品垫和结合垫（玻璃纤维素膜或聚酯纤维膜）、硝酸纤维素膜和吸水垫（高密度纤维素吸水滤纸）、带有胶层的 PVC 底板，如图 11-2 所示。

① 样品垫　样品垫置于试纸条的前端，用于进样和控制样品溶液的流速，以保证样品溶液以均匀的速度流入结合垫。一般要在样品垫中加入处理液进行样品垫预处理，以使样品中的待测抗原可以更好地与结合垫上的待测抗原的特异性抗体结合。

② 结合垫　结合垫用于固定标记的待测抗原的特异性抗体 1。样品溶液经样品垫流经结合垫时，标记的抗体 1 从结合垫上释放下来，与样品溶液中的待测抗原发生免疫反应形成复合物（待测抗原-标记抗体 1 复合物），复合物在毛细力作用下流向硝酸纤维素膜。固定在结合垫上的特异性抗体 1 已预先标记上特定的标记物，这些标记物通常都是有颜色的、可发荧光的或具有磁性的纳米粒子，如胶体金、量子点、荧光纳米材料、上转换纳米材料等。目前使用最为广泛的是胶体金标记的特异性抗体。胶体金纳米粒子的粒径一般在 15~800 nm，以保证样品溶液可无阻碍地流过硝酸纤维素膜。

③ 硝酸纤维素膜（简称 NC 膜）　NC 膜是试纸条中最关键的部分，也是最终检测结果的显示区域。NC 膜上通常有两条线：测试线（test line，T 线）和质控线（control line，C 线）。在 T 线上固定待测抗原的特异性抗体 2（双抗体夹心法），而 C 线上一般固定二抗，可与结合垫上的标记抗体 1 结合。基于 C 线的颜色判断本次测试是否有效，若质控线上显示颜色（如标记物为胶体金，则为红色)，说明测试有效，则可根据 T 线的颜色对待测抗原进行定性或半定量分析，T 线显色深浅与待测物含量成正比。若 C 线上未显示颜色，则说明测试无效，T 线上的结果不可信。多种分析物的同时检测可以通过设计多条 T 线来实现。

④ 吸水垫　试纸条的末端是吸水垫，目的是吸收样品溶液，保持溶液在试纸条上持续流动。

⑤ 底板　底板是单面涂有黏合剂的聚氯乙烯（PVC）或塑料板。用于叠压样品垫、结合垫、NC 膜和吸水垫，使试纸条上各部件装配集成在一起。

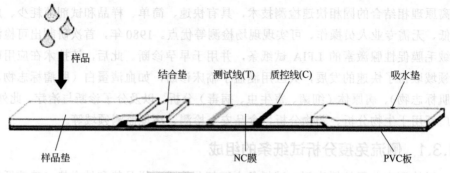

样品

结合垫   测试线(T)   质控线(C)   吸水垫

样品垫   NC膜   PVC板

图 11-2   试纸条组成示意图

按图 11-2 所示装配试纸条，各部分粘贴到 PVC 底板上的顺序依次为：NC
膜、结合垫、样品垫、吸水垫。其中结合垫、吸水垫均叠压在 NC 膜上，样品
垫则叠压在结合垫上，相互之间重叠约 2 mm。形成这种层叠结构是为了保证试
纸条各部分材料之间具有一致的传递性。无层叠或层叠结构不好时则会影响测
试结果。

11.3.2　胶体金侧流免疫分析的原理

目前成功的商业化试纸条中，主要使用胶体金作为标记物，胶体金侧流免疫
分析的应用也最广泛，已有大量研究和应用报道。主要原因是：实验室中制备胶
体金相当容易，成本也低；它的颜色变化很明显，标记在 NC 膜上后不会漂白；
其显色结果在液体和干燥条件下非常稳定。

（1）胶体金纳米粒子及其性能

金纳米颗粒（AuNPs）可由氯金酸（$HAuCl_4$）通过还原剂还原（最常见的是
柠檬酸三钠还原法），可控生成具有 1~100 nm 粒径的金颗粒，也称为胶体金。不
同粒径的胶体金呈不同的颜色，最小的纳米金（2~5 nm）呈橙黄色，中等大小
（10~20 nm）的呈酒红色，较大颗粒（30~80 nm）的呈紫色。

胶体金纳米颗粒具有双电层结构，中心是由许多 Au 分子构成的金核，外层
是由 AuO_2^- 及一些反离子构成的吸附层。AuNPs 可功能化、稳定性好、粒径可
控、制备方法简单。质量好的胶体金溶液，呈均一鲜艳的红色。AuNPs 对蛋白
质具有强吸附能力，且不破坏蛋白质的生物活性。它无毒无害，具有良好的
生物相容性，因此常用做标记物，用于小分子、蛋白质、核酸甚至癌细胞等的
检测。

胶体金标记抗体的应用最普遍。它通过三种作用力与抗体产生强吸附实现标
记（图 11-3）。

① 静电作用　胶体金纳米颗粒的最外层带有负电荷,这些负电荷会与蛋白质
中富含碱性氨基酸的正电荷区域结合；

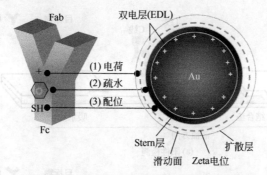

Fab 双电层(EDL)

(1) 电荷
(2) 疏水
(3) 配位

Au

SH
Fc

Stern层 扩散层
滑动面 Zeta电位

图 11-3 胶体金与抗体的结合原理示意图

② 疏水作用 胶体金纳米颗粒不仅具有负电荷的特性,其本身还是一种疏水性胶体,可以通过疏水作用与蛋白质结合;

③ 形成金硫键 金原子可与蛋白质中的巯基–SH 结合,形成金硫键,产生强结合。

（2）胶体金侧流免疫分析的原理

胶体金侧流免疫分析针对蛋白质检测和小分子检测,分别采用双抗体夹心法和竞争法。

1）双抗体夹心法

胶体金侧流免疫分析最常用的是双抗体夹心法。这种方法主要用于分子量较大蛋白质的检测,检测原理见图 11-4。

① 当样品中含有待测抗原时［阳性检测,图 11-4（a）］,抗原的一个位点与胶体金结合垫上的胶体金标记抗体 1（图示中为单抗）结合,形成抗原-胶体金标记单抗复合物。当此复合物移动至 NC 膜时,待测抗原的另一位点与 NC 膜上 T 线固定的抗体 2（图示中为多抗）结合,形成多抗-抗原-胶体金标记单抗复合物,因此胶体金被固定聚集在 T 线上,形成红色。样品中待测抗原的含量与 T 线上胶体金聚集量成正比,即与 T 线上红色深浅正相关,为阳性检测。

② 当样品中不含待测抗原时［阴性检测,图 11-4（b）］,胶体金结合垫上的胶体金标记抗体 1（图示中为单抗）移动到 NC 膜时,不能与 NC 膜上 T 线固定的抗体 2（图示中为多抗）结合,也不能形成多抗-抗原-胶体金标记单抗复合物,因此胶体金不会在 T 线上聚集形成红色,T 线不显红色,为阴性检测。

③ 无论样品中是否含有目标物抗原,样品流经固定胶体金标记抗体 1（图示中为单抗）的结合垫后,都将使其移动进入 NC 膜的 C 线,与 C 线上固定的二抗结合,形成胶体金标记单抗与二抗的复合物,胶体金在 C 线聚集,故 C 线总是呈明显红色。如果 C 线没有显色,则检测结果无效。

图 11-4（c）是检测结果示意图。加样一段时间后,C 线一定显色（除非检测试纸条出现问题）,T 线显色为阳性,T 线不显色为阴性。

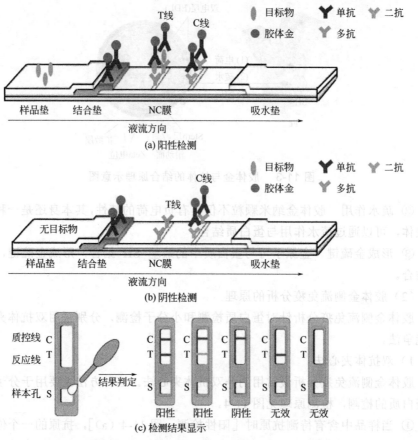

图 11-4 双抗体夹心法检测原理和结果示意图

2）竞争法

竞争法主要用于毒品、激素、农药和肽链等小分子的检测。小分子的分子量小，结构简单，一般只有一个抗原决定簇，只能结合一种抗体。而且，小分子也难以直接固定在 NC 膜上。因此要利用化学方法，将待测小分子与大分子蛋白（如牛血清白蛋白 BSA）偶联，借助固定 BSA 将待测小分子固定在 NC 膜。竞争法的检测原理见图 11-5。

① 当样品中含有小分子目标物时［阳性检测，图 11-5（a）］，小分子先与胶体金结合垫上的胶体金标记的抗体（图示中为单抗）结合，形成小分子-胶体金标记单抗复合物。此复合物移动到 NC 膜上的 T 线时，就不会与 T 线上固定的 BSA-小分子结合，胶体金不会被固定结合在 T 线上。因此阳性检测时，T 线不显红色。

② 当样品中不含小分子目标物时［阴性检测，图 11-5（b）］，胶体金结合垫上的胶体金标记抗体（图示中为单抗）通过 NC 膜的 T 线时，会与 T 线上固定的 BSA-小分子结合，形成 BSA-小分子-胶体金标记单抗复合物，胶体金就被固定在

T 线上而显红色。因此，阴性检测时，检测线显红色。

③ 无论样品中是否含有小分子目标物，样品流经固定胶体金标记抗体（图示中为单抗）的结合垫时，都将使其移动进入 NC 膜的 C 线，与 C 线上固定的二抗结合，形成胶体金标记单抗与二抗的复合物，胶体金在 C 线聚集，故 C 线总是呈明显红色。如果控制线没有显色，则检测结果无效。

图 11-5（c）是检测结果示意图。加样一段时间后，C 线一定显色（除非检测试纸条出现问题），T 线显色为阴性，T 线不显色为阳性。

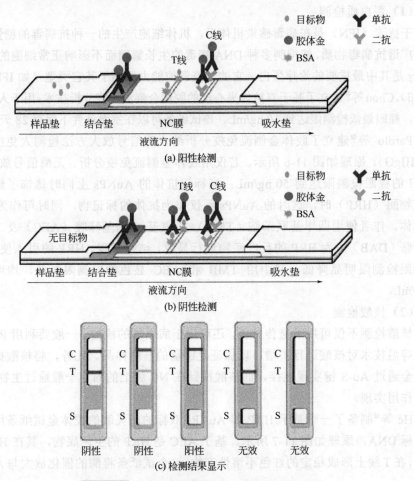

图 11-5 竞争法检测原理和检测结果示意图

11.3.3 胶体金侧流免疫分析的应用

胶体金侧流免疫分析检测速度快、灵敏度高、特异性强、样品用量少。检测操作简单方便，检测结果直观可见，不需要专用仪器。胶体金试纸条的制备价格便宜，方法简单，可以在实验室完成。制备好的胶体金试纸条还可以长时间存放，也便于运输。

早期的侧流免疫分析是用于检测人体绒膜促性腺激素（HCG），俗称妊娠检测试纸条。目前，侧流免疫分析试纸条已经广泛应用于临床诊断、兽医药、食品分析和环境检测行业，目标物包括蛋白质、核酸、细胞、兽医药、小分子代谢物、霉菌毒素、农药残留等，可实现可视化的定性和半定量检测。2020年，该方法已用于新型冠状病毒抗体IgM和抗体IgG等的快速检测。作为快速检测方法，与其它方法结合后，还有更广阔的应用前景。

（1）蛋白质检测

干扰素（IFN）是在病毒感染机体后，机体细胞产生的一种抗病毒的糖蛋白。它是广谱抗病毒物质，能抑制多种DNA病毒的生长繁殖而不影响正常细胞的功能。IFN-γ是其中最重要的治疗蛋白，它的免疫调控能力要高于其它类型（如IFN-α和IFN-β）。Chou等[1]建立了基于双抗体夹心法的胶体金侧流免疫分析技术，用于人IFN-γ检测，裸眼最低检测限达到10 ng/mL。该试纸条可以在室温条件下保存28天。

Parolo等[2]建立了胶体金侧流免疫分析结合酶信号放大方法检测人免疫球蛋白（HIgG），原理如图11-6所示。若仅用胶体金侧流免疫分析，无酶信号放大时，HIgG的裸眼检测限达到50 ng/mL；当标记抗体的AuNPs上同时修饰了辣根过氧化物酶（HRP）时，这时的AuNPs不仅作为抗体的标记物，同时可作为HRP的载体。作者使用四甲基联苯胺（TMB）、3-氨基-9-乙基咔唑（AEC）及二氨基联苯胺（DAB）作为HRP的反应底物进行显色，结果发现，HRP的引入使HIgG的裸眼检测限明显降低，其中用TMB和AEC显色的检测限最低，均可达到5 ng/mL。

（2）核酸检测

核酸检测不仅可用于遗传分析，还可用于病原体的检测。一般要利用PCR或核酸等温技术对核酸进行扩增，以保证足够量的核酸样品。此外，将核酸探针与胶体金通过Au-S键实现连接，而核酸探针在NC膜上的固定一般通过生物素-亲和素作用实现。

He等[3]制备了一个基于HRP和AuNPs双标的超灵敏的胶体金试纸条用于检测目标DNA，原理如图11-7所示。基于AEC是HRP的生色底物，其在HRP催化下，在T线上形成稳定的红色不溶性产物。这个试纸条将酶的催化放大与AuNPs

❶ Chou S F. Development of a Manual Self - assembled Colloidal Gold Nanoparticle-immunochromatographic Strip for Rapid Determination of Human Interferon-γ [J]. Analyst, 2013, 138: 2620-2623.

❷ Parolo C, Escosura-Muñiz A, Merkoçi A. Enhanced Lateral Flow Immunoassay Using Gold Nanoparticles Loaded with Enzymes [J]. Biosens Bioelectron, 2013, 40: 412-416.

❸ He Y, Zhang S, Zhang X, et al. Ultrasensitive Nucleic Acid Biosensor Based on Enzyme-gold Nanoparticle Dual Label and Lateral Flow Strip Biosensor [J]. Biosens Bioelectron, 2011, 26: 2018-2024.

的独特光学性质结合起来，并且在不使用任何仪器的情况下，合成的目标物 DNA
的最低检测限为 0.01 pmol/L，而采用经典试纸条时，检测限为 1 nmol/L。

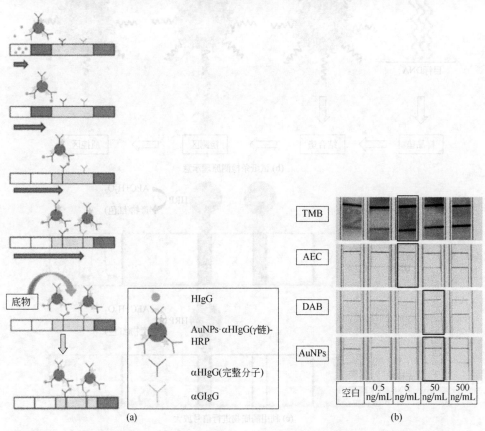

图 11-6 胶体金侧流免疫分析结合酶信号放大检测 HIgG 的原理图（a）及部分结果（b）
AuNPs—金纳米颗粒；DAB—二氨基联苯胺；AEC—3-氨基-9-乙基咔唑；TMB—四甲基联苯胺

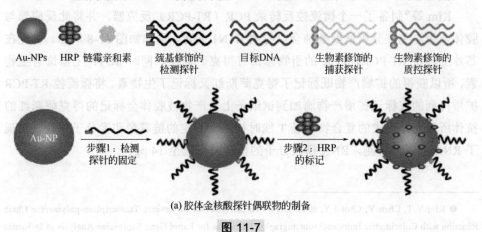

(a) 胶体金核酸探针偶联物的制备

图 11-7

的磷酸二酯键结合起来，并且在不使用任何仪器的情况下，合成的寡核苷酸 DNA
的影响仅仅为 0.01 pmol，而这一测量用的荧光素的检测限为 1 nmol。

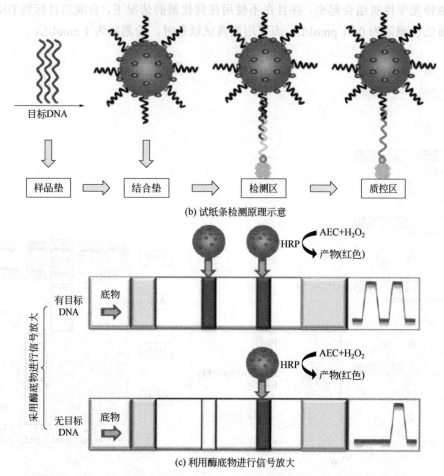

(b) 试纸条检测原理示意

(c) 利用酶底物进行信号放大

图 11-7　胶体金试纸条结合 HRP 信号放大检测目标 DNA 的原理示意图

Kim 等[1]制备了一个微流控反转录 PCR（RT-PCR）反应器，并将此反应器与胶体金侧流免疫分析试纸条结合以检测 H1N1 病毒，原理如图 11-8 所示。首先在芯片上进行 RT-PCR，PCR 的引物修饰有得克萨斯红，同时 dUTP 上修饰有生物素，所以获得的扩增产物既标记了得克萨斯红又标记了生物素。将微流控 RT-PCR扩增得到的双标记扩增产物滴加到试纸条上，产物被胶体金标记的得克萨斯红的抗体所识别，形成的复合物流经 T 线时被其上固定的链霉亲和素分子捕获，实现了 RNA 分子的检测，RNA 模板分子的检测限可低至 14 pg。

❶ Kim Y T, Chen Y, Choi J Y, et al. Integrated Microdevice of Reverse Transcription-polymerase Chain Reaction with Colorimetric Immunochromatographic Detection for Rapid Gene Expression Analysis of Influenza A H1N1 Virus [J]. Biosens Bioelectron, 2012, 33: 88-94.

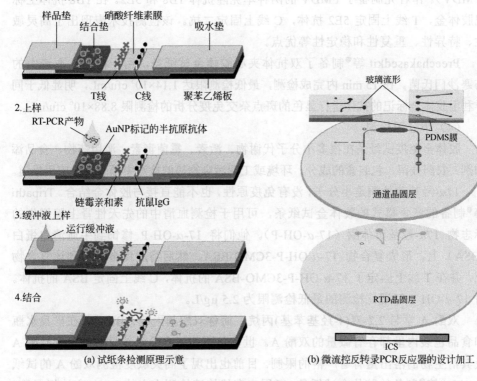

1.试纸条的结构

样品垫　结合垫　硝酸纤维素膜　吸水垫

T线　C线　聚苯乙烯板

2.上样

RT-PCR产物　AuNP标记的半抗原抗体

链霉亲和素　抗鼠IgG

3.缓冲液上样

运行缓冲液

4.结合

(a) 试纸条检测原理示意

玻璃流形

PDMS膜

通道晶圆层

RTD晶圆层

ICS

(b) 微流控反转录PCR反应器的设计加工

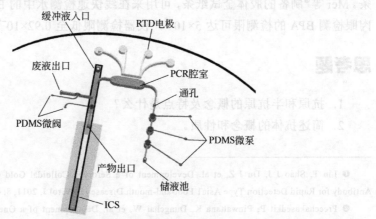

缓冲液入口　RTD电极

废液出口　PCR腔室

通孔

PDMS微阀　PDMS微泵

产物出口　储液池

ICS

(c) 微流控反转录PCR反应器与试纸条耦合

图 11-8　微流控反转录 PCR 结合胶体金侧流免疫分析试纸条检测 H1N1 病毒原理图

（3）细胞检测

Lin 等[1]制备了双抗体夹心胶体金试纸条用于检测亚洲 1 型手足口疾病病毒（FMDV）。作者先制备了 FMDV 的两种单克隆抗体 1B8 和 5E2。在 1B8 抗体上标记胶体金，T 线上固定 5E2 抗体，C 线上固定二抗。该检测技术表现出了高灵敏性、特异性、重复性和稳定性等优点。

Preechakasedkit 等[2]制备了双抗体夹心胶体金试纸条，用于检测人血清中的伤寒沙门氏菌。在 15 min 内完成检测，最低检测限达 1.14×10^5 cfu/mL，明显低于同样利用胶体金标记的抗体进行显色的斑点杂交免疫分析的检测限 8.88×10^6 cfu/mL。

（4）小分子检测

胶体金免疫试纸条在很多小分子代谢物、激素、霉菌毒素、滥用药物、食品添加剂、农药残留、包装盒的成分、环境或工业污染物等的检测中都有大量应用报道。

17α-羟基黄体酮是小分子，没有免疫原性，也不能直接与胶体金结合。Tripathi 等[3]制备的竞争模式的胶体金试纸条，可用于检测血清中的先天性肾上腺增生的标志物 17α-羟基黄体酮（17-α-OH-P）。他们将 17-α-OH-P 修饰到牛血清白蛋白（BSA）上，形成复合物 17-α-OH-P-3CMO-BSA。然后将胶体金标记到该复合物上，并在 T 线上固定了 17-α-OH-P-3CMO-BSA 的抗体，C 线上固定 BSA 的抗体。对 17-α-OH-P 可视化检测的最低检测限为 2.5 μg/L。

双酚 A 学名 2,2-双(4-羟基苯基)丙烷，简称双酚基丙烷（BPA），在矿泉水瓶和食品包装内里都存有微量的双酚 A。世界各国都对食品包装材料中所含双酚 A 及其衍生物的溶出量有着严格的限制。目前也出现了高灵敏度检测双酚 A 的试纸条。Mei 等[4]制备的胶体金试纸条，可用来在线快速检测水中的 BPA。方法很灵敏，肉眼检测 BPA 的检测限可达 5×10^{-9}，仪器检测限低至 0.92×10^{-9}。

思考题

1. 抗原和半抗原的概念及特点是什么？
2. 简述抗体的概念和性质。

---

❶ Lin T, Shao J J, Du J Z, et al. Development of a Serotype Colloidal Gold Strip Using Monoclonal Antibody for Rapid Detection Type Asia1 Foot-and-mouth Disease [J]. Virol J, 2011, 8: 418.

❷ Preechakasedkit P, Pinwattana K, Dungchai W, et al. Development of a One-step Immunochromatographic Strip Test Using Gold Nanoparticles for the Rapid Detection of Salmonella Typhi in Human Serum [J]. Biosens Bioelectron, 2011, 31, 562-566.

❸ Tripathi V, Nara S, Singh K, et al. A Competitive Immunochromatographic Strip Assay for 17-α-hydroxyprogesterone Using Colloidal Gold Nanoparticles [J]. Clin Chim Acta, 2012, 413: 262-268.

❹ Mei Z, Deng Y, Chu H, et al. Immunochromatographic Lateral Flow Strip for On-site Detection of Bisphenol A [J]. Microchim Acta, 2013, 180: 279-285.

3. 简述抗体的分离制备和保存方法。

4. 简述 ELISA 的分类及基本原理。

5. 侧流免疫分析试纸条的组成。

6. 简述胶体金侧流免疫分析的原理。

7. 举例说明胶体金侧流免疫分析试纸条的应用实例（蛋白质、核酸、细胞及小分子等）。

3. 简述电泳法的分离机制和操作方法。
4. 简述 ELISA 的分类及其基本原理。
5. 简述电泳分析在生化生产中的应用。
6. 与其他体系相比凝胶电泳的优点是。
7. 举例说明自由电泳与区带电泳。技术，简述其操作步骤。
小分子。

第 12 章　微芯片分析

20 世纪后期，随着生命科学、化学、材料科学、计算机科学、微电子学、微加工技术、光学技术、有机合成技术等的迅猛发展和交叉融合，产生了微芯片技术。微芯片技术是一项重要的科学技术。通过微加工工艺在厘米见方的芯片上集成有成千上万个与生命相关的信息分子，可以将生命科学与医学相关的各种生物化学反应过程集成，实现对基因、抗体、抗原等生物物质的高效快速的分析检测。它也可以将在生物实验室或化学实验室中完成的全流程分析检测工作微缩到几平方厘米的芯片上，称为"芯片上的实验室"。

微芯片分析主要指生物芯片（即微阵列芯片；biochip 或 bioarray）分析和微流控芯片（microfluidic chip，Lab on a Chip）分析两种形式。

生物芯片的原型源于 20 世纪 80 年代中期提出的基因芯片（gene chip），又称DNA 芯片或 DNA 微阵列（DNA microarray）。狭义的生物芯片是指通过不同方法将寡核苷酸固定于硅片、玻璃片（珠）、塑料片（珠）、凝胶、尼龙膜等固相基质上形成的 DNA 分子点阵。此后，20 世纪 90 年代初，又产生了微流控芯片。

三十多年来，微芯片技术和功能不断发展，应用领域不断扩大。生物芯片和微流控芯片在微型化、集成化、便携化和高通量、大数据方面的优势为其在生命科学、医学、药学、农业、食品、环境科学等与生命活动有关的领域中的广泛应用奠定了基础。

12.1　生物芯片

12.1.1　生物芯片分析原理

生物芯片是根据分子间相互作用原理，将不连续的生化分析过程集成于芯片表面，并可实时检测的生物化学分析系统。生物芯片起源于 DNA 探针杂交技术。在微芯片上，将高密度 DNA 分子探针呈点阵状固定在硅芯片或玻璃芯片表面。预先设定位置的点阵列中每个 DNA 分子的序列是已知的，然后将带荧光标记的目标 DNA 在芯片上进行杂交，通过特定仪器检测芯片上每个探针分子的杂交信号强度，以获取样品中目标 DNA 的数量和核酸序列信息（图 12-1）。

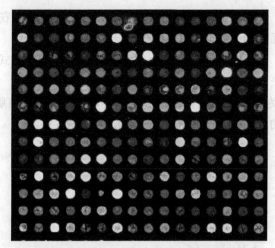

图 12-1 DNA 芯片荧光扫描分析图

12.1.2 生物芯片的特点

采用微量点样或光导原位合成等方法,将大量生物探针(核酸片段、多肽分子、蛋白质、细胞、组织切片等)密集有序地固化在硅片表面,组成密集的二维分子排列。生物芯片与已标记的待测生物样品中靶分子杂交后,通过特定的电荷耦合图像传感器(charge-coupled device)或激光共聚焦扫描仪(confocal laser scanning microscope)对杂交信号的强度进行快速、平行、高效的检测分析,以及进行生物信息学的数据挖掘分析,从而判断样品中靶分子的种类和数量。

生物芯片有三个特点:

① 高通量分析 使大量检测平行进行,大大加快实验进程,有利于显示图谱的快速对照和阅读;

② 微型化分析 大大减少试剂用量和反应液体积,提高样品浓度和反应速度;

③ 自动化分析 大大降低人力成本,保证分析的准确和质量。

12.1.3 生物芯片分类

按照芯片上固载的生物探针材料类型不同,可以将生物芯片分为基因芯片、蛋白质芯片、糖芯片、神经元芯片、细胞芯片、组织芯片等,分别用于 DNA、多肽、蛋白质、糖、细胞及其它生物成分的高通量、特异性、快速检测。

① 基因芯片 是将互补 DNA(cDNA)或寡核苷酸按微阵列方式固定在芯片载体上。

② 蛋白质芯片(protein chip 或 protein microarray) 是将蛋白质或抗原等按微阵列方式固定在芯片载体上。芯片上固定蛋白质探针,或芯片作用对象为蛋白质分子的统称为蛋白质芯片。

③ 细胞芯片（cell chip） 是将细胞按照特定的方式固定在芯片载体上，用来检测细胞间相互影响或相互作用。

④ 组织芯片（tissue chip） 是将组织切片按照特定的方式固定在芯片载体上，用来进行免疫组织化学等组织内成分差异研究。

图 12-2 所示为基于蛋白质探针的生物芯片，它可用于蛋白质、脂质体、药物分子、酶和底物的相互作用分析和定量检测。

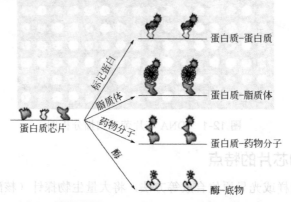

图 12-2 蛋白质芯片的检测应用

12.1.4 生物芯片的应用

生物芯片灵敏度高，特异性好，操作简便。检测结果可比对大量数据库，分析检测的准确率和效率高。

（1）基因表达水平检测

采用基因芯片进行表达水平检测，可高通量、快速地检测出成千上万个基因的表达情况。例如用人外周血淋巴细胞的 cDNA 文库构建一个代表 1046 个基因的 cDNA 微阵列,可检测体外培养的 T 细胞对热休克反应后不同基因表达的差异。通过基因芯片检测，发现有 5 个基因在处理后存在非常明显的高表达，11 个基因中度表达增加和 6 个基因表达明显抑制。

（2）疾病诊断

从正常人的基因组中分离出 DNA,再与 DNA 芯片杂交就可以得出标准图谱。从病人的基因组中分离出 DNA，再与 DNA 芯片杂交就可以得出病变图谱。通过比较分析两种图谱，就可以得出病变的 DNA 信息。这种基因芯片可用于疾病早期诊断。例如把 p53 基因全长序列和已知突变的探针集成在芯片上，制成 p53 基因芯片，用于癌症早期诊断。通过构建 96 个基因的 cDNA 微阵，用于检测分析风湿性关节炎相关的基因。

（3）病原微生物检测

针对各种病原微生物，利用生物芯片捕获特定体液样品中病原微生物属所含有的独特基因序列，可用于确诊相关疾病。

（4）药物筛选

将功能核酸、蛋白质或多肽探针制成阵列芯片，利用分子间相互作用，形成蛋白质-核酸、蛋白质-蛋白质、蛋白质-小分子复合物，表明固定的探针与目标分子具有亲和作用。高密度阵列式大量探针的固定，可平行用于大量药物分子或蛋白质抑制剂的筛选，使药物筛选和新药测试的速率大大提高，成本大大降低。

（5）生物信息学研究

应用生物芯片使得对大量个体的生物信息进行高速、并行采集和分析成为可能。生物芯片已作为重要的信息采集和处理平台，结合多种基因表达综合数据库，用于鉴定差异表达基因，为基因组信息学研究提供技术支撑。

随着生物信息学的发展及基因组学和转录组学等大数据的产生，将生物信息学与计算机科学结合，对生物芯片产生的海量数据进行分析，描述多个生物分子之间的相互关系，分析差异基因的功能及在疾病相关信号通路中的作用，鉴定新型生物标志物，已成为目前阐明疾病发生机制并预测治疗靶点的重要研究手段之一。

生物芯片可用于基因、蛋白质、细胞、组织的高通量快速分析，其产生的大量数据需与生物信息学分析结合，生物信息学研究还需要构建大量综合数据库。当前，生物芯片技术已广泛应用于疾病诊断和治疗、药物基因组图谱、药物筛选、中药物种鉴定、农作物的优育优选、司法鉴定、食品卫生监督、环境检测等众多领域。生物芯片技术为人类认识生命的起源、遗传、发育与进化、为人类疾病的诊断、治疗和防治开辟了全新的途径，也为生物大分子的全新设计，药物开发中先导化合物的快速筛选，以及药物基因组学研究提供了技术支撑平台。

12.2 微流控芯片

12.2.1 微流控芯片发展历程

微流控芯片又称芯片实验室，是指在几平方厘米或更小的芯片上刻蚀微通道、反应池、微阀等，构建成微型化、集成化、自动化的化学反应和生物化学实验平台。

瑞士科学家 Manz 等于 1990 年提出"微全化学分析系统"的概念，并利用微机电加工技术（micro-electro-mechanical-systems，MEMS）采用单晶硅制作多层芯片实现微全分析系统。随后，毛细管电泳成为最早引入微流控芯片和最常用的操作单元，被称为"芯片电泳"或"芯片毛细管电泳"。Manz 与加拿大 Alberta 大学的 Harrison 合作，于 1992 年发表了首篇在微流控芯片上实现毛细管电泳分离的论文，随后很多实验室开展了毛细管电泳微流控芯片的研究，并实现了 DNA 的快速测序，为微流控芯片的基因测序实际应用和产业化打下了基础。1995 年，

Caliper 公司成立，成为首家开发微流控芯片实验室技术的企业，并在 1999 年与惠普公司（HP，现在的 Agilent）合作，联合推出了首台商业化仪器设备。

2001 年，微流控芯片的专业期刊 *Lab on a Chip* 创刊，成为微流控芯片领域的权威刊物，推动了世界范围内微流控芯片研究的快速发展。2002 年，斯坦福大学 Stephen Quake 教授课题组在 *Science* 上发表论文，介绍他们开发的集成了上千个微阀和反应池的微流控芯片，该芯片可以在很短的时间内同时进行几千个纳升级的反应。他们的杰出工作标志着微流控芯片向高通量、集成化、多功能方向发展的趋势。2006 年 7 月，*Nature* 杂志推出"芯片实验室"的专辑，从不同角度介绍了微流控芯片实验室的发展历史、研究现状和应用前景，并认为"芯片实验室"可能成为"这一世纪的技术"。近年来，微流控芯片技术在深度和广度上进一步快速发展，并呈现出与其它学科广泛深入交叉结合的特点。"芯片实验室"的观念成为人们的共识和微流控芯片的发展方向，其潜在的意义和应用前景，已经在较大范围和较高层次上为科学界和产业界所认可。

12.2.2　微流控芯片中微流体的特性

微流控芯片的尺寸一般在几个平方厘米左右，各功能区域的尺度通常在微米级别，与宏观尺度的流体相比，芯片通道内的微流体的物理化学性质既有一致性，又有特殊性。

（1）一致性

基本流体性质与常规尺度流体相同，分子行为没有改变。可以按照常规流体的性质操控流体，进行相应的实验操作。

（2）独特性

与宏观尺度的流体相比，微米尺度下的流体尺寸细微，比表面积大幅增加，表面张力、黏滞力、热交换等表面作用明显增强。这些效应导致了微流体的层流现象、扩散传质、电渗现象、传热迅速等特性。

① 层流现象　微米尺度下的流体流动时，惯性力很弱，黏滞力发挥主要作用，雷诺数（*Re*，惯性力与黏滞力之比）很小。故多股流体在同一微通道流动时，各质点平行于微通道并行前进，很少发生对流或湍流造成的混合现象。

② 扩散传质　微米尺度下的微流体以层流形式在微通道内流动，不同层流之间的物质传递主要依靠分子的扩散运动，传质速度极慢，与常规尺度下流体流动过程中容易发生对流或湍流造成的混合传质不同。

③ 电渗现象　电场作用下，带电流体相对于微通道可做相对运动。调节所加电场可改变电渗强弱。微通道内的电渗现象是可利用的流体驱动方式。

④ 传热迅速　微通道内的比表面积很大，体系传热迅速，有利于散热，可避免高温的影响。

12.2.3 微流控芯片材料

早期微流控芯片的基质材料主要有单晶硅片、石英、玻璃和有机高分子聚合物。近年来，出现了光胶聚合物、纸材料、水凝胶、陶瓷等新材料。

① 单晶硅材料　硅具有良好的化学惰性和热稳定性。单晶硅的生产工艺和微细加工技术已经成熟，在半导体和集成电路上得到广泛应用。由于硅有良好的光洁度和成熟的加工工艺，主要用来制作高分子聚合物芯片时的模具。单晶硅材料的缺点是易碎、价格偏高、电绝缘性较差，表面化学行为也较为复杂，因此用作芯片材料时受到限制。

② 玻璃材料　玻璃是微流控芯片常用的材料，其优点是光学性能、力学性能、电渗性能和电绝缘性能良好，具有表面吸附和表面反应能力，有利于对材料表面的改性。且其制作设备与传统工艺设备兼容性好，容易获得微细完美的微通道，是微流控芯片普遍使用的材料之一。

③ 高分子材料　高分子聚合物品种多、容易加工成型、原材料成本低廉，适合大批量的加工制作，芯片成本很低。高分子材料主要有热塑性聚合物、固化型聚合物和溶剂挥发性聚合物三类。包括聚甲基丙烯酸甲酯（PMMA）、聚碳酸酯（PC）、聚酰胺（PA）、聚二甲基硅氧烷（PDMS）等。其中 PDMS 材料具有易成型、透光、耐用、化学惰性、成本低、无毒和稳定等优点，是使用最广泛的聚合物材料。

④ 光胶材料　光胶聚合物是最近几年发展起来的芯片材料，例如 SU-8 光胶、NOA81 紫外固化胶。其制作比较简单，便于高深宽比微结构的加工，也容易进行多层三维立体微结构的芯片的构建。

⑤ 纸材料　纸材料历史悠久，近年来也受到微流控芯片领域的关注，纸芯片的研究也得到了广泛开展。纸芯片一般借助纸的纤维性质，利用纤维的毛细作用，通过特殊溶液的浸泡和简单的加工制作后，使溶液能够以附着固定的方式存在于微通道中，而不需要微流控芯片的封闭键合，降低了制作工艺的难度，芯片制作成本也大幅降低。

12.2.4 微流控芯片的应用

进入 21 世纪，微流控芯片的应用日益广泛，可应用于化学小分子、生物大分子、微生物、细胞等不同尺度的物质分析。微流控芯片上可以进行细胞培养、样品前处理、物质混合、分子反应、目标物分析等操作。微流控芯片的设计和应用是生物学、化学、医学、光学、电子学、信息学等多个学科的交叉，已在医疗诊断、环境监测、食品安全、航天保障、化学合成等多个行业展开应用。

（1）细胞培养中的应用

细胞培养是细胞生物学、药物筛选、组织工程研究的基础。常规细胞培养方法主要是在培养皿、培养瓶中进行，细胞多为贴壁和二维生长方式下增殖。其过程操作繁琐、耗时长和成本高。随着微流控芯片技术的迅猛发展，微流控芯片已成为细胞培养和生物学研究的重要工具。

利用微流控芯片集成化的特点，通过各种结构单元，例如微阀、微泵及控制浓度梯度的设计，模拟体内生理环境，实现单种细胞或多种细胞的共培养，并且可以与光学、电化学、质谱分析检测方法相结合，实现细胞的高通量分析。

微流控芯片细胞培养模式可以分成两种模式：静态模式和动态模式。静态模式主要是芯片接种细胞并给与充足的培养液，将其置于二氧化碳培养箱或者自制设备中进行培养，培养液的更换频率为一天或者更长，这有利于观察细胞的自然形态表现。动态模式主要依靠结合外部辅助设备进行培养液供给或者细胞分离，它提供了细胞操控和精确控制的可能性，为模拟人体内环境提供了有利条件。

（2）样品分离富集中的应用

生物样品种类多、成分复杂、目标物含量低。对样品进行预处理，从混合物中将目标物分离纯化，可以大大降低样品分析的复杂程度，提高检测灵敏度。例如，通过固相基质的吸附萃取，可富集浓缩目标物。Augustin 等[1]将丙烯酸酯修饰的固定相作为基质载体，填充到微流控芯片的微通道中，制成微流控芯片整体柱。在整体柱的进样口上样，富集的目标物被固定在芯片通道中形成一条窄带，其余的杂质被除掉。

（3）核酸分析中的应用

1）核酸快速提取

核酸提取是分子诊断和核酸检测的"第一步"。目前核酸提取方法主要采用基于酚/氯仿体系的液相萃取和基于二氧化硅/磁珠吸附的固相萃取。

利用微流控芯片也可以简便快速地提取核酸。例如，Berry 等[2]提出利用微通道内的水-有机液体界面简化提取流程。他们使用不混溶液体屏障取代所有洗涤步骤，并命名为界面张力辅助的不混溶过滤（immiscible filtration assisted by surface tension，IFAST）技术。该方法首先使磁珠与样品中的核酸特异结合，然后使用磁铁驱动磁珠穿过不混溶相（如液体石蜡、硅油、橄榄油等），利用细胞裂解液与不混溶相界面之间的界面张力，过滤掉其它大分子杂质，起到洗涤核酸的作用。该界面张力的强度可以通过细胞裂解液、不混溶相以及芯片表面状态进行调整，以选择性地改变其过滤特性。整个提取方法操作非常简单，处理时间相对于常规方法大大减少，同时可以保持核酸提取的纯度和产量与传统方法一致。

---

❶ Augustin V, Proczek G, Dugay J. Descroix S, Hennion M C. Online Preconcentration using Monoliths in Electrochromatography Capillary Fennat and Microclups. J Sep Sci, 2007, 30(17): 2858-2865.

❷ Berry SM, Alarid ET, Beebe DJ. One-step purification of nucleic acid for gene expression analysis via Immiscible Filtration Assisted by Surface Tension(IFAST). Lab on a Chip, 2011,11(10): 1747-1753.

Mosley 等[❶]利用 IFAST 原理，结合外部磁场控制磁珠运动，实现从粪便样品中提取幽门螺杆菌 DNA。如图 12-3 所示，提取芯片采用了 PDMS 材质，不混溶相使用生物相容性的矿物油，洗涤液采用了盐酸胍（GuHCl），整个核酸提取过程耗时仅 7 min，样品用量为 10 μL。

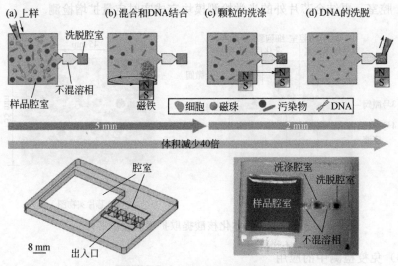

图 12-3 磁珠法核酸提取芯片

2）核酸扩增

微流控 PCR 装置的表面积与体积比较大，热传递速度快，很容易实现 10~20℃/s 的加热/冷却速度。现有微流控 PCR 方法大体可以分为两类：一是时域 PCR，即 PCR 混合物在反应室内是静止的，反应溶液的温度通过复杂的温度控制装置实现重复热循环；二是空间域 PCR，即反应混合物在连续通道内沿着两个或三个恒定温度区移动，或由对流泵驱动温度梯度流动或振荡。

随着微滴技术的广泛应用，研究者们将微流控 PCR 技术与微滴技术结合，开发了基于液滴分离的微流控 PCR。微滴为化学反应提供了分离环境，PCR 混合物不会与通道的内表面直接接触，避免了生物/化学颗粒的表面吸附，可以防止微流控 PCR 抑制和携带污染。

3）一体化核酸提取检测

即时检测（point-of-care testing, POCT）是通过简化操作流程、集成多功能单元、压缩检测成本，实现部分由非专业人员完成、受众和适应性更强的原位检测。POCT 适合偏远地区的医疗检测、应对自然灾害或突发疾病的实时监测、食品安全和出入境检验检疫的快速检测。

---

❶ Mosley O. Melling L, Tarn M D, et al. Sample introduction interface for on-chip nucleic acid-based analysis of Helicobacter pylori from stool samnples. Lab on a Chip. 2016, 16(11): 2108-2115.

针对 POCT 的应用需求，已有大量基于微流控芯片的核酸检测方法，集成了细胞裂解、核酸提取纯化、扩增检测等完整的实验流程。Wang 等[1]设计了一种可以同时使用 4 组引物对感染细胞中的 HIV-1 B 型菌株进行扩增检测的微流体系统。如图 12-4 所示，芯片上集成了真空微泵和微阀，驱动磁珠完成核酸提取后分别泵入 4 个 PCR 腔室，再结合芯片外的光学检测模块完成实时定量扩增检测。

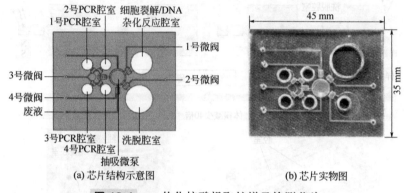

(a) 芯片结构示意图　　　　　　　(b) 芯片实物图

图 12-4　一体化核酸提取扩增及检测芯片

（4）免疫检测中的应用

与常规免疫检测相比，基于微流控芯片的免疫检测具有样品消耗更少，分析速度更快的优势。基于微流控芯片的免疫分析也分为均相免疫和非均相免疫。

均相免疫分析是将抗原与抗体在微流控芯片同一相中进行反应的分析方法，待抗原抗体混合均匀后，检测标记物的信号变化值得到底物浓度。该方法在芯片设计上较为简单，但在反应完成后需进行抗原抗体混合物的分离等操作。Koutny 等[2]于 1996 年首次将免疫分析和芯片毛细管电泳技术结合，将均相免疫反应后的抗原抗体复合物通过毛细管电泳分离，建立了血清中可的松的测定方法，分离时间小于 30 s，测定浓度范围在 10~600 ng/mL。

非均相免疫分析则是在固液两相中进行反应的免疫分析方法。将抗体（或抗原）固定在固相基质表面，通过免疫反应，捕获待测抗原（或抗体），通过检测抗原-抗体复合物实现免疫分析。Kim 等[3]报道了一种基于微流控免疫荧光分析系统。以具有顺磁性的荧光聚苯乙烯磁性微球为固相载体，在微流控芯片内施加电磁场，实现混合物的洗涤和磁性微球的定位与释放，成功实现了以兔免疫球

❶ Wang J-H. Cheng L, Wang C-H, et al. An integrated chip capable of performing sample pretreatment and nucleic acid amplification for HIV-1 detoetion, Biosensors & Bioelecironics, 2013, 41: 484-491.

❷ Koutny L B, Schmalzing D, Tnylor T N, et al. Microchip electrophoretic immunoassay for serum cortisol. Analytical Chemistry. 1996,68(1): 18-22.

❸ Kim K S. Park J K. Magnetic force based multipleved imumnoassay using superparamagnetic nano-particles in microfluidie channel. Lab on a Chip 2005, 5(6): 657-664.

蛋白和小鼠免疫球蛋白为模式分子的微流控夹心免疫分析，检测限分别为244 pg/mL 和 15.6 ng/mL。

（5）器官芯片的构建

结合仿生生物学和微加工技术，利用微流控技术控制流体流动，基于细胞与细胞相互作用、基质特性以及生物化学和生物力学特性，在芯片上构建三维模拟人体生理器官的微系统，称为器官芯片（organs-on-a-chip）。器官芯片是一种用于体外模拟人体器官功能单元的微型细胞培养系统，能够将微组织/微器官的直径控制在毫米甚至微米级别，并且维持或增强其营养物质的交换，保持微组织/微器官的核心细胞的存活。模拟人体器官芯片可设计成各个组织器官，如肝脏、肾脏、脑、肠等（图 12-5）。

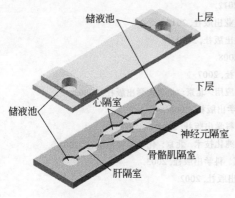
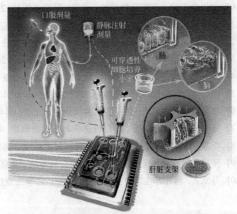

(a) 模拟四器官系统的微流控芯片结构　(b) 用于生物学和药理学研究的互联微流控仿生器官芯片

（a）模拟四器官系统的微流控芯片结构；（b）用于生物学和药理学研究的互联微流控仿生器官芯片

图 12-5 微流控仿生器官芯片

利用模拟人体器官芯片可进行大量体外实验，大大减少人体实验的成本和毒副作用，可以加快药物研发、疾病机理研究的速度，降低研究风险，是具有重要应用潜力和发展空间的研究方向。

思考题

1. 简述生物芯片的定义和分析原理。
2. 生物芯片的特性有哪些？
3. 生物芯片有哪些种类？
4. 什么是微流控芯片？
5. 微流体的特性有哪些？
6. 举例说明生物芯片和微流控芯片的应用。

参 考 文 献

[1] 欧阳平凯, 胡永红, 姚忠编著. 生物分离原理及技术. 北京: 化学工业出版社, 2019.

[2] 林炳承, 罗勇, 刘婷姣, 陆瑶著. 器官芯片. 北京: 科学出版社, 2019.

[3] 于世林编著. 高效液相色谱方法及应用. 北京: 化学工业出版社, 2019.

[4] 孙远明, 雷红涛, 徐振林等. 侧流免疫分析. 北京: 科学出版社, 2017.

[5] 刘震主编. 现代分离科学. 北京: 化学工业出版社, 2017.

[6] 胡永红, 刘凤珠, 韩曜平主编. 生物分离工程. 武汉: 华中科技大学出版社, 2015.

[7] 陈立钢, 廖丽霞主编. 分离科学与技术. 北京: 科学出版社, 2014.

[8] 孙彦著. 生物分离工程. 北京: 化学工业出版社, 2013.

[9] 林炳承著. 微纳流控芯片实验室. 北京: 科学出版社, 2013.

[10] 罗川南主编. 分离科学基础. 北京: 科学出版社, 2012.

[11] 袁黎明编著. 制备色谱技术及应用. 北京: 化学工业出版社, 2012.

[12] 严希康主编. 生物物质分离工程. 北京: 化学工业出版社, 2010.

[13] 田瑞华主编. 生物分离工程. 北京: 科学出版社, 2008.

[14] 谭天伟编著. 生物分离技术. 北京: 化学工业出版社, 2007.

[15] 冯仁青, 郭振泉, 宓捷波编著. 现代抗体技术及其应用. 北京: 北京大学出版社, 2006.

[16] 林炳承, 秦建华著. 微流控芯片实验室. 北京: 科学出版社, 2006.

[17] 夏其昌, 曾嵘等编著. 蛋白质化学与蛋白质组学, 科学出版社, 2004.

[18] 李津, 俞詠霆, 董德祥主编. 生物制药设备和分离纯化技术. 北京: 化学工业出版社, 2003.

[19] 张玉奎等编著. 现代生物样品分离分析方法. 北京: 科学出版社, 2003.

[20] 马立人, 蒋中华主编. 生物芯片. 北京: 化学工业出版社, 2002.